Paul Philip Lange

Decarboxylierende Kreuzkupplung

Paul Philip Lange

Decarboxylierende Kreuzkupplung

Die Entwicklung einer neuen Methode mit neuen Technologien

Südwestdeutscher Verlag für Hochschulschriften

Impressum/Imprint (nur für Deutschland/only for Germany)
Bibliografische Information der Deutschen Nationalbibliothek: Die Deutsche Nationalbibliothek verzeichnet diese Publikation in der Deutschen Nationalbibliografie; detaillierte bibliografische Daten sind im Internet über http://dnb.d-nb.de abrufbar.
Alle in diesem Buch genannten Marken und Produktnamen unterliegen warenzeichen-, marken- oder patentrechtlichem Schutz bzw. sind Warenzeichen oder eingetragene Warenzeichen der jeweiligen Inhaber. Die Wiedergabe von Marken, Produktnamen, Gebrauchsnamen, Handelsnamen, Warenbezeichnungen u.s.w. in diesem Werk berechtigt auch ohne besondere Kennzeichnung nicht zu der Annahme, dass solche Namen im Sinne der Warenzeichen- und Markenschutzgesetzgebung als frei zu betrachten wären und daher von jedermann benutzt werden dürften.

Verlag: Südwestdeutscher Verlag für Hochschulschriften GmbH & Co. KG
Dudweiler Landstr. 99, 66123 Saarbrücken, Deutschland
Telefon +49 681 37 20 271-1, Telefax +49 681 37 20 271-0
Email: info@svh-verlag.de

Zugl.: Kaiserslautern, TU, Diss., 2011

Herstellung in Deutschland:
Schaltungsdienst Lange o.H.G., Berlin
Books on Demand GmbH, Norderstedt
Reha GmbH, Saarbrücken
Amazon Distribution GmbH, Leipzig
ISBN: 978-3-8381-2758-3

Imprint (only for USA, GB)
Bibliographic information published by the Deutsche Nationalbibliothek: The Deutsche Nationalbibliothek lists this publication in the Deutsche Nationalbibliografie; detailed bibliographic data are available in the Internet at http://dnb.d-nb.de.
Any brand names and product names mentioned in this book are subject to trademark, brand or patent protection and are trademarks or registered trademarks of their respective holders. The use of brand names, product names, common names, trade names, product descriptions etc. even without a particular marking in this works is in no way to be construed to mean that such names may be regarded as unrestricted in respect of trademark and brand protection legislation and could thus be used by anyone.

Publisher: Südwestdeutscher Verlag für Hochschulschriften GmbH & Co. KG
Dudweiler Landstr. 99, 66123 Saarbrücken, Germany
Phone +49 681 37 20 271-1, Fax +49 681 37 20 271-0
Email: info@svh-verlag.de

Printed in the U.S.A.
Printed in the U.K. by (see last page)
ISBN: 978-3-8381-2758-3

Copyright © 2011 by the author and Südwestdeutscher Verlag für Hochschulschriften GmbH & Co. KG and licensors
All rights reserved. Saarbrücken 2011

Die vorliegende Arbeit wurde in der Zeit vom 1. November 2007 bis zum 15. Februar 2011 unter der Betreuung von Professor Dr. Lukas J. Gooßen an der Technischen Universität Kaiserslautern angefertigt.

Promotionskommission:

Vorsitzender   Prof. Dr. H. Sitzmann
Berichterstatter   Prof. Dr. L. J. Gooßen
Berichterstatter   Prof. Dr. Ing. J. Hartung

Prof. Dr. Lukas Gooßen war mir während meines fast fünfjährigen Aufenthaltes in seinem Arbeitskreis ein ausgezeichneter und engagierter Mentor. Für sein unermüdliches Streben mir eine ausgezeichnete, chemische Ausbildung angedeien zu lassen, bin ich ihm zu größtem Dank verpflichtet. Desweiteren möchte ich ihm meinen Dank für die Aufnahme in seine Arbeitsgruppe und sein Vertrauen in mich als Repräsentant seiner Arbeit im Ausland aussprechen.

Prof. Dr. Ing. Jens Hartung möchte ich dafür danken, dass er die *CEM* Labormikrowelle seiner Arbeitsgruppe für die ersten Experimente zur Verfügung stellte und somit die Initialzündung für einen Großteil der in dieser Arbeit vorgestellten Ergebnisse gegeben hat.

Meinen liebgewonnen Freunden Nuria und Cris möchte ich für die prägende Zusammenarbeit, die für mich motivierend, unterhaltsam und vor allem lehrreich war, danken.

Alexander Stripling, Steffen Ratschan, Daniel Globisch und Martin Krause danke ich für die konsequente Unterstützung und denkwürdigen Erinnerungen der gemeinsamen Studienzeit.

Meinem Freund Dominik Ohlmann gilt mein Dank für die vielen interessanten chemischen und nichtchemischen Gespräche, die ich mit ihm führen durfte und für eine gesunde Selbstkritik, die ich durch ihn entwickeln konnte.

Bei Dr. David Fox und Dr. Nunzio Sciammetta von *Pfizer Global R&D*, Sandwich möchte ich mich überaus erkenntlich zeigen. Mein Forschungsaufenthalt in England mit wichtigen Resultaten für diese Arbeit wäre ohne ihr Engagement nicht möglich gewesen. Nunzio persönlich gilt mein Dank für seine Unterstützung während des gesamten Aufenthaltes.

Philip Podmore, Toby Underwood und Andrew Mansfield von *Pfizer Global R&D*, Sandwich möchte ich für ihre Unterstützung in meinem Projekt und den lehrreichen Unterhaltungen über Durchflusschemie danken.

Es sei außerdem der analytischen Abteilung der TU Kaiserslautern für die kompetente Messung unzähliger Proben gedankt.

Auch möchte ich mich bei meinen Eltern für ihre finanzielle und liebevolle Unterstützung, die mir das Studium der Chemie ermöglicht haben, bedanken.

Zuletzt möchte ich meiner Frau Katrin für ihre unermüdliche Unterstützung und liebevolle Hingabe danken, ohne die mein Studium und meine Doktorandenzeit nicht halb so schön gewesen wären.

Die vorliegenden Arbeiten wurden bereits veröffentlicht:

L. J. Gooßen, C. Linder, N. Rodríguez, P. P. Lange, *Chem. Eur. J.* **2009**, *15*, 9336-9349: *Biaryl and Aryl Ketone Synthesis via Pd-Catalyzed Decarboxylative Coupling of Carboxylate Salts with Aryl Triflates.*

L. J. Gooßen, N. Rodríguez, P. P. Lange, C. Linder, *Angew. Chem. Int. Ed.* **2010**, *49*, 1111-1114: *Decarboxylative Cross-Coupling of Aryl Tosylates with Aromatic Carboxylate Salts.*

L. J. Gooßen, C. Linder, N. Rodríguez, P. P. Lange, A. Fromm, *Chem. Commun.* **2009**, 7173-7175: *Silver-Catalysed Protodecarboxylation of Carboxylic Acids.*

L. J. Gooßen, N. Rodríguez, C. Linder, P. P. Lange, A. Fromm, *ChemCatChem* **2010**, *2*, 430-442: *Comparative Study of Copper- and Silver-Catalyzed Protodecarboxylations of Carboxylic Acids.*

L. J. Gooßen, P. P. Lange, N. Rodríguez, C. Linder, *Chem. Eur. J.* **2010**, *16*, 3906-3909: *Low Temperature Ag/Pd-Catalyzed Decarboxylative Cross-Coupling of Aryl Triflates with Aromatic Carboxylate Salts.*

D. Blakemore, P. P. Lange, N. Sciammetta, *Synthon Journal (Pfizer internal)* **2010**, *4*, 1-8: *Decarboxylative Cross-Couplings (Gooßen Coupling) of Heterocyclic Carboxylic Acids with Aryl Bromides and Aryl Triflates catalysed by a Bimetallic Cu/Pd-Catalyst System.*

P. P. Lange, P. Podmore, N. Sciammetta, T. Underwood, *Synthon Journal (Pfizer internal)* **2010**, *4*, 9-14: *Proof-of-Concept: Decarboxylative Cross-Couplings (Gooßen Coupling) in a Continuous Flow Reactor.*

P. P. Lange, L. J. Gooßen, P. Podmore, T. Underwood, N. Sciammetta, *Chem. Commun.* **2011**, doi: 10.1039/C0CC05708H: *Decarboxylative Biaryl Synthesis in a Continuous Flow Reactor.*

Verwendete Abkürzungen

Ac	Acetat
acac	Acetylacetonat
Ar	Aryl
BINAP	2,2'-Bis(diphenylphosphino)-1,1'-binaphthyl
Bu	Butyl
CI	Chemische Ionisierung
CyJohnPhos	2-(Dicyclohexylphosphino)biphenyl
DABCO	1,4-Diazabicyclo[2.2.2]octan
DavePhos	2-Dicyclohexylphosphino-2'-(*N,N*-dimethylamino)biphenyl
dba	*trans,trans*-Dibenzylidenaceton
DBU	1,8-Diazabicyclo[5.4.0]undec-7-en
DBN	1,5-Diazabicyclo[4.3.0]non-5-en
DCM	Dichlormethan
δ	chemische Verschiebung in der Kernresonanzspektroskopie
DIOP	4,5-Bis(diphenylphosphinomethyl)-2,2-dimethyl-1,3-dioxolan
DIPEA	Diisopropylethylamin
DMAC	*N,N*-Dimethylacetamid
DMAP	*N,N*-Dimethylaminopyridin
DMF	*N,N*-Dimethylformamid
DMSO	Dimethylsulfoxid
dppb	1,2-Bis(diphenylphosphino)butan
dppf	1,1'-Bis(diphenylphosphino)ferrocen
EI	Elektronische Ionisierung
Et	Ethyl
EtOH	Ethanol
FID	Flammenionisierungsdetektor
GC	Gaschromatographie
Hal	Halogenid
Im^{i}PrAd	2-(Di-1-adamantylphosphino)-1-(2',6-diisopropylphenyl)-*1H*-imidazole
IR	Infrarot
JohnPhos	2-(Di-*tert*-butylphosphino)biphenyl
Kat.	Katalysator
L	Ligand

M	Metall
Me	Methyl
MePhos	2-Di-*tert*-butylphosphino-2'-methylbiphenyl
MeOH	Methonal
MS	Massenspektrometrie oder Molekularsiebe
NMP	*N*-Methylpyrrolidinon
NMR	nuclear magnetic resonance
Np	Naphthyl
Ph	Phenyl
phen	1,10-Phenanthrolin
Pr	Propyl
Py	Pyridin
R	organischer Rest
SPhos	2-Dicyclohexylphosphino-2',6'-dimethoxybiphenyl
tan	1,4,5-Triazanaphthalin
TBAF	Tetra-(*n*-butyl)ammoniumfluorid
TFA	Trifluoracetat
THF	Tetrahydrofuran
Tf	Triflate
Tol	4-Methylphenyl
Ts	Tosylat
XPhos	2-Dicyclohexylphosphino-2',4',6'-triisopropylbiphenyl

Inhaltsverzeichnis

Inhaltsverzeichnis *1*

1 Einleitung **5**

    1.1   Alte und neue katalytische Strategien zur Biarylsynthese 8

        1.1.1   Traditionelle Kreuzkupplungsreaktionen 9

        1.1.2   Direktarylierung 13

        1.1.3   Kupplungsreaktionen mit kohlenstoffbasierten Abgangsgruppen 16

    1.2   „Enabling techniques" in der Chemie 28

2 Ziele der Arbeit **34**

3 Diskussion der Resultate **35**

    3.1   Decarboxylierende Kreuzkupplung von Aryltriflaten in der Mikrowelle 35

    3.2   Decarboxylierende Kreuzkupplung von Aryltosylaten 53

    3.3   Absenkung der Reaktionstemperatur von decarboxylierenden Kreuzkupplungen 65

        3.3.1   Protodecarboxylierung aromatischer Carbonsäuren bei 120 °C 65

        3.3.2   Decarboxylierende Kreuzkupplung bei 130 °C 76

    3.4   Decarboxylierende Kreuzkupplung im Durchflussreaktor 87

4 Zusammenfassung **100**

5 Aktuelle Entwicklungen decarboxylierender Kupplungen **104**

    5.1   Decarboxylierende Heck-Reaktion 104

    5.2   Decarboxylierende Michael-Addition 105

    5.3   Decarboxylierende Kupplungsreaktion 106

    5.4   Decarboxylierende Direktarylierung 110

    5.5   Decarboxylierende Allylierung 112

    5.6   Decarboxylierende Derivatisierung von α-Aminosäuren 113

6 Ausblick **115**

7 Experimenteller Teil **117**

    7.1   Allgemeine Arbeitstechniken 117

7.2	Synthese von Kaliumcarboxylaten	125
7.3	Synthese von Tetraethylammoniumcarboxylaten	132
7.4	Synthese von Aryltriflaten	135
7.5	Synthese von Aryltosylaten	140
7.6	Synthese von Biarylen ausgehend von Aryltriflaten mit Cu	143
7.7	Synthese von Biarylen ausgehend von Aryltosylaten mit Cu	157
7.8	Silberkatalysierte Protodecarboxylierungen bei 120 °C	167
7.9	Synthese von Biarylen ausgehend von Aryltriflaten bei 130 °C	172
7.10	Synthese von Biarylen im Durchflussreaktor	180

8 Appendix: analytische Daten 186

9 Referenzen und Anmerkungen 273

Nummerierung der Verbindungen

Aufgrund der großen Zahl an chemischen Strukturen, die in dieser Doktorarbeit bezeichnet werden mussten, war es nicht einfach ein eindeutiges und zugleich übersichtliches System für die Nummerierung aller Verbindungen zu finden.

Dies wurde insbesondere dadurch erschwert, dass es immer wieder Überschneidungen bei den eingesetzten Substraten und erhaltenen Produkten gibt. Eine durchlaufende Nummerierung der Verbindungen hätte insbesondere in den Tabellen der letzten Kapitel die Zuordnung der Produkte zu den verwendeten Startmaterialien für den Leser fast unmöglich gemacht. Der eigentliche Zweck einer Nummerierung von Strukturen, nämlich dem Leser eine schnelle Zuordnung der im Text genannten Nummern zu den in den Schemata gezeigten Strukturen zu erlauben, wäre dadurch vermutlich verloren gegangen. Daher wurden die Strukturen für jedes Kapitel getrennt nummeriert. Die Bezeichnung setzt sich dabei aus der Nummer des Kapitels in der zweiten Gliederungsebene gefolgt von einem Bindestrich und einer fortlaufenden Nummer für die jeweilige Verbindung zusammen, also zum Beispiel 3.2-1 für Verbindung 1 in Kapitel 3.2. Verbindungen die in mehreren Kapiteln vorkommen tragen in jedem Kapitel eine unterschiedliche Nummer.

1 Einleitung

Die Anzahl der thermodynamisch stabilen Moleküle, die bereits existieren oder noch hergestellt werden können, wird auf 10^{400} geschätzt.[1] Diese unvorstellbar große Menge an Verbindungen ist der „chemical space" oder chemische Raum, in dem man sich anhand von chemischen Reaktionen bewegt. Bisher ist nur ein minimaler Bruchteil von potentiell interessanten Verbindungen erforscht und die Darstellung aller thermodynamisch stabilen Verbindungen ist selbst mit den optimistischsten Prognosen unvorstellbar. Eine zielgerichtete Erschließung dieses „chemical space" ist also unabdingbar.

Mit definierten Regeln kann aus solch abstrakten Betrachtungen Nutzen gezogen werden. Durch diese wird der „chemical space" auf Bereiche eingegrenzt, in dem sich Moleküle von Interesse befinden. Beispielsweise ist von Lipinski *et al.* für die Entwicklung neuer Wirkstoffe die sogenannte „5er-Regel (Lipinski's rule of 5)" entwickelt worden,[2] die, anhand von empirisch gefundenen Bedingungen, Substanzen mit guter oraler Bioverfügbarkeit und Wirkstoffpotenzial charakterisiert. Zusätzliche Erweiterungen dieser Regeln helfen die Wirkstoffähnlichkeit einer Verbindung optimal beurteilen zu können.[3] Doch selbst eine solch drastische Einschränkung verkleinert diesen neuen „chemical space" auf noch immer beachtliche 10^{60} Moleküle.

Innerhalb dieses neuen chemischen Raumes der Wirkstoffe, ist die Substanzklasse der Biaryle aufgrund ihrer guten pharmakologischen Eigenschaften zweifelsohne von großem Interesse. Sie gelten als sogenannte priviligierte Strukturen, d. h. Wirkstoffe mit einer Biarylsubstruktur weisen eine erstaunlich hohe Affinität zu multiplen Rezeptoren auf.[4] Antimykotische, entzündungshemmende, antirheumatische, antitumorale und blutdrucksenkende Eigenschaften solcher Wirkstoffe sind bekannt und untersucht.[5] Diese einzigartige Aktivität beruht auf Wechselwirkungen mit einer Vielfalt an funktionellen Gruppen, wie aromatischen als auch hydrophoben Resten,[6] polaren Gruppen, wie Amid-[7] und Hydroxylresten[8] und kationischen Spezies.[9] Die moderate Flexibilität von Biarylen über die C-C-Einfachbindung ist optimal für die Passgenauigkeit in eine Reihe von Enzymtaschen im Vergleich zu rigideren Naphthylstrukturen oder viel flexibleren Diphenylmethanen. Es ist daher nicht überraschend, dass sich Biaryle in 4.3% aller bekannten Wirkstoffe finden lassen.[10] Einige dieser Wirkstoffe, die sich um eine Biarylunterheinheit aufbauen, und ihre Funktion, sind in Abbildung 1 dargestellt.

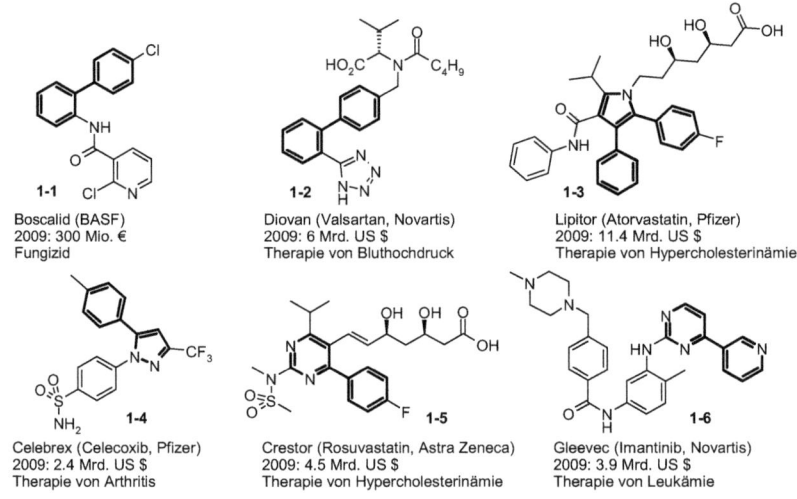

Abbildung 1: Beispiele von wichtigen Verbindungen mit Biarylsubstruktur.

Für die Synthesen der Biarylunterheinheiten sind im Laufe der Jahre viele verschiedene Verfahren entwickelt worden. Die Darstellung der abgebildeten Substanzen erfolgt in Produktionsprozessen über eine katalysierte Kreuzkupplungsreaktion (Boscalid **1-1** und Diovan **1-2**) oder lange bekannte Zyklisierungs- bzw. Kondensationsreaktionen (Heterozyklen **1-3**–**6**). Viel Entwicklungs- und Synthesearbeit steckt in diesen Methoden, die heutzutage leistungsfähige Werkzeuge im Repertoire eines jeden Chemikers sind, um die Zugänglichkeit dieser Moleküle zu erweitern.

Der neue Zugang zu derartigen Molekülbausteinen durch diese Synthesemethoden ließ damit verbundene Nachteile lange in den Hintergrund rücken. In einer zeitgemäßen Betrachtung muss diesen Nachteilen ein größerer Stellenwert zuteil kommen. Waren die neuen Verfahren zum Zeitpunkt ihrer Entdeckung, die unter Umständen viele Jahrzehnte zurückliegt, hochmodern, erfolgt heutzutage eine kritischere Begutachtung bezüglich ihrer Effizienz und Nachhaltigkeit.[11]

In diesem Zusammenhang ist der Begriff „green chemistry" oder Grüne Chemie in den 1990er Jahren geprägt worden.[12] Ursprünglich galt Chemie als grün, wenn Gefahren reduziert oder ganz und gar vermieden werden konnten. Darauf aufbauend definierten

Anastas und Warner eine Reihe von Prinzipien, an denen sich Chemiker des 21. Jahrhunderts orientieren sollen, um zukünftige Belastungen durch chemische Prozesse zu minimieren oder gar abzuwenden. Diese 12 Prinzipien der Grünen Chemie (12 principles of green chemistry) sind von Poliakoff *et al.* zum eingängigeren Verständnis in dem Akronym „PRODUCTIVELY" zusammengefasst worden (auf Übersetzung ist zur besseren Veranschaulichung verzichtet worden):[13]

Prevent wastes
Renewable materials
Omit derivatization steps
Degradable chemical products
Use safe synthetic methods
Catalytic reagents
Temperature, pressure ambient
In-process monitoring
Very few auxiliary substances
E-factor, maximize feed in product
Low toxicity of chemical products
Yes, it is safe

Abbildung 2: Veranschaulichung der 12 Prinzipien der Grünen Chemie (Bild aus Ref.: 13).

Alle 12 Kriterien gehören zu einem Gesamtkonzept, bedingen einander und sollten bei der Entwicklung neuer Methoden und der Verbesserung alter Verfahren unbedingt berücksichtigt werden.

Aktuelle Prozesse zur Synthese von Biarylen bedürfen ebenfalls einer konsequenten Weiterentwicklung hinsichtlich dieser grünen Kriterien. Ansätze hierzu sind neue katalytische Verfahren zur Bindung der C-C-Knüpfung oder die effizientere Durchführung bekannter Reaktionen durch die Nutzung neu entwickelter Technologien. Lösungskonzepte neuer Synthesen müssen auf die Vermeidung von hohen Abfallmengen, Zwischenschritten und Verwendung von gefährlichen Substanzen ausgelegt sein. Der Einsatz alternativer Techniken würde eine effizientere Energienutzung und erhöhte Sicherheit bei der Durchführung von chemischen Reaktionen gewährleisten. Im Idealfall lassen sich diese beiden Strategien miteinander kombinieren, um Biaryle unter Berücksichtigung aller 12 grünen Prinzipien verfügbar zu machen.

1 Einleitung

1.1 Alte und neue katalytische Strategien zur Biarylsynthese

Es existiert eine Vielfalt von verschiedenen Möglichkeiten für die Synthese von Biarylen. Dabei gibt es eine Mannigfaltigkeit von unkatalysierten Reaktionen, wie photochemische Reaktionen, die Gomberg-Bachmann-Reaktion sowie ähnliche radikalische Prozesse, die Scholl-Reaktion, oxidative Phenolkupplungen und Reaktionen von Arinintermediaten (Schema 1).[14] Diese oft sehr alten Reaktionen sind geprägt von drastischen Bedingungen und geringer Regioselektivität. Nur für wenige spezifische Substrate besitzen sie eine zufriedenstellende Anwendbarkeit.

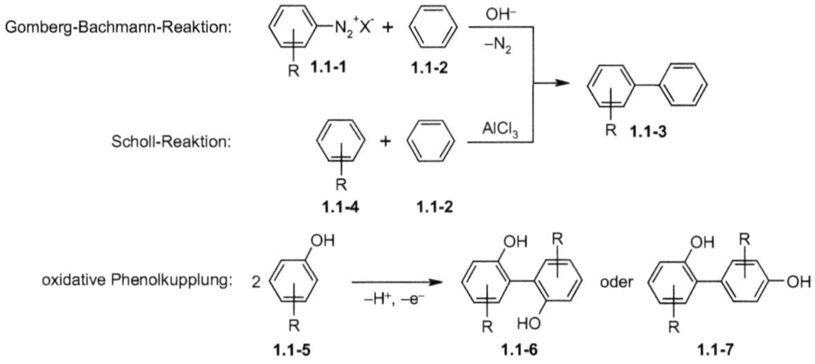

Schema 1: Einige unkatalysierte Biarylsynthesen.

Übergangsmetallvermittelte oder -katalysierte Kupplungsreaktionen für die Synthese von unsymmetrischen Biarylen sind besonders effizient und breit anwendbar. Historisch erwachsen sind diese Konzepte aus der ersten übergangsmetallvermittelten Reaktion zur Synthese von symmetrischen Biarylen durch Kupfermetall, der Ullmann-Kupplung.[15] In einer reduktiven Kupplung von 2-Bromnitrobenzol gelang unter Bildung einer C-C-Bindung die Synthese des symmetrischen Biphenyls. Inspiriert durch diese bahnbrechenden Arbeiten sind seitdem eine Vielzahl von übergangsmetallkatalysierten Reaktionen entwickelt worden. Folgende dieser Synthesestrategien führen zu unsymmetrischen Biarylen (Schema 2).

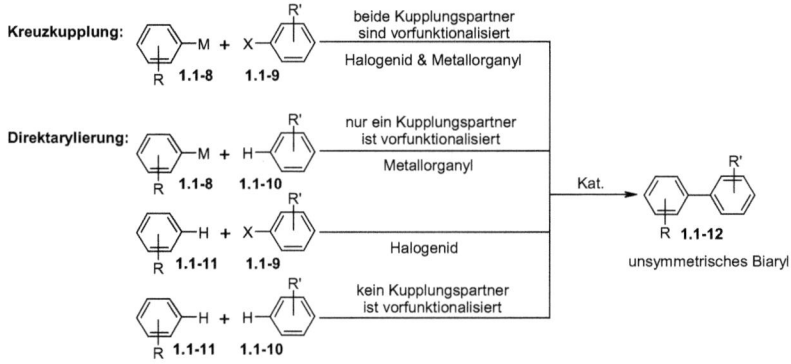

Schema 2: Katalytische Strategien zur Synthese von Biarylen.

Sie lassen sich in die Reaktionstypen Kreuzkupplung und Direktarylierung einordnen. In einer Kreuzkupplungsreaktion reagieren zwei präfunktionalisierte Moleküle, ein Arylhalogenid bzw. −pseudohalogenid (**1.1-9**) und eine Arylmetallverbindung(**1.1-8**) miteinander. Aufgrund dieser vordefinierten Positionen der Bindungsknüpfung verläuft die Reaktion mit hoher Regioselektivität.

Das Prinzip der Direktarylierung beruht auf mindestens einem nicht vorfunktionalisierten Kupplungspartner (**1.1-10** oder **1.1-11**). Unter Aktivierung einer inerten C-H-Bindung wird ein Kupplungspartner erzeugt, der mit einem Arylelektrophil oder −nukleophil reagiert. Liegen zwei oder mehr arylierbare C-H-Bindungen vor, kann die Regioselektivität dieser Strategie schnell abnehmen. Die stete Weiterentwicklung dieser beiden Konzepte hat zu Verfahren geführt, die ein beeindruckendes Spektrum an funktionalisierten Biarylmolekülen verfügbar machen.

1.1.1 Traditionelle Kreuzkupplungsreaktionen

Traditionelle Kreuzkupplungsreaktionen zeichnen sich durch ihre enorm hohe Regioselektiviät aus. Diese beruht auf den vorab funktionalisierten Abgangsgruppen entgegengesetzter Polarität. Dadurch werden die intermediären Arylmetallspezies nur an diesen Kohlenstoffatomen erzeugt, was eine saubere Synthese zum gewünschten Biarylisomer ermöglicht.

Schema 3 zeigt den allgemeinen Katalysezyklus dieser Biarylsynthesen.

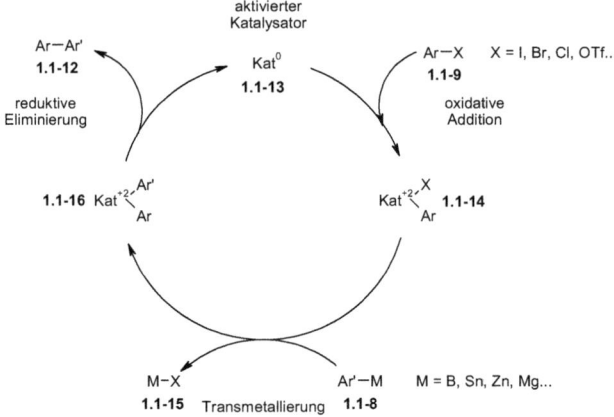

Schema 3: Katalysezyklus einer Kreuzkupplung.

Das Katalysatormetall durchläuft einen Kreislauf indem es seine Oxidationsstufe zweimal in Form von einem oxidativen und einem reduktiven Zweielektronenprozess ändert. Der aktivierter Katalysatorkomplex **1.1-13** mit einem Metall der Oxidationsstufe 0 reagiert mit einem Arylelektrophil in einer oxidativen Addition zu Komplex **1.1-14**. In einer Transmetallierungsreaktion kann nun der aromatische Rest einer Organometallspezies **1.1-8** (Arylnukleophil) auf den Katalysatorkomplex übertragen werden (Komplex **1.1-16**). Die folgende reduktive Eliminierung knüpft die C-C-Bindung des Biarylproduktes **1.1-12** regioselektiv und regeneriert den Katalysatorkomplex **1.1-13** in seiner ursprünglichen Oxidationsstufe.

Als Katalysatormetall haben sich Nickel und vor allem Palladium etabliert. Arylelektrophile sind maßgeblich Arylhalogenide oder –sulfonate. Arylmetallverbindungen der Elemente Magnesium, Zink, Zinn und Bor haben sich für die Synthese von unsymmetrischen Biarylen bewährt. Diese Kreuzkupplungen sind mittlerweile nach ihren Entdeckern benannt worden und finden in vielen Bereichen Einsatz zur Synthese von Biarylen (Schema 4).

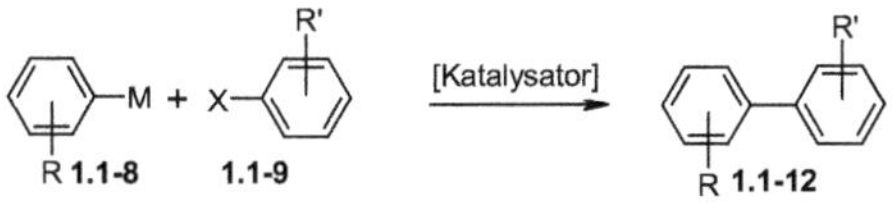

R 1.1-8 1.1-9 [Katalysator] R 1.1-12

M = Mg: Kumada-Tamao-Corriu
Zn: Negishi
Sn: Kosugi-Migita-Stille
B: Suzuki-Miyaura

Schema 4: Die prominentesten traditionellen Kreuzkupplungsreaktionen.

Bereits 1972 konnten Kreuzkupplungen mit Grignardverbindungen erfolgreich durchgeführt werden.[16,17] Sie sind als Kumada-Tamao-Corriu-Kupplungen bekannt. Der Einsatz von Grignardverbindungen ist eine der direktesten Kreuzkupplungsstrategien aufgrund des guten Zuganges und hohen Reaktivität der Kupplungspartner. Sie können bei sehr milden Bedingungen durchgeführt werden. Die hohe Nukleophilie und Basizität von Grignardverbindungen schränkt eine breite Anwendung auf weniger reaktive Substrate ein, da sich die Reaktion mit weiteren, elektrophilen Substituenten der Aromaten nicht verhindern lässt.

Die Entwicklung von chemoselektiveren Organometallverbindungen erlaubt die Umsetzung solcher funktionalisierten Substrate in Kreuzkupplungsreaktionen. Wegweisende Arbeiten von Negishi et al. beschrieben erstmalig den Ersatz von Grignardverbindungen durch Zinkorganyle zur Synthese von unsymmetrischen Biarylen.[18] Die weniger basischen Arylzinkverbindungen erlauben eine Kupplung mit verbesserter Toleranz gegenüber funktionellen Gruppen. Sie sind aber vergleichsweise kompliziert zu synthetisieren, da die Insertion des Zinks in Aryliodide nur mit Hilfe von Rieke-Zink[19] gelingt oder durch eine Transmetallierung des korrespondierenden Lithium- oder Magnesiumorganyls auf ein Zinkhalogenid erfolgt.

Um Nebenreaktionen, wie die Hydrolyse der Magnesium- oder Zinkorganyle zu vermeiden, müssen deren Kreuzkupplungsreaktionen unter streng inerten Bedingungen durchgeführt werden, was eine großtechnische Anwendung erschwert.

Die Verwendung von Arylstannanen bietet eine Alternative zu diesen aufwendig zu synthetisierenden und labilen Arylnukleophilen. Diese Derivate der Kosugi-Migita-Stille-Kupplung[20,21] zeichnen sich durch ihre außerordentliche Stabilität gegenüber Luftsauerstoff und Wasser, sowie die einfach Synthese, Isolierung und Lagerfähigkeit aus.

Die Kupplung findet bei sehr milden Bedingungen statt und toleriert eine Vielzahl funktioneller Substituenten, wie Carbonyl-, Nitro-, Amin- und Hydroxylgruppen. Aufgrund dieser Eigenschaften war die Kosugi-Migita-Stille-Kupplung lange Zeit die Methode der Wahl bei der Synthese von pharmazeutisch interessanten hochfunktionalisierten Biarylen. Der fundamentale Nachteil ist allerdings die hohe Toxizität dieser Zinnorganyle und deren Abfallprodukte, sowie die Schwierigkeiten bei der Entfernung von Zinnspuren aus den Produkten. Desweiteren kann meist nur einer der vier organischen Reste des Zinns auf das Katalysatormetall übertragen werden wodurch enorme Menge an toxischem Abfall entstehen.

Die modernste und vielseitigste Methode zur Synthese von Biarylen und ein Meilenstein in der Kreuzkupplungschemie ist die Verwendung von Organoborverbindungen als nukleophile Reaktionspartner.[22] Der Einsatz von Arylborverbindungen in Kreuzkupplungen überkommt die meisten Nachteile ihrer verwandten Kupplungen. Die Reaktionen können unter äußerst milden Bedingungen durchgeführt werden und der anorganische Boratabfall ist einfach vom Produkt abzutrennen. Nukleophile wie Arylboronsäuren, -boronsäureester oder – trifluorborate sind stabil gegenüber Wasser und Luft, sowie lagerfähig und wenig toxisch. Die Toleranz gegenüber funktionellen Gruppen umfasst und übertrifft die ihrer verwandten Kreuzkupplungsreaktionen. Ein Nachteil ist die Synthese der Arylborverbindungen. Sie kann aus den Grignardreagenzien oder über eine Miyaura-Borylierung[23] der Arylhalogenide erfolgen. Diese Vorfunktionalisierung bedingt häufig eine aufwändige Aufreinigung, die vor allem wegen der damit verbundenen hohen Kosten - besonders im Industriemaßstab – ein großes Problem ist.

Palladiumkatalysierte Kreuzkupplungsreaktionen sind ein elementarer Bestandteil der chemischen Synthese im Labor- und Industriemaßstab für den regioselektiven Aufbau von C-C-Bindungen zwischen zwei verschiedenen Arenen. Anhaltende Weiterentwicklungen in Anbetracht von Nachhaltigkeit und Effizienz dieser Kreuzkupplungsreaktionen haben Methoden hervorgebracht, mit denen Biaryle in wässrigen Lösungen,[24] bei Raumtemperatur[25] und minimalen Katalysatorbeladungen[26] „grüner" synthetisiert werden können. In modernen Verfahren werden die labilen Arylmagnesium-[27] und Arylzinkspezies[28] *in situ* generiert, wodurch die entsprechenden Kreuzkupplungen auch mit Substraten gelingt, die weitere elektrophile Substituenten besitzen.

Traditionelle Kreuzkupplungsreaktionen sind nach fast 40 Jahren intensiver Forschung als eine der wirkungsvollsten Methoden für die Synthese von unsymmetrischen Biarylen anzusehen und deren Entdecker sind 2010 mit dem Nobelpreis für Chemie ausgezeichnet worden.

1.1.2 Direktarylierung

Bei einer Direktarylierung wird auf die Vorfunktionalisierung von mindestens einem der aromatischen Kupplungspartner verzichtet. Die *in situ* Aktivierung einer aromatischen C-H-Bindung durch die Kombination eines Übergangsmetallkatalysator und einer Base kann eine nukleophile oder elektrophile Abgangsgruppe ersetzen.[29] Die Arylierung mit einer Organometallverbindung oder einem Arylhalogenid an diesem C-Atom führt zum gewünschten Biaryl auf einem abfallminimierten Syntheseweg. Um das Potential der Direktarylierung vollständig ausschöpfen zu können, ist der Ersatz des nukleophilen Metallorganyls durch eine arylierbare aromatische C-H-Bindung zweifellos attraktiver. Auf diesem Weg werden die Synthese der metallorganischen Spezies und die damit verbundene Entsorgung der stöchiometrischen Metallabfälle nach der Kupplungsreaktion vermieden. Desweiteren ist eine Direktarylierungsreaktion mit Arylhalogeniden im Gegensatz zu Metallorganylen redox-neutral, so dass zusätzliche Oxidationsmittel in stöchiometrischen Mengen nicht notwendig sind.

Der Verlauf einer Direktarylierung ist abhängig vom Substrat und Katalysatormetall. Ausgehend von einem Arylmetallkomplex, generiert durch oxidative Addition mit dem Arylhalogenid, kann eine der in Schema 5 dargestellten möglichen C-C-Bindungsknüpfungsreaktionen ablaufen.

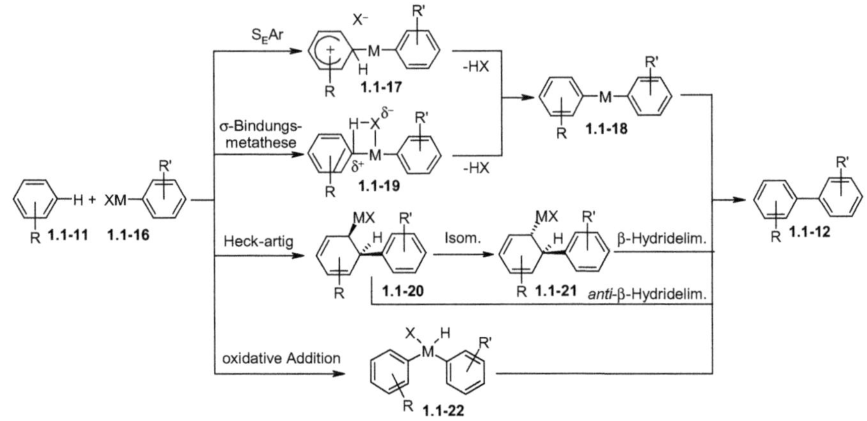

1 Einleitung

Schema 5: Postulierte Mechanismen der Direktarylierung.

Die Biarylsynthese kann über eine elektrophile aromatische Substitution am Metallzentrum, eine konzertierte Palladierung-Deprotonierung (σ-Bindungsmetathese), eine Heck-artige Reaktion (Carbometallierung) mit anschließender β-Hydrideliminierung oder eine oxidative Addition einer aromatischen C-H-Bindung erfolgen.

Durch die Vielzahl aromatischer C-H-Bindungen in den meisten Molekülen bedarf es einiger Anforderungen an die Substrate, um eine erfolgreiche, regioselektive Direktarylierung zu ermöglichen (Schema 6).

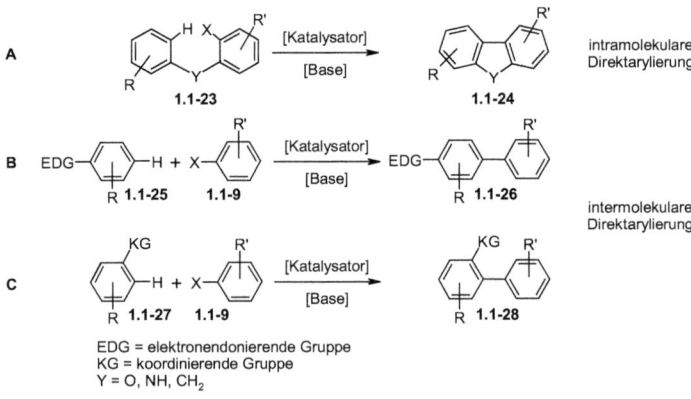

EDG = elektronendonierende Gruppe
KG = koordinierende Gruppe
Y = O, NH, CH$_2$

Schema 6: Verschiedene Direktarylierungen.

Die intramolekulare Variante der Direktarylierung (**A**) ist aufgrund der gegebenen räumlichen Nähe der zu verknüpfenden Positionen sehr effektiv und regioselektiv, bedingt aber eine vorangegangene chemische Verbbrückung beider Aromaten.

Die intermolekulare Direktarylierung zur Synthese von unsymmetrischen Biarlyen stellt sich als wesentlich komplizierter dar, da der Katalysator wohlmöglich fünf verschiedene C-H-Bindungen (im Falle eines einfach substituierten Aromaten) für die Kupplung aktivieren kann. Zwei Faktoren sind daher essentiell, um eine Kupplung regioselektiv zu ermöglichen. Speziell funktionalisierte elektronenreiche Substrate (**B**) können gekuppelt werden, die eine Substitution in *ortho*- oder *para*-Position infolge einer elektrophilen Aromatensubstitution ermöglichen. Eine zufriedenstellend regioselektive Kupplung gelingt dann, wenn die ungewünschten Arylierungspositionen sterisch blockiert sind.

Unabhängig von den elektronischen Eigenschaften der weiteren Substituenten kann eine regiospezifische *ortho*-Funktionalisierung von Derivaten mit einer koordinierenden Gruppe (**C**) stattfinden. Die Koordination einer stickstoff- oder sauerstoffbasierten Funktionalität an den Metallkatalysator dirigiert die Aktivierung der C-H-Bindung und Arylierung in *ortho*-Position. Die doppelte Direktarylierung beider *ortho*-Positionen bzw. die Arylierung in *para*-Position durch elektronische Effekte der koordinierenden Gruppe können dabei auftreten. Diese ungewollten Nebenreaktionen lassen sich durch entsprechend sterisch modifizierte Substrate unterdrücken.

Die Direktarylierung zur Synthese von Biarylen ist eine junge und „grüne" Alternative zu traditionellen Kreuzkupplungsreaktionen, da die übergangsmetallkatalysierte Arylierung einer chemisch inerten aromatischen C-H-Bindung mit einem Arylhalogenid nur einen vorfunktionalisierten Kupplungspartner benötigt. Diese höchst nachhaltige Entwicklung in der Synthese von Biarylen reduziert die Abfallmengen auf Alkalihalogenidsalze, die unbedenklich in der Aufreinigung des Produktes und in ihrer Entsorgung sind. Unregioselektive Reaktionsverläufe lassen sich durch die geeignete Wahl der Substrate verhindern und saubere Synthesen zu den gewünschten Regioisomeren erreichen. Moderne Katalysatorsysteme ermöglichen Direktarylierungen chemoselektiv in der unerwarteten *meta*-Position elektronenreicher Acetanilide durchzuführen [30] oder noch nachhaltigere Kupplungen zweier unfunktionalisierter Aromaten in sehr guter Regioselektivität.[31]

1.1.3 Kupplungsreaktionen mit kohlenstoffbasierten Abgangsgruppen

Die anorganischen Abfälle traditioneller Kreuzkupplungsreaktionen können durch Direktarylierungen aromatischer C-H-Bindungen vermieden werden. Das Subtratspektrum für zufriedenstellend regioselektive Direktarylierungen ist allerdings eingeschränkt. Eine Symbiose dieser Kupplungen, die alle Vorteile in sich vereint ist daher der nächste Schritt zu „grüneren" Synthesekonzepten. Eine solche Kreuzkupplung muss sich Abgangsgruppen zu Nutze machen, die keine bedenklichen Abfälle im Laufe der Kupplung erzeugen, bestenfalls also nur aus organischen Elementen besteht, und für die gezielte, regioselektive Kupplung am verknüpften aromatischen Kohlenstoffatom sorgt.

Kohlenstoffbasierte Abgangsgruppen erfüllen diese Vorraussetzungen. Aryl-C-C-Bindungen sind in Form von Carbonylverbindungen in großer Zahl bekannt und verfügbar. Funktionelle Gruppen wie Nitrile, Aldehyde, Carbinole und Carboxylate können durch geeignete Katalysatoren als Abgangsgruppen genutzt und Biaryle aus völlig neuen Startmaterialen dargestellt werden (Schema 7).[32]

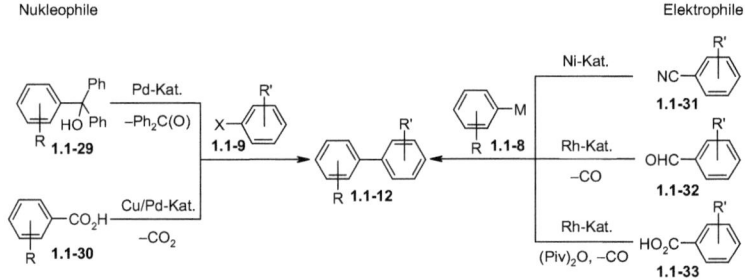

Schema 7: Kohlenstoffbasierte Abgangsgruppen in Kupplungsreaktionen.

Übergangsmetallkatalysierte Kreuzkupplungen aromatischer Moleküle mit diesen ubiquitären funktionellen Gruppen als Abgangsgruppen, für die keine aufwändigen Syntheseschritte notwendig sind, stellen eine regioselektive und abfalloptimierte Variante dieser Synthesestrategie dar. Demnach können die Kupplungen vollständig metall- bzw. halogenfrei durchgeführt werden.

In einer traditionellen Kreuzkupplung können Arylnitrile (**1.1-31**) mit Magnesiumorganylen umgesetzt werden.[33] Allerdings ist die Anwendungsbreite dieser Arylelektrophile durch die Notwendigkeit eines hochreaktiven Nickelkatalysators sehr gering. Aromatische Carbonsäuren (**1.1-33**) können *in situ* mit Pivalinsäureanhydrid in ein gemischtes Anhydrid überführt und unter Decarbonylierung in einer Suzuki-Miyaura-Kupplung zu den unsymmetrischen Biarylen umgesetzt werden.[34] Die Erzeugung der Arylelektrophile auf diesem Weg erscheint dabei als weniger lukrative Strategie, da die Kupplung zum Biaryl erneut mit einer Organometallverbindung erfolgen muss. Die wenigen modernen Beispiele, die Aromaten mit kohlenstoffbasierten Abgangsgruppen in einer nachhaltigeren Direktarylierung kuppeln, sind rar und noch auf spezielle Phenylpyridine oder Phenanthridine beschränkt. Diese Kupplungen gelingen mit aromatischen Aldehyden,[35] Carbonsäurechloriden,[36] -anhydriden[37] oder –peroxiden[38] unter Decarbonylierung bzw. Decarboxylierung.

Attraktivere Konzepte sind diese, die zur Generierung des Arylnukleophils durch Bindungsaktivierung einer aromatischen C-C-Einfachbindung führen. Dadurch kann die Organometallspezies ersetzt und ein Zugang zu ökonomischeren Biarylsynthesen ermöglicht werden. Miura *et al.* konnten α,α-disubstituierte Arylmethanole (**1.1-29**) als solche Bausteine in ihrer Synthese für unsymmetrische Biaryle nutzen und die Kupplung mit Arylchloriden (**1.1-34**) entwickeln (Schema 8).[39]

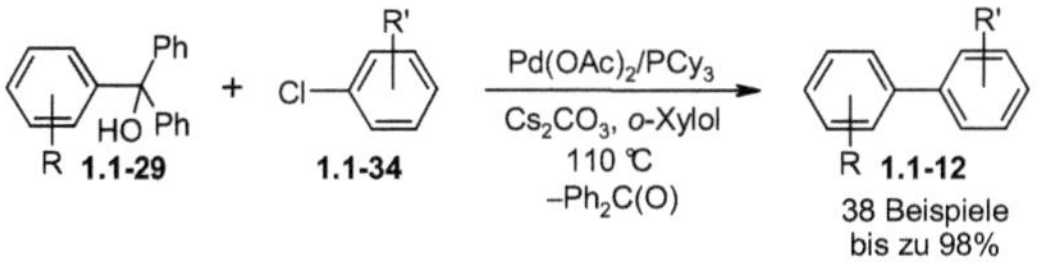

Schema 8: Kupplung von α,α-disubstituierten Arylmethanolen.

Dieses Reaktionskonzept ist auf eine Reihe von aromatischen Carbinolverbindungen anwendbar.[40] Die Verfügbarkeit dieser ist allerdings gering und eine vorhergehende Synthese unumgänglich. Diese erfolgt entweder über die Reaktion von Arylmagnesiumbromid (**1.1-35**) mit Benzophenon **1.1-36** oder zwei Equivalenten Phenylmagnesiumbromid **1.1-38** auf die entsprechenden Carbonsäureester (**1.1-37**) (Schema 9).

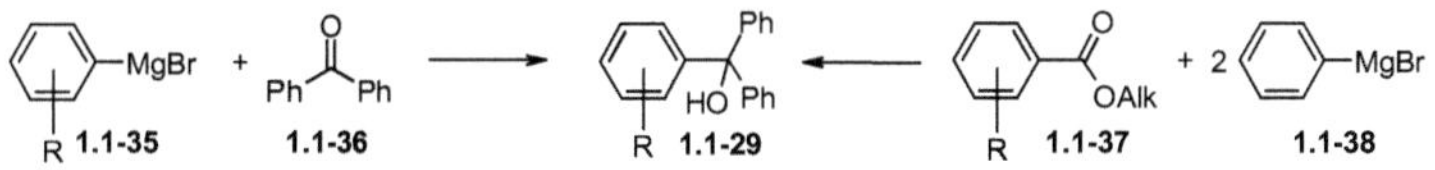

Schema 9: Synthese von α,α-disubstituierten Arylmethanolen.

Neben der schlechten Atomökonomie dieser Reaktion lässt sich auch hier die Nutzung von Organometallverbindungen nicht vermeiden.

Ein Lösungsansatz zum vollständigen Ersatz von Metallorganylen ist der direkte Einsatz von Carbonsäuren (**1.1-30**) in Kreuzkupplungsreaktionen. Die Erzeugung des Arylnukleophils erfolgt in dieser Variante durch die übergangsmetallkatalysierte Extrusion von Kohlendioxid *in situ*. Eine Vorfunktionalisierung kann so umgangen werden (Schema 7). Aromatische Carbonsäuren sind in großer Zahl verfügbare, stabile, ungefährliche und gut lagerfähige Feststoffe. Durch die Seitenkettenoxidation von alkylsubstituierten Aromaten oder Kondensationsreaktionen zu heterozyklischen Derivaten sind sie einfach zugänglich. Eine Kreuzkupplung von aromatischen Carbonsäuren (**1.1-30**) mit Arylelektrophilen (**1.1-9**) scheint daher die vielversprechenste Strategie zur Nutzung von kohlenstoffbasierten Abgangsgruppen für die Synthese von Biarylen. Durch die katalysierte Reaktion einer Benzoesäure mit Arylhalogeniden können die Nachteile anderer Kupplungskonzepte behoben werden. Eine regioselektive Kupplung ist durch die vordefinierte Abgangsgruppe in Form der Carboxylatgruppe gewährleistet. Gleichzeitig nutzt man eine Funktionalität am Aromaten, die in großer Vielfalt einfach zugänglich ist. In einer derartigen Kupplung fallen nur Kohlendioxid und Alkalihalogenidsalze als Abfall an.

Decarboxylierung aromatischer Carbonsäuren

Die Erschließung von aromatischen Carbonsäuren als Substrate für die Synthese von Biarylen fußt auf der Decarboxylierung dieser Carbonsäuren und anschließender gezielter Reaktion des erzeugten Kohlenstoffnukleophils mit einem Arylelektrophil. Die unkatalysierte Decarboxylierung von heterozyklischen Derivaten (Hammick-Reaktion) ist extrem substratspezifisch und gelingt nur in überhitzten Aldehyden (Schema 10).[41] Der thermisch induzierte Decarboxylierungsschritt lässt sich nicht kontrolliert dirigieren, womit dieses Konzept ein ungeeigneter Ausgangspunkt für eine decarboxylierende Kreuzkupplung ist.

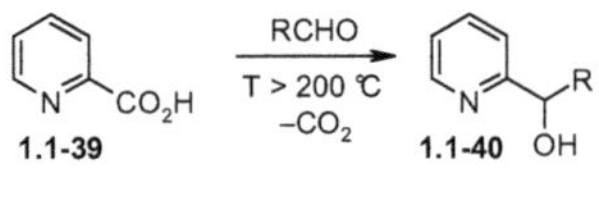

Schema 10: Hammick-Reaktion.

Ein übergangsmetallvermittelter Prozess zur Extrusion von Kohlendioxid (Protodecarboxylierung) ist ein vielversprechenderer Weg, denn die Bildung einer Arylmetallspezies nach der Decarboxylierung ermöglicht die gezielte Reaktion mit einem Arylelektrophil.

Bereits vor 80 Jahren konnten Shepard *et al.* zeigen, dass halogenierte Furancarbonsäuren in Gegenwart von elementarem Kupfer oder Kupfersalzen protodecarboxylieren.[42] Aufbauend auf diesen Erkenntnissen wurden Protodecarboxylierungen von Nilsson,[43] Shepard[44] und Cohen *et al.*[45] weiterentwickelt, wobei das Substratspektrum der Carbonsäuren dieser kupfervermittelten Methoden auf 2-Nitrobenzoesäure und Furan- bzw. Thiophen-2-carbonsäuren beschränkt war. All diese frühen Untersuchungen befassten sich mit vermittelten anstatt katalysierten Decarboxylierungsreaktionen für aromatische Carbonsäuren und erst 40 Jahre später wurden Katalysatorsysteme entwickelt, die die katalytische Protodecarboxylierung mit Kupfer ermöglichten (Schema 11).

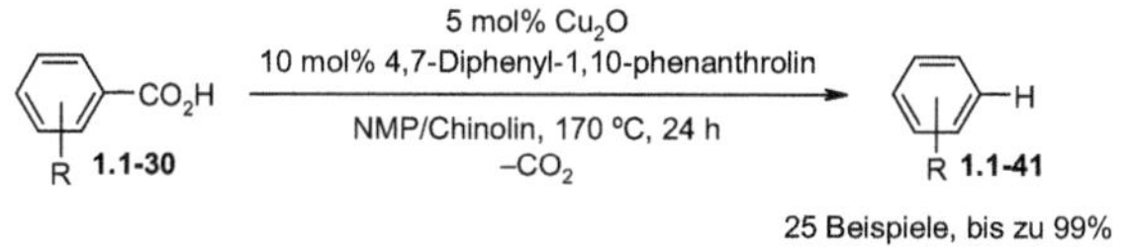

$$\text{R} \underset{\textbf{1.1-30}}{\text{-C}_6\text{H}_4\text{-CO}_2\text{H}} \xrightarrow[\substack{\text{NMP/Chinolin, 170 °C, 24 h} \\ -\text{CO}_2}]{\substack{5\text{ mol\% Cu}_2\text{O} \\ 10\text{ mol\% 4,7-Diphenyl-1,10-phenanthrolin}}} \text{R} \underset{\textbf{1.1-41}}{\text{-C}_6\text{H}_4\text{-H}}$$

25 Beispiele, bis zu 99%

Schema 11: Kupferkatalysierte Protodecarboxylierung aromatischer Carbonsäuren.

Die Kombination von Kupfer(I)oxid und 4,7-Diphenyl-1,10-phenanthrolin in einem Gemisch aus *N*-Methylpyrrolidon (NMP) und Chinolin eignete sich hervorragend, um eine Reihe von funktionalisierten Carbonsäuren (**1.1-30**) bei hohen Temperaturen in die entsprechenden Arene (**1.1-41**) zu überführen.[46] Für eine neue Biarylsynthese besitzt diese Methode ein großes Potential, da im Laufe der Reaktion eine Kupferarylspezies entsteht, die mit einem entsprechend generierten Arylelektrophil kreuzgekuppelt werden könnte. Die mechanistischen Erkenntnisse von Cohen[47] und vielmehr die experimentellen Beobachtungen von Nilsson[43] zeigten bereits für die frühen kupfervermittelten Verfahren, dass bei der Decarboxylierung von Benzoesäuren solche Kupferarylspezies entstehen, die sich in Gegenwart von Iodbenzol sogar abfangen und zum unsymmetrischen Biaryl umsetzen lassen.

Decarboxylierende Kreuzkupplung

Die drastischen Bedingungen von über 200 °C und die schlechte Regioselektivität von gekreuzten Ullmannkupplungen verhinderten allerdings die Entwicklung eines brauchbaren Synthesekonzeptes durch Nilsson. Der Durchbruch wurde sehr viel später durch die Kombination eines Münzmetallmediators für die Decarboxylierung und einem klassischen Palladiumkatalysator der bereits erwähnten traditionellen Kupplungsreaktionen (s. Kapitel 1.1.1) erzielt. Die erste decarboxylierende Kreuzkupplung gelang über die Nutzung von stöchiometrischen Mengen basischem Kupfercarbonat und Kaliumfluorid in Kombination eines Palladiumphosphinkatalysators (Schema 12).[48]

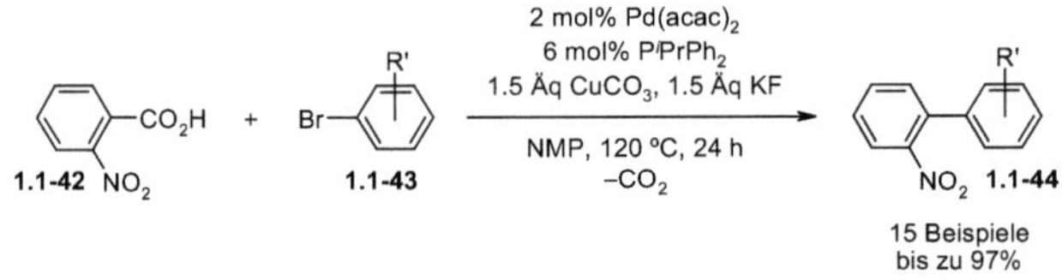

Schema 12: Decarboxylierende Biarylsynthese unter Einsatz von zwei Metallen.

Die Carbonsäure **1.1-42** wird bei 120 °C in ein reaktives Kupfer(II)carboxylat überführt, das zu der gewünschten Kupferarylspezies decarboxyliert. Diese kann nun in Gegenwart von 2 mol% Palladium(II)acetylacetonat und 6 mol% P^{i}PrPh$_2$ mit verschiedenen Arylbromiden (**1.1-43**) zu den unsymmetrischen Biarylen (**1.1-44**) gekuppelt werden. Dieser erfolgreiche Einsatz eines bimetallischen Katalysatorsystems bedeutete den Grundstein der decarboxylierenden Kreuzkupplung zur Synthese von unsymmetrischen Biarylen.

Der postulierte Ablauf der decarboxylierenden Kreuzkupplung ist in Schema 13 dargestellt.

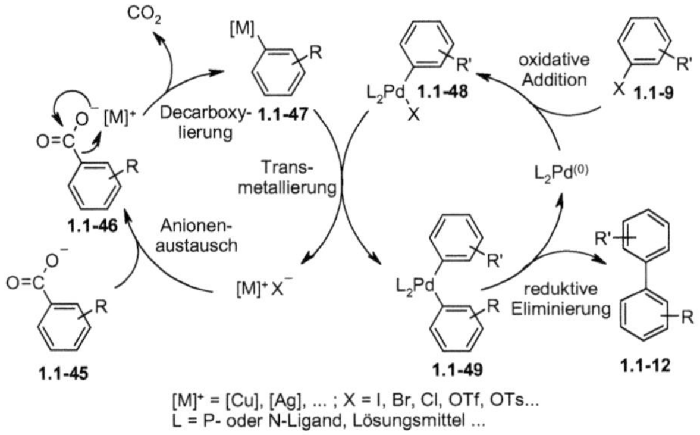

Schema 13: Postulierter Mechanismus der decarboxylierenden Kreuzkupplung.

Die Kupferspezies koordiniert zuerst am Carboxylatsauerstoff und insertiert dann in die C-C(O)-Bindung unter Extrusion von Kohlendioxid und Bildung einer Kupferarylspezies **1.1-46**. Gleichzeitig findet eine oxidative Addition des Arylhalogenides am aktiven Palladium(0)katalysator statt. Vergleichbar mit einer traditionellen Kreuzkupplungsreaktion erfolgt eine Transmetallierung des Arylrestes vom Kupfer- auf das Palladiumzentrum unter Freisetzung von Kupferhalogenid. Die Synthese des unsymmetrischen Biaryls (**1.1-12**) erfolgt über die reduktive Eliminierung und Regenerierung des aktiven Palladium(0)katalysators. Um die Kupfermenge auf katalytische Mengen reduzieren zu können und somit stöchiometrische Mengen an Übergangsmetallsalzen zu vermeiden, muss ein Ligandenaustausch, Carboxylat gegen Halogenid, am Kupferzentrum stattfinden. Im Falle der besonders reaktiven und gut an den Kupferkatalysator koordinierenden 2-Nitrobenzoesäure **1.1-42** gelingt dies bereits mit 3 mol% Kupferkatalysator.[48] Mit einem verbesserten Katalysatorsystem von 10 mol% Kupfer(I)bromid und 3 mol% Palladiumbromid konnte das Substratspektrum auf verschiedenste *ortho*-koordinierende und einige heterozyklische Carbonsäurederivate (**1.1-50**) erweitert werden (Schema 14).[49]

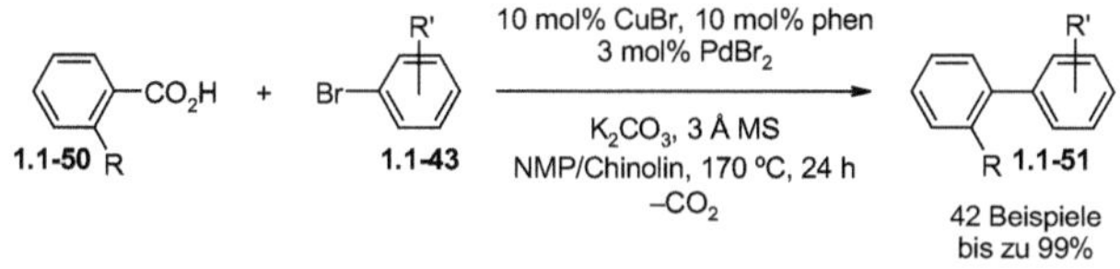

Schema 14: Biarylsynthese mit katalytischen Kupfer- und Palladiummengen.

Diese Ergebnisse stellen die erste bahnbrechende Nutzung von kohlenstoffbasierten Abgangsgruppen zur Synthese von Biarylen mit Potential für eine weltweite industrielle Nutzung dar. Durch die *in situ* Generierung des Kohlenstoffnukleophils mit katalytischen Mengen Kupfer(I)bromid und Umsetzung des erzeugten Kupferorganyls mit einem Palladiumkatalysator konnten erstmalig auf stöchiometrische Mengen aromatischer Organometallverbindungen verzichtet und unsymmetrische Biaryle in exzellenten Ausbeuten dargestellt werden.

Um die Vorteile der decarboxylierenden Kreuzkupplung gegenüber anderen Biarylsynthesen zu verdeutlichen, ist in Schema 15 ein direkter Vergleich zwischen der industriell wohl wichtigsten Suzuki-Miyaura-Kupplung (Reaktionsweg **A**) und der decarboxylierenden Kreuzkupplung (Reaktionsweg **B**) dargestellt.

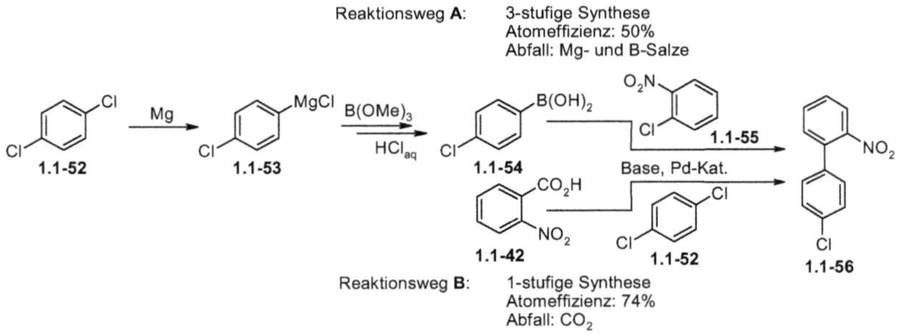

1 EINLEITUNG

Schema 15: Vergleich: Suzuki-Miyaura-Kupplung und decarboxylierende Kreuzkupplung.

Die Synthese des Biarylintermediates 4'-Chlor-2-nitrobiphenyl **1.1-56** der Agrarchemikalie Boscalid (s. Abbildung 1) kann über beide Syntheserouten erfolgen. Reaktionsweg **A** ist der industrielle Prozess der BASF SE, in dem die Produktion von Boscalid im Tonnenmaßstab durchgeführt wird. Auffällig ist sofort der Unterschied einer 3-stufigen zu einer 1-stufigen Synthesesequenz. Betrachtet man die Atomeffizienz der einzelnen Synthesestufen ergibt sich für beide palladiumkatalysierten Schritte ein guter Wert von 74%, welcher erneut den Vorteil von Katalysatoren gegenüber stöchiometrischen Reagenzien betont. Zieht man allerdings die gesamte Synthese von Reaktionsweg **A** ausgehend von 1,4-Dichlorbenzol **1.1-52** bis zum Biarylprodukt **1.1-56** in Betracht, sinkt die Atomeffizienz der Synthese auf 50%. Die Hälfte der verwendeten Materialen fällt also als Abfall an, welcher weitere Kosten bezüglich der Handhabung und Entsorgung mit sich bringt. Die Magnesium- und Boratabfallprodukte (500 kg anorganische Salze pro Tonne Produkt), die sich im Laufe der Synthese zwar einfach wässrig entfernen lassen, müssen dennoch gesondert entsorgt werden. Im Gegensatz hierzu, fällt in Reaktionsweg **B** nur 44 g Kohlendioxid pro 233 g Biaryl und wie in der Suzuki-Miyaura-Kupplung Alkalihalogenidsalze als Abfall an. Im Vergleich: ein Liter Benzin verbrennt zu 2.33 kg und ein Liter Diesel sogar zu 2.64 kg Kohlendioxid. Der Schadstoffausstoß und die Abfallbelastung einer decarboxylierenden Kreuzkupplung ist also verschwindend gering und es lässt sich sofort erkennen, wie bedeutend die Weiterentwicklung dieser Kupplungsstrategie aus chemischer und ökonomischer Sicht ist.

Eine der ersten dieser wichtigen, ökonomischen Weiterentwicklungen war die zweite Generation des bimetallischen Kupfer-Palladium-Katalysatorsystems mit dem die decarboxylierende Kreuzkupplung von Arylchloriden (**1.1-34**) gelang. Die oxidative Addition dieser weniger reaktiven Arylelektrophile wurde durch den Einsatz des biphenylbasierten Phosphinliganden JohnPhos **1.1-58** ermöglicht (Schema 16).[50]

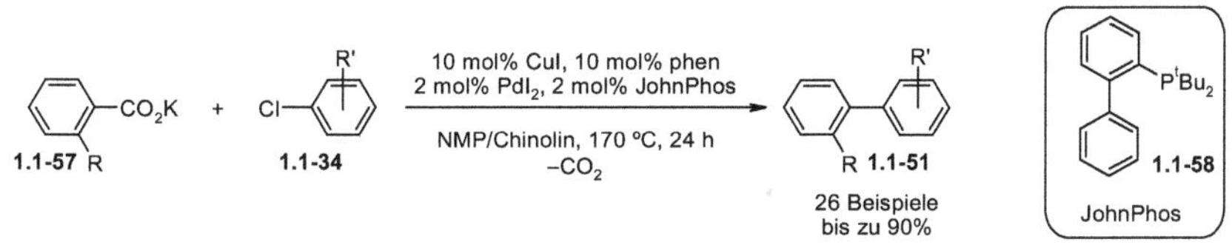

Schema 16: Decarboxylierende Kreuzkupplung von Arylchloriden.

Eine Vielzahl der wesentlich preiswerteren Arylchloride (4-Bromtoluol: 36.5 €/mol, 4-Chlortoluol: 14.3 €/mol; *Sigma-Aldrich*) konnten auf diesem Wege erfolgreich mit Kaliumcarboxylaten mit koordinierenden *ortho*-Substituenten (**1.1-56**) umgesetzt werden.

In diesem frühen Stadium der Entwicklung von decarboxylierenden Kreuzkupplungen wurden auch die beachtlichen Anwendungsmöglichkeiten dieses Synthesekonzeptes unter Beweis gestellt. Die Reaktion ist im präparativen Maßstab mit geringen katalytischen Mengen beider Übergangsmetalle durchführbar (Schema 17).[51]

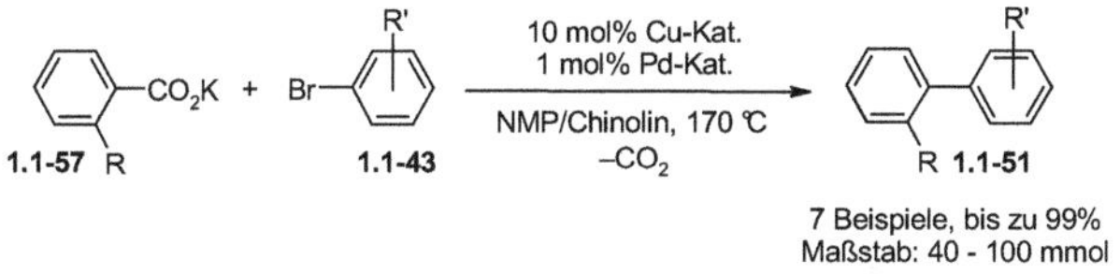

Schema 17: Decarboxylierende Kreuzkupplung im präparativen Maßstab.

Dies bestätigt, dass Biarylsynthesen über decarboxylierende Kreuzkupplungen auch für großtechnische Verfahren äußerst attraktiv sind. Anknüpfend an diese wegweisenden Ergebnisse im präparativen Labormaßstab erfolgte die Anwendung der decarboxylierenden Kreuzkupplung daraufhin im Multikilogramm-Maßstab. In Kooperation mit der *Saltigo GmbH* wurde die erste Synthesestufe des Fungizids Bixafen **1.1-62** ausgehend vom Kaliumbenzoat **1.1-59** realisiert. Dabei war es gelungen ein einstufiges Verfahren für die Synthese von 40.5 kg 3′,4′-Dichlor-5-fluor-2-nitrobiphenyl **1.1-61** mit lediglich 360 g (1 mol%) Kupfer- und 45.6 g (0.06 mol%) Palladiumkatalysator zu entwickeln.[52]

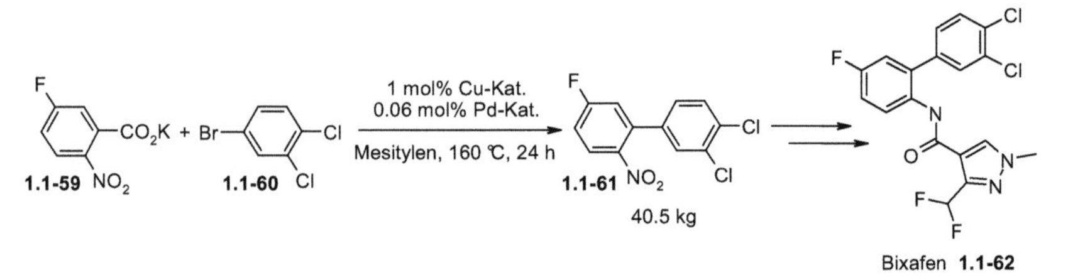

1 Einleitung

Schema 18: Decarboxylierende Kreuzkupplung im großtechnischen Maßstab.

Neben der großtechnischen Produktion konnte das synthetische Potential der Kreuzkupplung für komplexe, biologisch aktive Moleküle im Milligramm-Maßstab früh unter Beweis gestellt werden. Es gelangen die verbesserten Totalsynthesen der Wirkstoffe Valsartan **1.1-66** [53] und Telmisartan **1.1-70**, [54] deren Biarylgrundgerüste über die decarboxylierende Kreuzkupplung aufgebaut wurden (Schema 19).

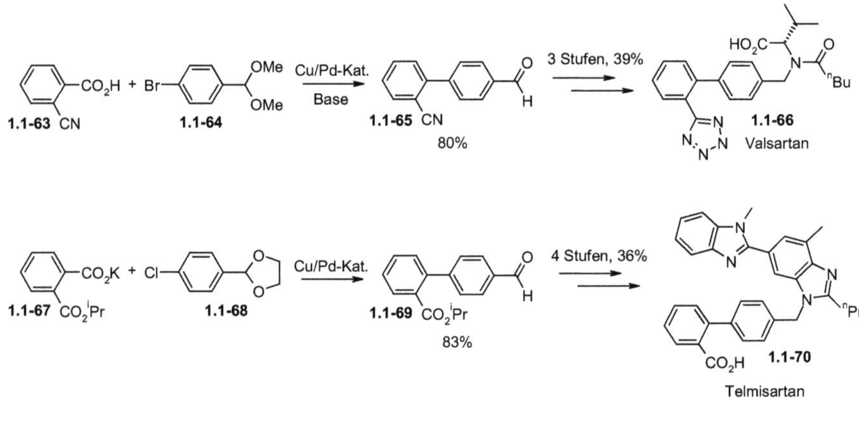

Schema 19: Synthese von Valsartan und Telmisartan via decarboxylierende Kreuzkupplung.

Insbesondere die literaturbekannte 8-stufige Synthese von Telmisartan mit 21% Gesamtausbeute[55] konnte über die alternative Syntheseroute mit lediglich 5 Stufen und 36% Gesamtausbeute deutlich verbessert werden. Dabei kann billiges Phthalsäureanhydrid als Ausgangsverbindung für die decarboxylierende Kreuzkupplung dienen und nach Ringöffnung durch Kalium-*tert*-butoxid mit dem Katalysatorsystem der zweiten Generation erfolgreich mit dem entsprechenden Arylchlorid **1.1-68** gekuppelt werden.

Dies sind beachtliche Weiterentwicklungen dieser modernen Synthesestrategie. Soweit ist die Kreuzkupplung auf heterozyklische Carbonsäuren oder solche mit koordinierenden *ortho*-Substituenten limitiert. Denn für Substrate ohne *ortho*-Substituenten sind die

Ausbeuten wesentlich geringer oder die Reaktion scheitert gänzlich, auch bei Verwendung von stöchiometrischen Mengen des Decarboxylierungsmediators.

Bei der Kupplung von Arylhalogeniden konkurrieren die dabei entstehenden Halogenidionen mit den aromatischen Carboxylaten als Liganden am Kupferzentrum. Lediglich Säuren, die aufgrund ihrer *ortho*-Substituenten chelatisierend am Kupfer koordinieren können, sind in der Lage Bromid- oder Chloridionen zu substituieren und somit den Katalysezyklus des Kupferkatalysators aufrecht zu halten. Kontrollexperimente der Protodecarboxylierung für verschieden substituierte Carbonsäuren in Gegenwart von Kaliumbromid verdeutlichen diese Inhibierung des Decarboxylierungskatalysators (Schema 20).[49]

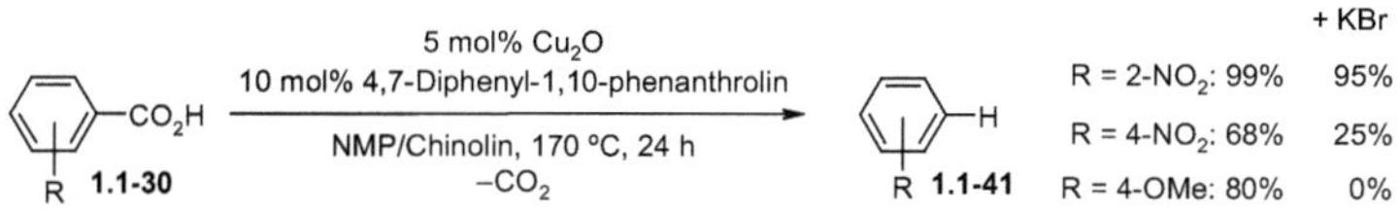

Schema 20: Einfluss von Bromidionen auf die kupferkatalysierte Protodecarboxylierung.

In der Reaktion von Carbonsäuren ohne *ortho*-Substituenten, die für die Reaktion nicht „aktiviert" genug sind, erfolgt also eine Desaktivierung des leistungsfähigsten Decarboxylierungskatalysators und kein vollständiger Umsatz im wichtigen Decarboxylierungsschritt. Um diese Limitierung aufzuheben, muss die Präferenz des Kupferkatalysators für aromatische Carboxylate gebenüber Halogenidionen durch ein geeignetes Ligandensystem erhöht werden. Intensive Synthesearbeiten für eine Vielzahl verschieden substituierter Phenanthrolin- und Bipyridinliganden, erbrachten allerdings nicht die gewünschten Resultate.[56] Aus diesem Grund wurde die Möglichkeit einer halogenidfreien, decarboxylierenden Kreuzkupplung genauer untersucht. Durch die Entwicklung eines Katalysatorsystems, dass die Kreuzkupplung von Aryltriflaten (**1.1-72**) ermöglicht, konnten nun auch *meta*- und *para*-substituierte Benzoesäuren (**1.1-71**) mit katalytischen Mengen Kupfer und Palladium in guten Ausbeuten gekuppelt und die Hypothese der Desaktivierung des Decarboxylierungskatalysators durch Halogenidionen bestätigt werden (Schema 21).[57]

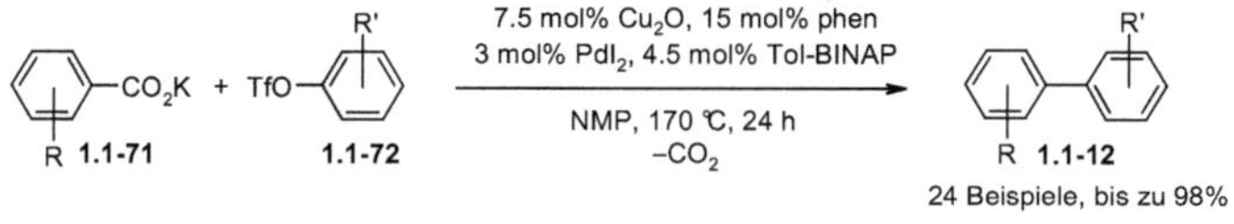

Schema 21: Decarboxylierende Kreuzkupplung von Aryltriflaten.

In dieser Variante der Reaktion werden Triflatanionen generiert, die als wenig-koordinierende Liganden nicht mehr die Ligandensphäre des Kupferzentrums blockieren und somit auch weniger gut koordinierende Benzoate in ausreichender Menge decarboxyliert und zum Biaryl gekuppelt werden können. Mit diesem neuen Katalysatorsystem wurden erstmalig 11 unsymmetrische Biaryle aus *meta-* und *para-*substituierten Carbonsäuren dargestellt.

Desweiteren konnte auch zum ersten Mal demonstriert werden, dass diese neue chemische Strategie mit neuen technologischen Konzepten (s. Kapitel 1.2) kombiniert werden kann. In einem Beispiel wurde gezeigt, dass die Reaktion unter Mikrowellenstrahlung in wenigen Minuten mit etwas verminderten Ausbeuten durchgeführt werden kann (Schema 22).

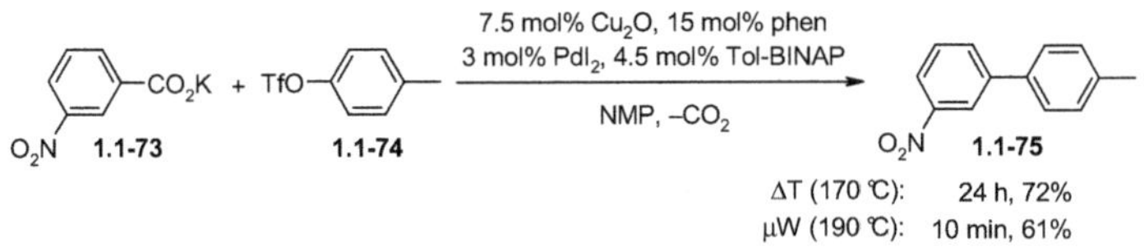

$$\text{O}_2\text{N}\underset{\textbf{1.1-73}}{\text{—CO}_2\text{K}} + \text{TfO}\underset{\textbf{1.1-74}}{\text{—}} \xrightarrow[\text{NMP, }-\text{CO}_2]{\substack{7.5 \text{ mol\% Cu}_2\text{O, 15 mol\% phen} \\ 3 \text{ mol\% PdI}_2,\ 4.5 \text{ mol\% Tol-BINAP}}} \underset{\textbf{1.1-75}}{\text{O}_2\text{N—}\text{—}}$$

ΔT (170 °C): 24 h, 72%
μW (190 °C): 10 min, 61%

Schema 22: Mikrowellenunterstützte decarboxylierende Kreuzkupplung in wenigen Minuten.

Der positive Einfluss von Mikrowellenstrahlung für decarboxylierende Reaktionen konnte bereits von Bilodeau und Forgione *et al.* zur Synthese von pharmazeutisch interessanten, fünfgliedrigen, heterozyklischen Biarylen (**1.1-77**) gezeigt werden (Schema 23).[58]

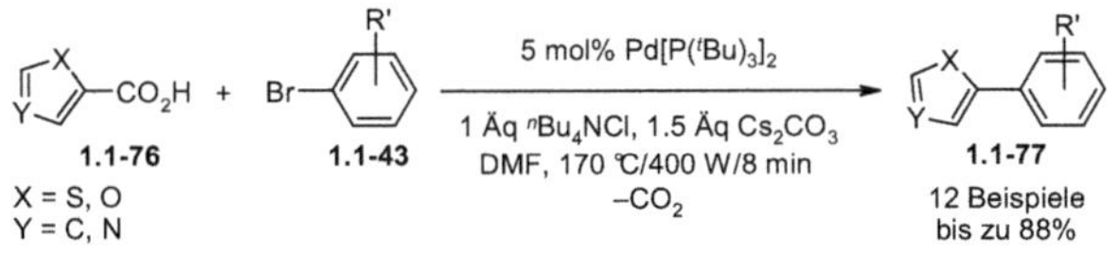

$$\underset{\substack{\textbf{1.1-76} \\ X = S, O \\ Y = C, N}}{\text{—CO}_2\text{H}} + \underset{\textbf{1.1-43}}{\text{Br—}} \xrightarrow[\substack{1 \text{ Äq } n\text{Bu}_4\text{NCl, 1.5 Äq Cs}_2\text{CO}_3 \\ \text{DMF, 170 °C/400 W/8 min} \\ -\text{CO}_2}]{5 \text{ mol\% Pd[P(}^t\text{Bu)}_3]_2} \underset{\substack{\textbf{1.1-77} \\ 12 \text{ Beispiele} \\ \text{bis zu 88\%}}}{\text{—}}$$

Schema 23: Mikrowellenunterstützte decarboxylierende Arylierung von Fünfringheterocyclen.

Aufbauend auf der Entdeckung von Steglich *et al.*, die in ihrer Totalsynthese von Lamellarin L eine intramolekulare „decarboxylierende Heckcyclisierung" eines Pyrrol-2-carbonsäurederivates und Arylbromides beschreiben,[59] kuppeln Bilodeau und Forgione verschiedene, heterozyklische, fünfgliedrige Carbonsäuren (**1.1-76**) mit Arylbromiden (**1.1-43**) in der Mikrowelle unter Einsatz eines Palladiumkatalysators. Die Reaktion ist allerdings, wahrscheinlich aufgrund ihrer spezifischen Reaktivität, auf fünfgliedrige Heterozyklencarbonsäuren beschränkt. Der genaue mechanistische Ablauf, ob es sich um eine decarboxylierende Arylierung oder eine decarboxylierende Heck-Reaktion handelt, ist Gegenstand aktueller Diskussion in der Literatur.[60]

In diesem Zusammenhang konnten auch für die Protodecarboxylierung und die decarboxylierende Kreuzkupplung von Arylbromiden hervorragende Resultate erzielt werden. Es konnte die kupferkatalysierte Protodecarboxylierung binnen zehn Minuten Reaktionszeit für eine Vielzahl von Benzoesäuren entwickelt werden (Schema 24).[61] Die Verwendung des teuren 4,7-Diphenyl-1,10-phenanthrolin als Ligand für weniger reaktive Carbonsäuren ist für dieses Verfahren nicht mehr notwendig.

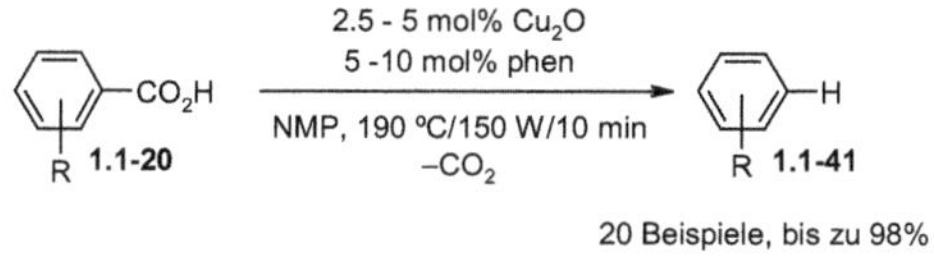

$$R\text{-}C_6H_4\text{-}CO_2H \quad \xrightarrow[\text{NMP, 190 °C/150 W/10 min}]{2.5-5\text{ mol\% }Cu_2O,\ 5-10\text{ mol\% phen}} \quad R\text{-}C_6H_5$$

1.1-20 → 1.1-41

20 Beispiele, bis zu 98%

Schema 24: Mikrowellenunterstützte kupferkatalysierte Protodecarboxylierung.

Darauf basierend konnten ähnlich zufriedenstellende Resultate in der Kreuzkupplung von *ortho*-substituierten Benzoesäuresalzen (**1.1-57**) und Arylbromiden (**1.1-43**), deren Kupplung in 5 min gelang, erhalten werden (Schema 25).[62] Ein Vergleich mit klassischer thermischer Erwärmung ergab eine Reaktionsbeschleunigung um den Faktor 72.

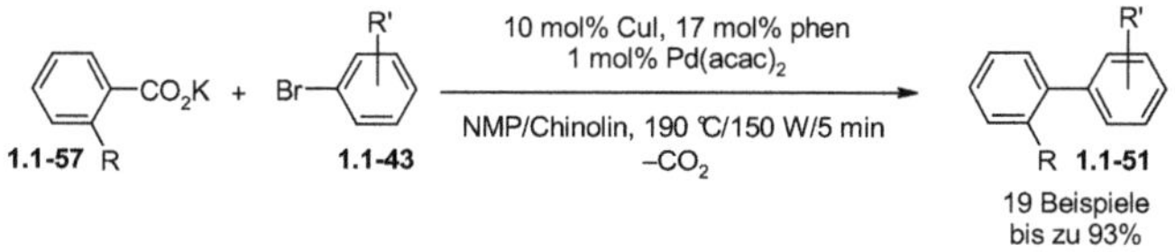

1.1-57 + 1.1-43 →(10 mol% CuI, 17 mol% phen, 1 mol% Pd(acac)$_2$, NMP/Chinolin, 190 °C/150 W/5 min, –CO$_2$)→ 1.1-51

19 Beispiele bis zu 93%

Schema 25: Mikrowellenunterstützte decarboxylierende Kreuzkupplung von Arylbromiden.

Diese Ergebnisse verdeutlichen wie entscheidend eine Kombination von moderner Methodenentwicklung und moderner Technologie für die Weiterentwicklung eines lange bekannten synthetischen Themas ist.

1.2 „Enabling techniques" in der Chemie

Die Weiterentwicklung und Verbesserung synthetischer Methoden in der organischen Chemie sind fester Bestandteil der Forschung in Akademie und Industrie. Das Hauptaugenmerk liegt dabei auf der chemischen Reaktion und deren Verbesserung in Ausbeute und Selektivität. Perspektiven neuer technologischer Entwicklungen bahnen sich erst seit einigen Jahren ihren Weg in die Gedankenwelt von Chemikern, getrieben von den industriellen Bedürfnissen Ergebnisse in immer kürzerer Zeit zu liefern.[63] Folglich ist die Kombination von nicht-klassischen Technologien mit etablierten Synthesemethoden, die einen bemerkenswerten Einfluss auf die Durchführung der klassischen, organischen Synthese bewirkt hat, im vergangenen Jahrzehnt in den Vordergrund chemischer Forschung gerückt.

Als „enabling techniques" werden Techniken bezeichnet, die Reaktionen beschleunigen oder Aufarbeitung bzw. Aufreinigung und Isolierung von Produkten vereinfachen (Abbildung 3). Mit deren Definition und Zusammenfassung haben sich Kirschning *et al.* befasst und sie in traditionelle und neue Techniken klassifiziert.[64] Als traditionell zu beschreiben sind Katalyse, Festphasensynthese, Elektrochemie und Hochdrucksynthese. Neue Entwicklungen beinhalten nicht-klassische Lösungsmittel, Mikrowellenstrahlung und kontinuierliche Durchfluss- und Mikroreaktoren. Dies ist lediglich eine chronologische Aufteilung, denn viele Techniken sind eng miteinander verknüpft. Insbesondere die Kombination verschiedener „enabling techniques" und deren Anpassung auf bekannte Probleme sind nach Kirschning der Schlüssel zum erfolgreichen Einsatz dieser Techniken, zur Lösung bekannter Probleme oder Weiterentwicklung von etablierten Prozessen.

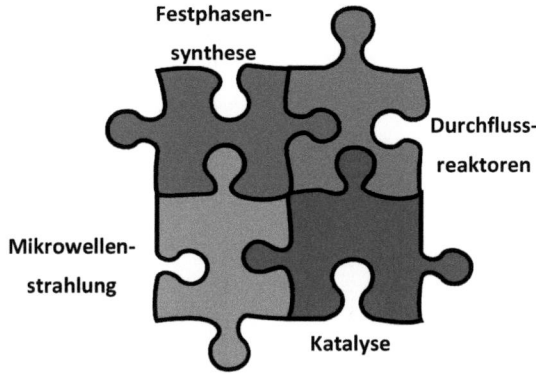

Abbildung 3: „Enabling techniques".

Viele Anwendungen dieser Technologien stecken in ihrer Entwicklung und Nutzung allerdings noch in den Kinderschuhen. Erst in den vergangenen Jahren wurden gezielte Forschungsprojekte durch die Verfügbarkeit von Gerätschaften für den Laboralltag, insbesondere in der mikrowellenunterstützten Synthese und Durchflusschemie, ins Leben gerufen. Die daraus resultierenden Erkenntnisse, Reaktionen schneller und sicherer durchführen zu können, haben bedeutend dazu beigetragen, ein Umdenken in Forschung und Entwicklung einzuleiten.

Mikrowellenunterstützte Synthese

Unumstritten ist dabei die Nutzung von Labormikrowellen zur chemischen Synthese. Denn die Beschleunigung von chemischen Reaktionen durch Mikrowellenstrahlung wurde schon 1986 erkannt[65] und seit Mitte der 1990er Jahre sind unzählige Publikationen zu dieser nicht-klassischen Heiztechnik erschienen. Nicht zuletzt der Ausdruck „Bunsenbrenner des 21. Jahrhunderts" ist ein Zeugnis für die immense Popularität der Mikrowelle im chemischen Labor.[66] Für viele chemische Transformationen können meist wesentlich kürzere Reaktionszeiten (Tage und Stunden zu Minuten und Sekunden), sowie bessere Ausbeuten und Selektivitäten erzielt werden.[67] Die Möglichkeit das Ergebnis einer unbekannten Reaktion in so kurzer Zeit zu evaluieren, ist einzigartig. Dies führte zu Spekulationen über undefinierbare Mikrowelleneffekte, über die in der Literatur heftig debattiert wurde.[68] Aufschlussreicher ist die definierte Klassifizierung der physikalischen Effekte, die bei mikrowellenunterstützten Reaktionen eine entscheidende Rolle spielen können. Grundsätzlich lassen sich diese in drei Kategorien einteilen: thermische, spezifische und nicht-thermische Mikrowelleneffekte.[67, 69] Die Bestrahlung von polaren Substanzen in einem Mikrowellenfeld generiert ein einzigartiges Heizprofil, das sich mit klassischen Ölbädern oder Heizmänteln nicht simulieren lässt und somit einen direkten Vergleich sehr mühsam gestaltet. Abbildung 4 verdeutlicht den Unterschied im Temperaturprofil eines Reaktionsgefäßes unter Mikrowellenstrahlung (links) und im Ölbad (rechts).

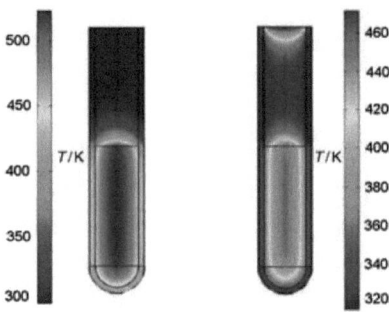

Abbildung 4: Inverse Temperaturgradienten in Mikrowelle (links) und Ölbad (rechts) (Bild aus Ref. 70).

Mikrowellenstrahlung erhöht die Temperatur des gesamten Lösemittelvolumens wobei die Gefäßwand kälter ist als die Reaktionslösung. Im Ölbad hingegen werden die Gefäßwände zuerst und dann die Lösung erhitzt. Der Grund hierfür liegt in der Art der Wärmegenerierung. Breitet sich die Wärme in einer klassisch gerührten Lösung durch Konvektion zwischen den einzelnen Teilchen und der erhitzten Gefäßwand aus, erfolgt in der Mikrowelle die Erzeugung der Reaktionstemperatur durch dielektrische Erwärmung. Hierbei wird die Fähigkeit von polaren Molekülen, Mikrowellenstrahlung zu absorbieren und in Wärme umzuwandeln, ausgenutzt. Dies geschieht durch ein oszillierendes elektromagnetisches Feld (Frequenz f = 2.45 GHz, Wellenlänge λ = 12.24 cm), an dem sich die Dipole dieser polaren Moleküle ausrichten. Durch daraus resultierende molekulare Reibung wird somit sehr effektiv und effizient Wärme direkt am Reaktionsmedium erzeugt. Innerhalb dieser thermischen Effekte verbergen sich weiterhin spezifische Effekte, die auf die Einzigartigkeit der dielektrischen Erwärmung zurückzuführen und somit nicht durch klassische Heiztechniken zu simulieren sind. Hierzu gehören das Überhitzen von Lösungen bei Raumdruck, selektives Erhitzen von stark mikrowellenabsorbierenden Reagenzien in unpolaren Medien, die Bildung von „molekularen Heizungen" oder mikroskopischen heißen Punkten und die Vermeidung von Gefäßwandeffekten durch inverse Heizprofile. All diese spezifischen Effekte können dazu beitragen, dass eine Reaktion wesentlich schneller und zielgerichteter abläuft. Viele der zugrundeliegenden Effekte sind aber noch wenig verstanden und überaus abhängig von den Reaktionsparametern. Dennoch ist Mikrowellenstrahlung als neue „enabling technique" im Labormaßstab eine effiziente Methode zur Reaktionstemperierung geworden, die zukünftig klassische Heizapparaturen ersetzen könnte.

Durchflussreaktoren

Am Beispiel der Labormikrowelle zeigt sich, dass nicht nur die Weiterentwicklung einer Reaktion sinnvoll ist, sondern auch die Evolution der Geräte zu deren Durchführung. Denn das apparative Umfeld in der organische Synthese durchgeführt wird, ist im Wesentlichen noch immer so wie vor 150 Jahren. Glasgeräte wie Rundkolben und Rückflusskühler kommen zum Einsatz um Synthesen stufenweise voran zu treiben. Die Verwendung von Durchflussreaktoren gehören im Gedankengut eines Chemikers für gewöhnlich in den Produktionsmaßstab. Mit dem Einzug von kommerziellen Labordurchflussapparaturen, getrieben durch den Trend zur Vereinfachung („enabling") und Automatisierung von synthetischer Chemie, können die Vorteile eines solchen Reaktionsaufbaus allerdings auch im kleineren Maßstab ausgenutzt werden.

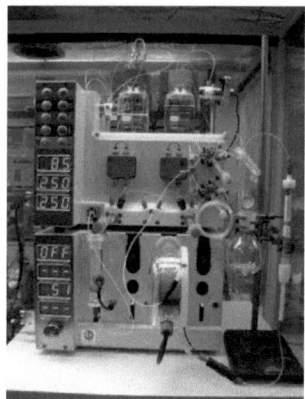 

Abbildung 5: Durchflussreaktoren für die Laborbank.

Der effiziente Wärme- und Materialtransport, der durch ein größeres Oberflächen-Volumen-Verhältnis entsteht, sorgt für Verbesserungen in Reaktionszeit, Ausbeute und Selektivität. Veranschaulicht man sich ein Reaktionsvolumen von 1 mL in einem kubischen Gefäß mit einer Kantenlänge von 1 cm, dann ist die Kontaktfläche der Reaktionslösung 5 cm^2.

Überträgt man dies in ein Vierkantreaktorrohr mit 100 µm Kantenlänge und einer Reaktorlänge von 100 m, ist die Kontaktfläche 400 cm^2, also erhöht um einen Faktor 80. Durch kontinuierlichen Fluss entstehen zudem Strömungseffekte, die eine außergewöhnliche Durchmischung der Reaktionslösung zur Folge haben. Desweiteren erweisen sich Vorteile wie Sicherheit durch ein geschlossenes System, Reproduzierbarkeit, optimale Prozessüberwachung durch Kontrolle aller Parameter und automatisierte Aufarbeitung, Aufreinigung und Isolierung als überaus attraktiv. Gerade im millimolaren Maßstab findet der zeitintensivste Arbeitsschritt nach Beenden der Reaktion statt. Aufreinigung und Isolierung von Produkten kann im Durchfluss durch angepasste Prozesse automatisiert und kontinuierlich erfolgen (Schema 26).

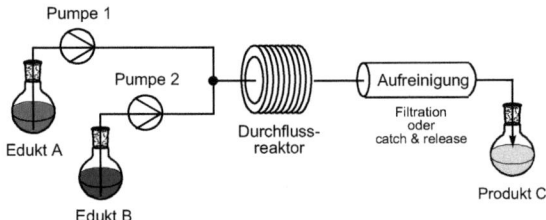

Schema 26: Durchflussreaktor mit automatisierter Aufreinigung.

Desweitern ist die Übertragung von Reaktionen aus dem Labor- in den großtechnischen Maßstab im Durchflussreaktor unbedenklich und geradlinig. Im diskontinuierlichen Reaktorbetrieb gestaltet sich dies oft langwierig und erfordert meist drastische Änderungen vom millimolaren Ansatz. Faktoren, wie exothermes Verhalten einer Reaktion, Akkumulation von gefährlichen Substanzen oder deren Exposition für den Menschen müssen für größere Reaktionsansätze neu evaluiert werden. Durch die Entwicklung einer Reaktion im Labormaßstab in einem entsprechend kleinen Durchflussreaktor sind diese Faktoren beseitigt. Der Reaktor stellt ein abgeschlossenes System dar, welches die Reaktionslösung im ständigen Fluss hält. Somit existieren Gefahrenpotentiale diskontinuierlicher Reaktoren und die damit verbundenen zusätzlichen Entwicklungsschritte und Kosten nicht.

Die Ansatzgröße einer Reaktion im diskontinuierlichen Reaktor ist eine Funktion des Reaktorvolumens, wobei sie im Durchflussreaktor eine Funktion der Zeit ist. Durch eine kontinuierliche Reaktorführung, also Materialfluss pro Stunde kann die Ansatzgröße beliebig im gleichen Reaktormodell erhöht werden. Um mehr Produkt pro Stunde zu erzeugen, können einfacherweise mehrere der Durchflussreaktoren parallel betrieben werden („numbering up").

Die Vielfalt an Entwicklungen in der Chemie und Technologie lassen den Eindruck entstehen, dass jedes erdenkliche Molekül in synthetisch greifbarer Nähe ist. Kritisch betrachtet existiert jedoch eine Vielzahl an nicht mehr zeitgemäßen Synthesemethoden für weiterhin wichtige Molekülbausteine. Die Kombination von neuen synthetischen Konzepten mit nicht-klassischen Technologien eröffnet deshalb eine Fülle von unerforschten Möglichkeiten mit dem Potential zur effektiven Erschließung des chemischen Raumes im 21. Jahrhundert.

2 Ziele der Arbeit

Die decarboxylierende Kreuzkupplung ist innerhalb von nur zwei Jahren Entwicklungszeit zu einer attraktiven Methode für die Synthese von unsymmetrischen Biarylen herangewachsen. Im Rahmen dieser Arbeit sollte die weitere Entwicklung der decarboxylierenden Kreuzkupplung durch leistungsfähigere Katalysatorsysteme vorangetrieben werden, um dieses Kupplungskonzept als moderne Alternative in der Kreuzkupplungschemie zu etablieren. Das Hauptaugenmerk der Untersuchungen soll dabei auf dem Einsatz von nicht-klassischen Technologien bzw. „enabling techniques" zur Optimierung bestehender und der Entwicklung neuer bimetallischer Katalysatorsysteme liegen.

Erste Ergebnisse deuten auf einen vorteilhaften Einsatz von Mikrowellenstrahlung für die Weiterentwicklung der decarboxylierenden Kreuzkupplung hin. Die hierfür verantwortlichen Effekte sollten erörtert werden und es sollte analyisiert werden, wie bestehende Nachteile der Methode durch den Einsatz von nicht-klassischen Techniken überkommen werden können. Eine Erweiterung des Substratspektrums auf Seiten der nukleophilen und elektrophilen Kupplungspartner, Verminderung der Reaktionszeit und –temperatur, als auch eine höhere Selektivität sind die gesteckten Ziele. Dies wäre vor allem für die pharmazeutische Industrie hochinteressant, in der schnelle, mikrowellenunterstützte Synthese zu einem Stützpfeiler der alltäglichen Laborarbeit herangewachsen ist.

Um auch das Potential für großtechnische Anwendungen des Verfahrens voll ausschöpfen zu können, soll die decarboxylierende Kreuzkupplung in einem kontinuierlichen Durchflussreaktor im Labormaßstab entwickelt werden. Aufgrund der einzigartigen Vorteile in der Maßstabsübertragung solcher Verfahren, wäre eine Synthese von Biarylen im Kilogramm-Maßstab somit direkt möglich.

3 Diskussion der Resultate

3.1 Decarboxylierende Kreuzkupplung von Aryltriflaten in der Mikrowelle

Zielsetzung

Das Potential der decarboxylierenden Kreuzkupplung als Alternative zu etablierten Biarylsynthesen ist durch Katalysatorentwicklungen zur Kupplung von Arylbromiden[49] und -chloriden,[50] sowie präparativer[51] und großtechnischer Anwendung[52] unter Beweis gestellt worden. Die Substrateinschränkung der Kupplung auf Benzoesäuren mit koordinierenden *ortho*-Substituenten ist durch die separate Untersuchung des kupferkatalysierten Decarboxylierungsschrittes verstanden worden und konnte durch eine halogenidfreie, decarboxylierende Kreuzkupplung aufgehoben werden. Die Entwicklung einer Methode zur Kreuzkupplung von Aryltriflaten erlaubte erstmalig die Kupplung von aromatischen Carbonsäuren unabhängig von ihrem Substitutionsmuster mit einem bimetallischen Katalysatorsystem (Schema 21). In diesen Vorarbeiten durch Dr. Nuria Rodríguez Garrido und Christophe Linder konnten bsiher nur 11 unsymmetrische Biaryle aus nicht-*ortho*-substituierten Benzoesäuren in moderaten Ausbeuten mit einem thermischen Verfahren dargestellt werden.[57] In Zusammenarbeit galt es nun weitere Anstrengungen in der Katalysatorentwicklung zu unternehmen, um zu beweisen, dass das neue Verfahren durch eine große Anwendungsbreite auf Seiten der nukleophilen als auch elektrophilen Kupplungspartner überzeugen und damit als synthetisch wertvoll bezeichnet werden kann. Dazu befasste Christophe Linder sich mit der Weiterentwicklung des thermischen Verfahrens und der Fokus meiner Arbeiten lag auf der Entwicklung eines Katalysatorsystems für die mikrowellenunterstützte, decarboxylierende Kreuzkupplung von Aryltriflaten.

In einer vorangegangen Zusammenarbeit mit Bettina Zimmermann zur decarboxylierenden Kreuzkupplung von Arylbromiden in einer Labormikrowelle (Schema 22),[62] die Bestandteil ihrer Arbeit sind, konnte die Reaktionsbeschleunigung des Decarboxylierungsschrittes gezeigt werden. Eine Verbesserung des Substratspektrums auf seiten der nukleophilen Kupplungspartner im Vergleich zum thermischen Verfahren konnte jedoch nicht beobachtet werden. Im Zuge der Entwicklung des mikrowellenunterstützten Katalysatorsystems für die Kupplung von Aryltriflaten sollte daher der konkrete Einfluss von Mikrowellenstrahlung auf den Decarboxylierungsschritt untersucht und verstanden werden. Mit diesem Verständnis sollte sich weiterer Nutzen für die synthetische Entwicklung der decarboxylierenden Kreuzkupplung gewinnen lassen.

Vorüberlegungen

Die Reaktivität von Aryltriflaten in der oxidativen Addition mit Übergangsmetallen ist mit der von Arylbromiden vergleichbar.[71] Aryltriflate werden aus Phenolen synthetisiert, die auf anderen Synthesewegen als Arylhalogenide dargestellt werden. Dadurch erweisen sich Aryltriflate als komplementräre, elektrophile Kupplungspartner mit neuen, zugänglichen Substitutionsmustern.

In den ersten thermischen, decarboxylierenden Kreuzkupplungen dieser elektrophilen Kupplungspartner traten unter den hohen thermischen Belastungen Nebenreaktionen ein, die in den Kupplungsreaktionen mit Arylhalogeniden nicht beobachtet werden. Diese sind die Hydrolyse zum Phenol und die Umesterungsreaktion zwischen nukleophilen Carboxylaten und elektronenarmen Aryltriflaten.

Desweitern gelangen die ersten decarboxylierenden Kreuzkupplungen mit Aryltriflaten selbst nach rigoroser Katalysatoroptimierung nur in moderaten Ausbeuten. Dies lässt vermuten, dass durch die hohe thermische Belastung das optimierte, bimetallische Katalysatorsystem zerstört wird bzw. durch den Verlust einer Katalysatorkomponente aus dem Gleichgewicht gerät bevor ein voller Umsatz in der Kupplungsreaktion erreicht werden kann.

Mikrowellentechnologie scheint maßgeschneidert, um beide Nachteile des thermischen Verfahrens zu überkommen. Die für decarboxylierende Kreuzkupplungen nötigen Temperaturen von 170 °C können wesentlich effizienter erreicht und die Reaktionszeiten um ein Vielfaches reduziert werden. Durch diese geringere thermische Belastung sollte eine verbesserte Selektiviät und Ausbeute in der Kreuzkupplungsreaktion von Aryltriflaten erreicht werden. Einer Umesterungsreaktion zwischen Carboxylaten und Aryltrifalten oder Desaktivierung des Katalysatorsystems durch Reduktion zu inaktiven Spezies würde so durch die sehr kurzen Reaktionszeiten entgegengewirkt.

Intensive Bemühungen werden für die Entwicklung des bimetallischen Katalysatorsystems für mikrowellenunterstützte Reaktionen nötig sein. Obwohl in vielen Beispielen übergangsmetallkatalysierte Reaktionen unter Mikrowellenstrahlung bekannt sind,[72] ist bis dato kein bimetallisches Katalysatorsystem unter diesen Bedingungen beschrieben worden.

Die beiden Katalysezyklen der Reaktion werden unterschiedlich stark beschleunigt, wobei ein wesentlich stärkerer Effekt auf die Geschwindigkeit des Decarboxylierungsschrittes zu beobachten ist.[61] Dadurch wird das empfindliche Gleichgewicht zwischen Decarboxylierung und Kreuzkupplung negativ beeinflusst. Beide Katalysezyklen müssen daher genauestens aufeinander abgestimmt werden, um eine erfolgreiche Kreuzkupplung zu garantieren.

Katalysatorentwicklung

Bevor mit der Katalysatorentwicklung für decarboxylierende Kreuzkupplungen in der Mikrowelle begonnen werden konnte, musste eine Gerätekonfiguration ermittelt werden, die vergleichbare und reproduzierbare Serienversuche gewährleistet. In meiner Zusammenarbeit mit Bettina Zimmermann für eine mikrowellenunterstützte, decarboxylierende Kreuzkupplung von Arylbromiden,[62] gelang es mir die Gerätekonfiguration der *CEM*-Labormikrowelle Discover™ LabMate zu optimieren, dass reproduzierbare Ergebnisse zur Entwicklung des Katalysatorsystems erhalten werden konnten. Dazu muss die Reaktionssuspension zur Homogenisierung vor Beginn der Reaktion für zehn Minuten gerührt und die Mikrowellenleistung auf maximal 150 W begrenzt werden. Mit dieser Geräteeinstellung sind die Heizprofile der Reaktionslösungen bei jedem Versuch identisch. Durch die Mikrowellenstrahlung werden die Reaktionen um den Faktor 72 beschleunigt. Eine Erweiterung des Substratspektrums blieb für diese Kupplung allerdings aus. Dies sollte nun mit der halogenidfreien, decarboxylierenden Kreuzkupplung gelingen. Durch die Kombination mit der nicht-klassischen Heiztechnik Mikrowellenstrahlung sollte das synthetische Potential der decarboxylierenden Kreuzkupplung voll ausgeschöpft werden können.

Die Katalysatorentwicklung für mikrowellenunterstützte, decarboxylierende Kreuzkupplungen wurde mit den Modellsubstraten Kalium-2-nitrobenzoat und 4-Tolyltriflat durchgeführt. Kalium-2-nitrobenzoat ist in der decarboxylierenden Kreuzkupplung sehr reaktiv und besitzt eine geringe Nukleophilie. 4-Tolyltriflat ist ein hydrolysestabiler Triflatkupplungspartner mit dem Umesterungsreaktionen unter thermischen Bedingungen nicht beobachtet wurden. Somit werden die Ergebnisse nicht durch unerwünschte Nebenreaktionen negativ beeinflusst. Die Resultate der Katalysatorentwicklung sind in Tabelle 1 zusammengefasst.

Tabelle 1: Entwicklung einer mikrowellenunterstützen decarboxylierende Kreuzkupplung.

Eintrag	Cu-Katalysator	Pd-Katalysator	Phosphinligand	Ausbeute [%]
1[a]	Cu_2O	PdI_2	$P(p\text{-}Tol)_3$	83
2[b]	Cu_2O	PdI_2	$P(p\text{-}Tol)_3$	62
3[b]	Cu_2O	PdI_2	–	9
4[b]	Cu_2O	PdI_2	PPh_3	44
5[b]	Cu_2O	PdI_2	BINAP	52
6[b]	Cu_2O	PdI_2	Tol-BINAP	61
7[b]	Cu_2O	$PdBr_2$	Tol-BINAP	78
8[b]	Cu_2O	$PdCl_2$	Tol-BINAP	63
9[b]	Cu_2O	$Pd(acac)_2$	Tol-BINAP	80
10[b]	Cu_2O	$Pd(acac)_2$	$P(p\text{-}Tol)_3$	51
11[b]	CuI	$Pd(acac)_2$	Tol-BINAP	79
12[b,c]	Cu_2O	$Pd(acac)_2$	Tol-BINAP	81

Reaktionsbedingungen: a) thermisch: 1 mmol Kalium-2-nitrobenzoat, 2 mmol 4-Tolyltriflat, 5 mol% Cu_2O, 10 mol% phen, 2 mol% PdI_2., 6 mol% $P(p\text{-}Tol)_3$, 4 mL NMP, 170 °C, 1 h. b) mikrowellenunterstützt: 1.5 mol% Cu_2O oder 3 mol% CuI, 3 mol% phen, 2 mol% Pd-Kat., 6 mol% Phosphinlig. (3 mol% für bidentate Phosphine), 1 mL NMP, 190 °C/150 W/5 min. c) 2.5 min Reaktionszeit. Ausbeuten wurden durch GC-Analyse mit n-Tetradecan als internem Standard bestimmt.

Das entwickelte Katalysatorsystem (5 mol Cu$_2$O, 10 mol% phen, 2 mol% PdI$_2$, 6 mol% P(p-Tol)$_3$) für die thermische Umsetzung des reaktiven Kalium-2-nitrobenzoates **3.1-1a** mit 4-Tolyltriflat **3.1-2a** liefert das gewünschte Produkt **3.1-3aa** in einer Ausbeute von 83% (Eintrag 1).

Der direkte Transfer dieser Reaktion in die Labormikrowelle Discover™ LabMate mit den oben genannten Konfigurationsparametern, bedingte vorerst eine Reihe von apparativen Veränderungen zur sicheren Durchführung der Experimente. Die Septen der Reaktionsgefäße müssen unperforiert zum Einsatz kommen, um Substanzverluste oder einen unsicheren und unkontrollierten Druckausgleich zu verhindern.

Bevor die Reaktion begonnen werden konnte, musste also das, nach Zugabe der flüssigen Reaktionskomponenten, durchstochene Septum durch ein Frisches ersetzt werden. Dies erfolgte in der Regel durch kurzzeitiges Öffnen des Reaktionsgefäßes und direktem Verschluß mit einem frischen Septum. Um schlechte Ergebnisse durch eine mangelnde Inertatmosphäre auszuschließen, wurden Kontrollexperimente an Luft durchgeführt. Diese zeigten die gleichen Ergebnisse wie Reaktionen, bei denen die Mikrowellengefäße vorher unter Stickstoff- oder Argonatmosphäre bestückt wurden. Dies vereinfacht die Handhabung der Reaktionslösungen erheblich und erlaubt die Durchführung aller mikrowellenunterstützten, decarboxylierenden Kreuzkupplungen an Luft. Vermutlich sind die kurze Reaktionszeit in der Mikrowelle und das geringe Gasvolumen oberhalb der Reaktionslösung dafür verantwortlich, so dass keine Katalysatordesaktivierung durch die geringen Mengen Luftsauerstoff stattfindet.

Eine Erhöhung der Reaktionslösungskonzentration von 0.25 mmol/mL auf 1 mmol/mL half Überdrücke zu vermeiden und gleichzeitig noch eine homogene Reaktionsmischung zu gewährleisten. Bei einer Maximalleistung von 150 W konnte die Reaktion bei 190 °C innerhalb von 5 min druchgeführt werden. Um das Gleichgewicht zwischen Decarboxylierung, und Kreuzkupplung zu wahren, musste das Verhältnis von beiden Katalysatormetallen von 5:1 (Cu:Pd) auf 1.5:1 (Cu:Pd) für gut decarboxylierende Carbonsäuren angepasst werden. Diese Optimierung erlaubte die Synthese von 4'-Methyl-2-nitrobiphenyl **3.1-3aa** in 62% Ausbeute (Eintrag 2) ohne nennenswerte Mengen an Nebenprodukten, wie Nitrobenzol oder Diarylester. Keine oder andere Phosphinliganden hatten einen negativen Einfluss auf die Reaktion (Einträge 3-5), wobei nur Tol-BINAP einen ähnlich effektiven Katalysatorkomplex mit Palladium(II)iodid generiert (Eintrag 6). Noch bessere Palladiumvorstufen mit dem Liganden Tol-BINAP unter Mikrowellenstrahlung sind Palladium(II)bromid (Eintrag 7) und Palladium(II)acetylacetonat (Eintrag 9). Die Kombination mit dem besten Phosphinliganden für das thermische Verfahren P(p-Tol)$_3$ erwies sich mit dieser Palladiumvorstufe für ein mikrowellenunterstütztes Verfahren als weniger förderlich und die Ausbeute verringerte sich auf 51% (Eintrag 10). Bei der Untersuchung verschiedener Kupferquellen zeigte sich, dass Kupfer(I)iodid ebenfalls ein geeigneter wenn auch etwas teurerer Katalysator für den Decarboxylierungsschritt ist (Eintrag 11). Unter den besten Bedingungen (5 mol Cu$_2$O, 10 mol% phen, 2 mol% Pd(acac)$_2$, 3 mol% Tol-BINAP) konnte die Reaktion von Kalium-2-nitrobenzoat **3.1-1a** und 4-Tolyltriflat **3.1-2a** ohne Ausbeuteeinbußen sogar innerhalb von 150 sec durchgeführt werden (81%, Eintrag 12).

Nach intensiver Optimierung ist somit die Entwicklung eines bimetallischen Katalysatorsystems für die decarboxylierende Kreuzkupplung von Aryltriflaten in der Mikrowelle gelungen. Die Reaktion wird um den Faktor 24 beschleunigt und führt mit wesentlich geringeren Mengen Kupferkatalysator zu identischen Ausbeuten der unsymmetrischen Biaryle.

Besonders vorteilhaft ist das neue mikrowellenunterstützte Verfahren für weniger reaktive Benzoate ohne einen koordinierenden *ortho*-Substituenten. Die Kreuzkupplung von Kalium-3-nitrobenzoat **3.1-1b** erfolgt mit einer Ausbeute von 84% in nur 15 Minuten (Schema 27).

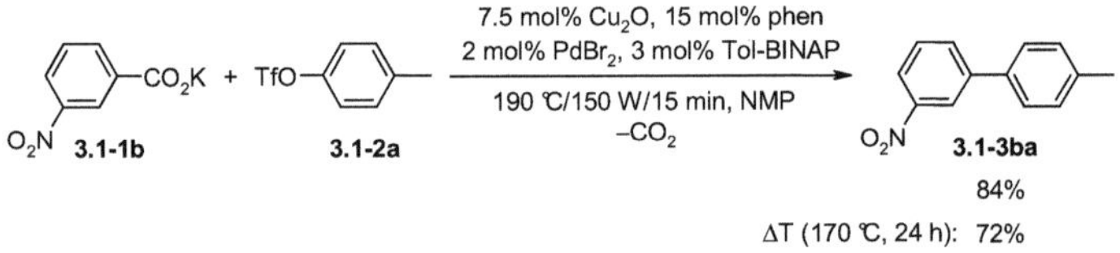

O$_2$N—C$_6$H$_4$—CO$_2$K + TfO—C$_6$H$_4$—CH$_3$
3.1-1b   **3.1-2a**

7.5 mol% Cu$_2$O, 15 mol% phen
2 mol% PdBr$_2$, 3 mol% Tol-BINAP
─────────────────────────────→
190 °C/150 W/15 min, NMP
−CO$_2$

O$_2$N—C$_6$H$_4$—C$_6$H$_4$—CH$_3$
3.1-3ba
84%
ΔT (170 °C, 24 h): 72%

Schema 27: Decarboxylierende Kreuzkupplung von Kalium-3-nitrobenzoat mit 4-Tolyltriflat in der Mikrowelle.

Nur eine minimale Modifizierung des Katalysatorsystems (2 mol% PdBr$_2$, 15 mol% Cu$_2$O) war nötig um 4'-Methyl-3-nitrobiphenyl **3.1-3ba** in einer besseren Ausbeute und erheblich kürzeren Reaktionszeit (15 min statt 24 h, Faktor 96, 84% statt 72%) darzustellen. Entscheidend ist eine höhere Beladung des Kupferkatalysators, um den Decarboxylierungsschritt für diese weniger schnell decarboxylierende Benzoesäure synchron mit dem Kreuzkupplungsschritt zu halten. Desweiteren musste die Reaktionslösungskonzentration auf 0.17 M reduziert werden, denn nur so kann mit weniger löslichem Kalium-3-nitrobenzoat **3.1-1b** eine homogene Reaktionslösung für die Mikrowelle erzeugt und die Kupplung erfolgreich durchgeführt werden.

Anwendungsbreite

Mit optimierten Katalysatorsystemen für die decarboxylierende Kreuzkupplung von Aryltriflaten unter thermischen und mikrowellenunterstützten Bedingungen wurde nun die Anwendungsbreite auf *ortho-* und nicht-*ortho*-substiuierte Carbonsäuren erforscht. Um einen Vergleich anstellen zu können, wurden alle Carbonsäurederivate mit dem thermischen und mikrowellenunterstützten Verfahren umgesetzt. In Tabelle 2 sind die Resultate der Kreuzkupplung von 4-Tolyltriflat **3.1-2a** mit verschiedenen Kaliumcarboxylaten (**3.1-1aa-ua**) dargestellt.

Tabelle 2: Decarboxylierende Kreuzkupplung von Kaliumcarboxylaten mit 4-Tolyltriflat.

Produkt	Ausbeute [%]	Produkt	Ausbeute [%]
O$_2$N 3.1-3ba	ΔT: 72^a μW: 84^c	O$_2$N 3.1-3ca	ΔT: 68^a μW: 81^c
NC 3.1-3da	ΔT: 52^a μW: 83^c	NC 3.1-3ea	ΔT: 58^a μW: 76^c
F$_3$C 3.1-3fa	ΔT: 44^a μW: 74^c	3.1-3ga	ΔT: 49^a μW: 71^c
O$_2$N 3.1-3ha	ΔT: 62^a μW: 69^c	3.1-3ia	ΔT: 53^a μW: 59^c
Cl 3.1-3ja	ΔT: 40^a μW: 59^c	MeO 3.1-3ka	ΔT: 5^{a,e} μW: 54^c
N 3.1-3la	ΔT: 41^a μW: 50^c	S 3.1-3ma	ΔT: 54^a μW: 65^c
F 3.1-3na	ΔT: 76^b μW: 73^{d,f}	NO$_2$ 3.1-3oa	ΔT: 72^b μW: 73^d

3 Diskussion der Resultate

$$\underset{R\ \mathbf{3.1\text{-}1}}{\bigcirc\!\!-\!CO_2K} + \underset{\mathbf{3.1\text{-}2a}}{TfO\!\!-\!\bigcirc\!\!-\!} \xrightarrow[\substack{\mu W\ \text{oder}\ \Delta T,\ NMP \\ -CO_2}]{\substack{Cu_2O,\ \text{phen} \\ \text{Pd-Kat.,\ Phosphin}}} \underset{R\ \mathbf{3.1\text{-}3aa\text{-}ua}}{\bigcirc\!\!-\!\bigcirc\!\!-\!}$$

Produkt	Ausbeute [%]	Produkt	Ausbeute [%]
$CO_2{}^iPr$ **3.1-3pa**	ΔT: 30^b μW: 58^d	CHO **3.1-3qa**	ΔT: 45^b μW: 54^d
CN **3.1-3ra**	ΔT: 44^b μW: 50^d	OMe **3.1-3sa**	ΔT: 40^b μW: 40^d
S **3.1-3ta**	ΔT: 75^b μW: $82^{d,f}$	O **3.1-3ua**	ΔT: 75^b μW: $75^{d,f}$

Reaktionsbedingungen: ΔT (thermisch): a) 1 mmol Kaliumcarboxylat, 2 mmol 4-Tolyltriflat, 7.5 mol% Cu_2O, 15 mol% phen, 3 mol% PdI_2, 4.5 mol% Tol-BINAP, 24 h. b) 5 mol% Cu_2O, 10 mol% phen, 2 mol% PdI_2, 6 mol% $P(p\text{-Tol})_3$, 4 mL NMP, 170 °C 16 h. μW (mikrowellenunterstützt): c) 0.5 mmol Kaliumcarboxylat, 1 mmol 4-Tolyltriflat, 7.5 mol% Cu_2O, 15 mol% phen, 2 mol% $PdBr_2$, 3 mol% Tol-BINAP, 3 mL NMP, 190 °C/150 W/15 min. d) 1 mmol Kaliumcarboxylat, 2 mmol 4-Tolyltriflat, 2.5 mol% Cu_2O, 5 mol% phen, 2 mol% $Pd(acac)_2$, 3 mol% Tol-BINAP, 1 mL NMP, 190 °C/150 W/5 min. e) Ausbeute durch GC-Analyse mit n-Tetradecan als internem Standard bestimmt. f) 1 mmol 4-Tolyltriflat. Isolierte Ausbeuten.

Eine große Anzahl an *meta*- oder *para*-funktionalisierten Carbonsäuren (**3.1-3ba-ka**) konnte in moderaten bis guten Ausbeuten mit 4-Tolyltriflat **3.1-2a** gekuppelt werden. Das Katalysatorsystem toleriert Kaliumcarboxylate mit Cyano-, Nitro, Methoxy-, Trifluormethyl- und Amidosubstituenten. Heterozyklische Derivate, die die Carboxylgruppe nicht in direkter Nachbarschaft zum Stickstoff- oder Schwefelatom tragen (**3.1-3la-ma**), konnten durch den Einsatz von Aryltriflatkupplungspartnern und einem bimetallischen Katalysatorsystem erstmals zu den unsymmetrischen Biarylen umgesetzt werden. Diese Ergebnisse verdeutlichen den Vorteil und die Notwendigkeit eines bimetallischen Katalysatorsystems gegenüber den palladiumkatalysierten Kupplungen von fünfringheterozyklischen Carbonsäuren von Bilodeau und Forgione.[58] Mit monometallischen Katalysatorsystemen, deren decarboxylierende Kupplungen auf heterozyklische Fünfring-2-carbonsäuren beschränkt sind, scheitert die Synthese der pharmazeutisch interessanten Heterozyklen, die ihre Carboxylgruppe in 3-Position tragen, zu den entsprechenden Biarylen.

In Kupplungsreaktionen der elektronenreichen 4-Methoxybenzoesäure als eines der unreaktivsten Derivate konnte bisher nur die Umesterung des Aryltriflates beobachtet werden, welche sich bei Temperaturen oberhalb von 140 °C zur Hauptreaktion mit fast vollständigem Umsatz entwickelt.

Reaktivere Kaliumcarboxylate mit koordinierenden Gruppen in *ortho*-Position (**3.1-1n-u**) können mit 4-Tolyltriflat **3.1-2a** in guten Ausbeuten gekuppelt werden. Mit einem angepassten Katalysatorsystem und geringeren Katalysatorbeladungen (5 mol% Cu_2O, 10 mol% phen, 2 mol% PdI_2, 6 mol% P(*p*-Tol)$_3$) werden fluor-, nitro-, ester-, formyl-, cyano- und methoxysubstituierte Kaliumcarboxylate als auch 2-Thiophen- und 2-Furancarbonsäuresalze erfolgreich mit 4-Tolyltriflat gekuppelt.

Die Durchführung der decarboxylierenden Kreuzkupplung mit Aryltriflaten in einer Labormikrowelle empfiehlt sich für alle getesten Kaliumcarboxylate (**3.1-1b-u**). Die Synthesen der unsymmetrischen Biaryle (**3.1-3ba-ua**) erfolgen insbesondere für die weniger reaktiven aromatischen Carboxylate (**3.1-1b-m**) mit verbesserten Ausbeuten (>20-30%) und deutlich schneller (Reaktionsbeschleunigung um den Faktor 96). Im Speziellen die Kupplung von Kalium-3-Methoxybenzoat **3.1-1k** gelingt nur mit dem mikrowellenunterstützten Verfahren in isolierbaren Ausbeuten. Lediglich geringe Mengen des gewünschten Biaryls **3.1-3ka** wurden nach 24-stündiger thermischer Erwärmung auf 170 °C gaschromatographisch detektiert.

Die Vorteile des mikrowellenuntersützten Verfahrens für reaktivere, *ortho*-substituierte Kaliumcarboxylate (**3.1-1n-u**) liegen in der verkürzten Reaktionszeit und geringen Katalysatormengen. Die Ausbeuten der unsymmetrischen Biaryle (**3.1-3na-ua**) sind vergleichbar mit denen des thermischen Verfahrens. Die Umsetzung benötigt allerdings nur die Hälfte an Kupferkatalysator (2.5 mol%), ist um einen Faktor 192 beschleunigt und damit innerhalb von 5 min beendet. Dies wirkt sich positiv auf die Kreuzkupplung des empfindlichen *iso*-Propylesterderivates **3.1-1p**, Edukt in der Totalsynthese von Telmisartan (Schema 19),[54] aus. Die decarboxylierende Kreuzkupplung dieses Kaliumsalzes **3.1-1p** mit 4-Tolyltriflat **3.1-2a** gelingt in einer doppelt so hohen Ausbeute von 58% als im thermischen Verfahren (30% nach 16 h).

Desweiteren ist die generelle Anwendbarkeit der decarboxylierenden Kreuzkupplung von Aryltriflaten nicht auf aromatische Carbonsäuren beschränkt. Angelehnt an die decarboxylierende Ketonsynthese [73] reagieren α-oxo-Kaliumcarboxylate (**3.1-4a-b**) mit 4-Tolyltriflate **3.1-2a** unter Extrusion von Kohlendioxid zu symmetrischen und unsymmetrischen Ketonen (**3.1-4aa-ba**). Alkyl- und Aryl-α-oxo-carbonsäuresalze können mit den unveränderten Katalysatorsystemen, entwickelt für reaktive Carboxylate, in der Mikrowelle zu den Ketonen (**3.1-4aa-ba**) umgesetzt werden (Schema 28).

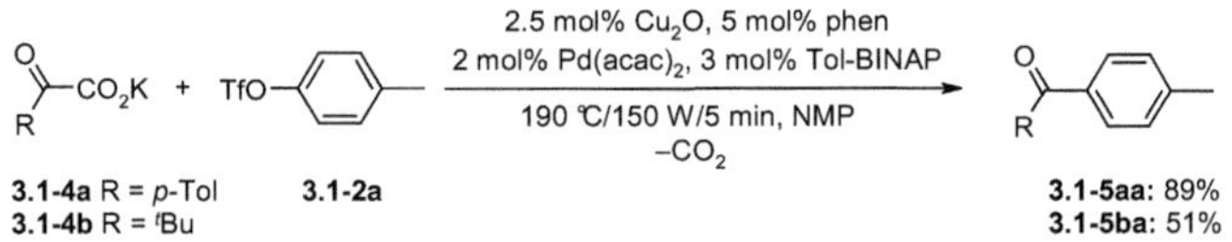

$$\underset{\substack{\text{3.1-4a R} = p\text{-Tol}\\ \text{3.1-4b R} = {}^t\text{Bu}}}{\text{R}-\text{CO}_2\text{K}} + \text{TfO}-\!\!\!\underset{\text{3.1-2a}}{\bigcirc}\!\!\!- \xrightarrow[\substack{190\ °C/150\ W/5\ min,\ NMP\\ -CO_2}]{\substack{2.5\ mol\%\ Cu_2O,\ 5\ mol\%\ phen\\ 2\ mol\%\ Pd(acac)_2,\ 3\ mol\%\ Tol\text{-BINAP}}} \underset{\substack{\text{3.1-5aa: 89\%}\\ \text{3.1-5ba: 51\%}}}{\text{R}-\!\!\!\bigcirc\!\!\!-}$$

Schema 28: Decarboxylierende Ketonsynthese mit Aryltriflaten.

Die Entwicklung eines mikrowellenunterstütztem Verfahrens hat für die Erweiterung des Substratspektrums und damit des synthetischen Potentials der Reaktion speziell für weniger reaktive Carbonsäuren gesorgt. Um die synthetische Bandbreite der Kupplung auch auf Seiten der elektrophilen Kupplungspartner unter Beweis zu stellen, wurde die Kreuzkupplung verschiedener Aryltriflate mit weniger reaktivem Kalium-3-nitrobenzoat **3.1-1b** und sehr reaktivem Kalium-2-nitrobenzoat **3.1-1a** durchgeführt. Wie bereits gezeigt wurde, führt die Kreuzkupplung des *meta*-substituierten Kaliumsalzes **3.1-1b** mit der mikrowellenunterstützten Methode zu besseren Ergebnissen. Die Kupplungsreaktionen des Modellsubstrates Kalium-2-nitrobenzoat **3.1-1a** hingegen sind bereits nach nur einer Stunde mit dem thermischen Verfahren beendet. Aufgrund dieser sehr kurzen Reaktionszeit unter thermischen Bedingungen ist Kalium-2-nitrobenzoat **3.1-1a** nur mit einigen Aryltriflaten sowohl thermisch als auch mikrowellenunterstützt umgesetzt worden (Tabelle 3).

Tabelle 3: Decarboxylierende Kreuzkupplung von Kaliumnitrobenzoaten mit Aryltriflaten.

Produkt	Ausbeute [%]	Produkt	Ausbeute [%]
3.1-3bb	µW: 70[a]	3.1-3bc	µW: 61[a]
3.1-3bd	µW: 34[a]	3.1-3be	µW: 69[a]
3.1-3bf	µW: 40[a]	3.1-3bg	µW: 49[a]
3.1-3bh	µW: 64[a]	3.1-3bi	µW: 40[a]
3.1-3aa	ΔT: 91 µW: 84[b]	3.1-3ab	ΔT: 98 µW: 99[b]
3.1-3aj	ΔT: 83 µW: 87[b]	3.1-3ac	ΔT: 79 µW: 93[b]
3.1-3ak	ΔT: 45 µW: 54[b]	3.1-3al	ΔT: 30 µW: 23[b]
3.1-3ad	ΔT: 37 µW: 23[b]	3.1-3am	ΔT: <3 µW: 31[b]
3.1-3ae	ΔT: 99	3.1-3an	ΔT: 64
3.1-3ao	ΔT: 91	3.1-3ap	ΔT: 91

3 Diskussion der Resultate

Produkt	Ausbeute [%]	Produkt	Ausbeute [%]
3.1-3af	ΔT: 79	3.1-3ag	ΔT: 76
3.1-3ah	ΔT: 75	3.1-3ai	ΔT: 74
3.1-3aq	ΔT: 80	3.1-3ar	ΔT: 63

Reaktionsbedingungen: μW (mikrowellenunterstützt): a) 0.5 mmol Kalium-3-nitrobenzoat, 1 mmol Aryltriflat, 7.5 mol% Cu_2O, 15 mol% phen, 2 mol% $PdBr_2$, 3 mol% Tol-BINAP, 3 mL NMP, 190 °C/150 W/15 min. b) 1.5 mol% Cu_2O, 3 mol% phen, 2 mol% Pd(acac)$_2$, 3 mol% Tol-BINAP, 1 mL NMP, 190 °C/150 W/5 min. ΔT (thermisch): 1 mmol Kalium-2-nitrobenzoat, 2 mmol Aryltriflat, 5 mol% Cu_2O, 10 mol% phen, 2 mol% PdI_2, 6 mol% P(p-Tol)$_3$, 4 mL NMP, 170 °C 1 h. Isolierte Ausbeuten.

Die mikrowellenunterstützte Kreuzkupplung von Kalium-3-nitrobenzoat **3.1-1b** gelingt mit ester-, methoxy-, fluor- und acylsubstituierten Aryltriflaten (**3.1-2b-i**) in teilweise guten Ausbeuten. Sterisch anspruchsvolle Aryltriflate mit *ortho*-Substituenten (**3.1-2c-d**), sowie hydrolyseempfindliche Aryltriflate mit Ester- oder Ketogruppen (**3.1-2f-g**) werden in der Mikrowelle in kurzen Reaktionszeiten erstmalig zu unsymmetrischen Biarylen (**3.1-3bc-bg**) gekuppelt. Vielseitig funktionalisierte Biaryle sind nun auch durch decarboxylierende Kreuzkupplungen mit *meta*-substituierten Benzoesäuren zugänglich.

Die decarboxylierende Kreuzkupplung von Kalium-2-nitrobenzoat **3.1-1a** mit verschiedenen Aryltriflaten (**3.1-2a-s**) verläuft unter vollständigem Umsatz in nur einer Stunde Reaktionszeit bei thermischer Erwärmung auf 170 °C. Hierfür sind lediglich 10 mol% Kupfer- und 2 mol% Palladiumkatalysator nötig um größtenteils gute bis ausgezeichnete Ausbeuten zu erhalten. Eine Vielzahl von funktionellen Gruppen wird toleriert. Elektronenarme Derivate mit Ester-, Aldehyd- und Ketogruppen in *meta*-Position eigenen sich hervorragend als

Kupplungspartner, ohne dass Nebenreaktionen beobachtet werden. Methoxy- und fluoridsubstituierte, sowie heterozyklische Aryltriflate (**3.1-2r-s**) kuppeln in guten Ausbeuten mit Kalium-2-nitrobenzoat **3.1-1a**. Die exzellente Präferenz des Katalysatorsystems in der Kupplung von Aryltriflaten über -chloride erlaubt die Synthese der Biarylsubstruktur des Fungizids Boscalid, 4'-Chlor-2-nitrobiphenyl **3.1-3ao**, in einer Ausbeute von 91%. Dementsprechend sind unsymmetrische, chloridsubstituierte Biarylprodukte zugänglich, die in Folgekupplungen weiter funktionalisiert werden können.

Die Kupplung verschiedener Aryltriflate mit Kalium-2-nitrobenzoat **3.1-1a** mit dem mikrowellenunterstützten Verfahren zeichnet sich dadurch aus, dass die Kupferkatalysatorbeladung drastisch reduziert werden kann und vergleichbare und teilweise bessere Ausbeuten erhalten werden. Die Reaktionsbeschleunigung erfolgt um den Faktor 12. Mit einem Drittel des Kupferkatalysators (1.5 mol% Cu_2O, 3 mol% phen) werden methoxy-, acyl-, ester- und nitrosubstituierte, sowie sterisch anspruchsvolle *ortho*-funktionalisierte Aryltriflate (**3.1-2a-m**) erfolgreich mit Kalium-2-nitrobenzoat **3.1-1a** zu den unsymmetrischen Biarylen (**3.1-3aa-am**) umgesetzt.

Für elektronenarme Triflate mit *para*-Substituenten, die zu diesem Zeitpunkt die Grenzen in der Anwendbarkeit der thermischen und mikrowellenunterstützten Verfahren aufzeigen, sind Ausbeutesteigerungen durch mikrowellenunterstützte Synthese möglich. Die decarboxylierende Biarylsynthese von 2,4'-Dinitrobiphenyl **3.1-3am** gelingt wenn auch mit geringen Ausbeuten von 31% nur in der Mikrowelle. Für solch elektronenarme Aryltriflate stellt deren thermische und hydrolytische Labilität und damit verbundene Nebenreaktionen einen entscheidenden Nachteil dar. Durch die Reaktionsbeschleunigung in der Labormikrowelle kann die Umesterungsreaktion zwischen Carboxylatsalz und Aryltriflat zwar verringert, aber nicht vermieden werden. Kontrollexperimente bestätigen, dass Kalium-2-nitrobenzoat **3.1-1a** und 4-Nitrophenyltriflat **3.1-2m** bereits bei Temperaturen von 140 °C ohne Katalysator fast vollständig zum Diarylester **3.1-6am** reagieren (Schema 29).

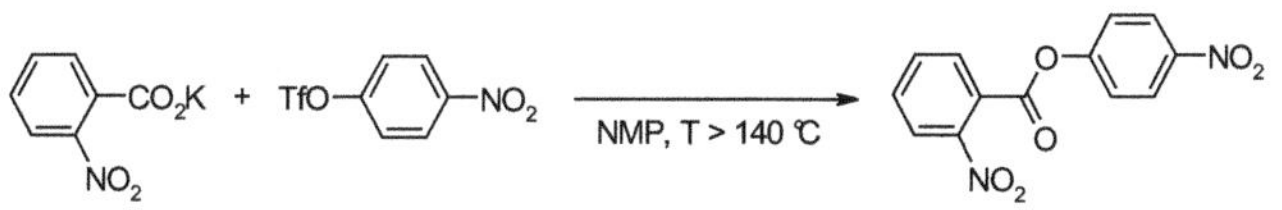

Schema 29: Nebenreaktion von elektronenarmen Aryltriflaten.

Stabilere Arylsulfonatkupplungspartner oder Katalysatorsysteme, die die Kreuzkupplung unterhalb der Umesterungstemperatur von 140 °C ermöglichen, könnten die synthetische Bandbreite der Kupplung auch auf diese Substrate erweitern.

Untersuchung der Mikrowelleneffekte

Die Erhöhung der Reaktionstemperatur um 20 °C für die mikrowellenunterstützten, decarboxylierenden Kreuzkupplungen sollte eine Reaktionsbeschleunigung um einen Faktor von ca. 4 zur Folge haben. Dennoch beobachtet man verkürzte Reaktionszeiten, die einem Beschleunigungsfaktor von 96 für *meta-* und *para-*substituierte, aromatische Carbonsäuren oder 192 für reaktive *ortho-*substitutierte, aromatische Carbonsäuren und Furan- und Thiophen-2-carbonsäuren entsprechen. Es müssen demnach thermische Mikrowelleneffekte, insbesondere spezifische Mikrowelleneffekte eine entscheidende Rolle für die beobachteten Resultate spielen.

Es ist zu erwarten, dass der größte Anteil der erzeugten Reaktionswärme aus der Absorption der Mikrowellenstrahlung von den überzählig vorhandenen NMP-Lösungsmittelmolekülen herrührt, da NMP zudem durch sein hohes Dipolmoment (4.09·10^{-3} Cm) ein optimales Lösungsmittel für Mikrowellenreaktionen ist. Kontrollexperimente zeigen jedoch entscheidende Unterschiede im Heizprofil von reinem NMP und NMP-Lösungen mit den entsprechenden Reaktionskomponenten (Abbildung 6).

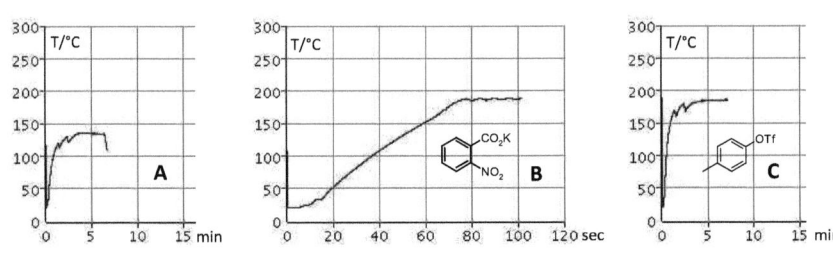

Abbildung 6: Heizprofile von NMP-Lösungen in der Mikrowelle: A) NMP (mit Cu- bzw. Pd-Kat.), B) Kalium-2-nitrobenzoat **3.1-1a**, C) 4-Tolyltriflat.

Erhitzt man reines NMP oder NMP-Lösungen des Kupfer- bzw. Palladiumkatalysators wird die benötigte Reaktionstemperatur von 190 °C mit den optimierten Geräteeinstellungen nie erreicht (Abbildung 6, **A**). Bei einer Maximaltemperatur von ca. 140 °C bricht die Software des Gerätes die Reaktion nach 7 min Aufheizzeit ab.

Eine fein verteilte Suspension von Kalium-2-nitrobenzoat **3.1-1a** in NMP zeigt ein deutlich anderes Heizprofil mit den identischen Geräteeinstellungen (Abbildung 6, **B**). Bereits nach 75 sec ist die Reaktionstemperatur von 190 °C erreicht und wird konstant gehalten. Dies zeigt, dass durch Mikrowellenstrahlung eine selektive Erhitzung der ionischen Carboxylatspezies im NMP-Medium erfolgt, was die Reaktionsbeschleunigung der decarboxylierenden Kreuzkupplung, insbesondere die des Decarboxylierungsschrittes, erklärt. Somit wird durch Mikrowellenstrahlung dem in katalytischen Mengen vorliegenden **Kupfercarboxylatkomplex** besonders effizient Energie zugeführt und der temperaturabhängige Decarboxylierungsschritt dadurch extrem beschleunigt.

Eine Betrachtung des Heizprofiles einer NMP-Lösung von 4-Tolyltriflat **3.1-2a** zeigt, dass auch der palladiumkatalysierte Kupplungsschritt von Mikrowellenstrahlung profitiert (Abbildung 6, **C**). Die Reaktionslösung erwärmt sich nach ca. 4 min auf die Reaktionstemperatur von 190 °C. Also auch am Reaktionszentrum des elektrophilen Kupplungspartners findet eine selektive Erhitzung durch Mikrowellenstrahlung statt. Dieser Effekt ist nicht allerdings so stark wie der, der beim Erhitzen von Kalium-2-nitrobenzoat in NMP beobachtet wird.

Die so in der Reaktionslösung gebildeten mikroskopischen „hot spots", direkt an den aktiven Katalysatorkomplexen führen dazu, dass die Temperatur auf die diese erhitzt werden, unter Umständen viel höher ist, als die gemessene Temperatur der gesamten Reaktionslösung. Dies wirkt sich positiv auf die katalytische Aktivität der Metallkomplexe aus, wobei die Stabilität der einzelnen Komplexe erhalten wird, da weder ein Kupferspiegel, noch reduziertes inaktives Palladium auf eine Zerstörung der Katalysatoren durch thermische Belastung hinweisen.

Mechanistische Untersuchungen

Um dieses Ergebnis etwas genauer zu beleuchten, wurde der Decarboxylierungsschritt unter Kreuzkupplungsbedingungen genauer untersucht. Der Einfluss der einzelnen Katalysatorkomponenten auf die Protodecarboxylierung einer Reihe von Benzoesäuren wurde hierzu unter thermischen und mikrowellenunterstützten Bedingungen analysiert. Der direkte Vergleich der Protodecarboxylierungsreaktionen mit beiden Heiztechniken, sollte weitere Rückschlüsse auf die beobachteten Effekte zulassen. Die Ergebnisse der Protodecarboxylierung der representativen Carbonsäuren 3-Nitro-, 4-Cyano- und 4-

Methoxybenzoesäure (**3.1-7a-c**) unter thermischen und mikrowellenunterstützten Bedingungen sind in Tabelle 4 zusammengefasst.

Tabelle 4: Protodecarboxylierungsexperimente in Gegenwart der Katalysatorkomponenten.

$$\underset{\textbf{3.1-7a-c}}{R\text{-}C_6H_4\text{-}CO_2H} \xrightarrow[\substack{\mu W \text{ oder } \Delta T, \text{ NMP} \\ -CO_2}]{\substack{Cu_2O, \text{ phen} \\ Pd\text{-Kat., Phosphin}}} \underset{\textbf{3.1-8a-c}}{R\text{-}C_6H_4\text{-}H}$$

Eintrag				R = 3-NO$_2$	R = 4-CN	R = 4-OMe
	N-Ligand	Pd-Kat.	Phosphin		Ausbeute [%]	
1	–	–	–	28	10	0
2	phen	–	–	50	89	39
3	phen	PdI$_2$	–	49	51	14
4	phen	Pd(dba)$_2$	–	54	86	30
5	phen	–	Tol-BINAP	35	13	0
6	phen	PdI$_2$	Tol-BINAP	59	19	0
7[a]	phen	–	–	70	99	99
8[a]	phen	PdI$_2$	Tol-BINAP	59	42	25

Reaktionsbedingungen: 1 mmol Benzoesäurederivat, 7.5 mol% Cu$_2$O, 15 mol% N-Ligand, 3 mol% Pd-Katalysator, 4.5 mol% Tol-BINAP, 2 mL NMP, 170 °C 16 h. a) 1 mL NMP, 190 °C/150 W/5 min. Ausbeuten wurden durch GC-Analyse mit *n*-Tetradecan als internem Standard bestimmt.

Erhitzt man die Carbonsäuren (**3.1-7a-c**) für 16 h auf 170 °C in Gegenwart von Cu$_2$O lassen sich lediglich nur geringe Mengen der entsprechenden decarboxylierten Arene (**3.1-8a-c**) detektieren, wobei 4-Methoxybenzosäure **3.1-7c** gar nicht protodecarboxyliert (Eintrag 1). Stellt man für den Kupferkatalysator einen geeigneten Liganden in Form von 1,10-Phenanthrolin (phen) bereit, so dass sich ein aktiverer Komplex bilden kann, erhält man bessere Ausbeuten für die Reaktionen aller drei Derivate (**3.1-7a-c**) (Eintrag 2). Nach der Zugabe des Kreuzkupplungskatalysators decarboxyliert 3-Nitrobenzoesäure **3.1-7a** weiterhin gut, aber für die noch weniger reaktiven Substrate 4-Cyano- **3.1-7b** und 4-Methoxybenzoesäure **3.1-7c** werden starke Einbrüche in den Ausbeuten verzeichnet (Eintrag 3). Da 1,10-Phenanthrolin auch stabile Komplexe mit Palladium bildet, bindet vermutlich ein Teil der Liganden an das Palladium(II)kation, was die Aktivität des Kupferkatalysators erheblich beeinträchtigt (Eintrag 1). Im Gegensatz hierzu hat die Gegenwart einer Palladium(0)spezies, an welche 1,10-Phenanthrolin weniger gut koordiniert, kaum einen

Einfluss auf die Reaktion (Eintrag 4). Eine wichtige Beobachtung ist, dass der Phosphinligand Tol-BINAP die Protodecarboxylierung negativ beeinflusst. Durch die Zugabe eines weiteren Liganden für den Kupferkatalysator ist die Bildung eines Kupfer(I)carboxylates inhibiert, da weniger freie Koordinationsstellen zur Verfügung stehen (Eintrag 5). Die Gegenwart des Kreuzkupplungskatalysators (PdI_2 und Tol-BINAP) hat keinen negativen Einfluss auf das Resultat der Protodecarboxylierung von 3-Nitrobenzoesäure **3.1-7a**, dem reaktivsten der drei getesteten Substrate. Für 4-Cyano- **3.1-7b** und 4-Methoxybenzoesäure **3.1-7c** ist die Reaktion erheblich bzw. vollständig inhibiert (Eintrag 6).

Eine Analyse der Reaktionen mit dem gleichen Katalysatorsystem nach nur 5 min in der Mikrowelle zeigt wesentlich geringere Trends in den Reaktivitäten (Eintrag 7). Alle Carbonsäuren (**3.1-7a-c**) werden umgesetzt und die aromatischen Grundverbindungen (**3.1-8a-c**) in exzellenten Ausbeuten detektiert. Der Zusatz des Kreuzkupplungskatalysators hat in der Mikrowellenreaktion einen geringeren Einfluss auf die Protodecarboxylierung (Eintrag 8). Die Ausbeuten an Nitrobenzol **3.1-8a**, Benzonitril **3.1-8b** und Anisol **3.1-8c** sind zwar geringer, aber die Reaktionen nicht vollständig inhibiert, aufgrund der einzigartigen, selektiven Erhitzung des Carboxylates durch Mikrowellenstrahlung.

Anhand dieser Ergebnisse lassen sich Vermutungen über die Effekte von Mikrowellenstrahlung auf ein bimetallische Katalysatorsystem anstellen. Durch die selektive Erhitzung der Carboxylatspezies findet die Decarboxylierung dermaßen schnell statt, dass ein Ligandenaustausch zwischen den Metallen zurückgedrängt wird. Dadurch erfolgt keine Inhibierung des Decarboxylierunsschrittes durch den Phosphinliganden des Palladiumkatalysators. Desweiteren könnte die Stabilität der Kupfer- und Palladiumkomplexe durch den invertierten Temperaturgradienten des Reaktionsgefäßes erhalten bleiben. Die Dissoziierung von Liganden oder Zerstörung der katalytisch aktiven Spezies aufgrund von zu hoher thermischer Belastung an der Gefäßwand existiert somit in Mikrowellenreaktionen nicht.

Was genau auf molekularer Ebene während der Reaktion passiert, vor allem die Interaktion der Kupfer- und Palladiumspezies konnte nicht ermittelt werden, allerdings ist der gegenseitige Einfluss der beiden Katalysatorsysteme aufeinander erstmals untersucht und besser verstanden worden. Zudem kann die Beschleunigung der Reaktion an der selektiven Erhitzung der Kupplungspartner, vor allem dem Carboxylat, erklärt werden. Von diesen

Erkenntnissen sollten zukünftige Entwicklungen der decarboxylierenden Kreuzkupplung profitieren können.

Zusammenfassung

Die Entwicklung einer thermischen und mikrowellenunterstützten Methode ermöglicht die Anwendung der decarboxylierenden Kreuzkupplung auf ein großes Substratspektrum von Benzoesäuren und Aryltriflaten. Es können *ortho-*, *meta-* und *para-*substituierte Carbonsäuresalze in guten bis ausgezeichneten Ausbeuten zu den unsymmetrischen Biarylen gekuppelt werden. Als wegweisend ist die erfolgreiche Kombination des neuen Synthesekonzeptes mit nicht-klassischer Technologie zu bezeichnen. Deren Erfolg bestätigt sich durch die Synthese von 48 verschiedenen, unsymmetrischen Biarylen, Anwendung auf die decarboxylierende Ketonsynthese, drastische Reduzierung in der Katalysatorbeladung und Reaktionszeit, sowie signifikante Ausbeutesteigerungen für empfindliche oder unreaktive Substrate in einer Labormikrowelle. Kontrollexperimente und weiterführende Studien beleuchten den einzigartigen Effekt der Mikrowellenstrahlung auf decarboxylierende Kreuzkupplungsreaktionen und erlauben erste Rückschlüsse über die zugrundeliegenden Effekte.

Diese Resultate verdeutlichen die erfolgreiche Entwicklung einer modernen und praktikablen Methode zur Synthese von unsymmetrischen Biarylen. Die Erschließung von Mikrowellentechnologie und daraus resultierender Synthese in wenigen Minuten sollte Anlaß zu einer weiten Verwendung der decarboxylierenden Kreuzkupplung in akademischen und industriellen Laboratorien geben.

3.2 Decarboxylierende Kreuzkupplung von Aryltosylaten

Zielsetzung

Die entwickelten Protokolle zur Kupplung von Aryltriflaten erlauben die Reaktion mit aromatischen Carbonsäuren unabhängig von deren Substitutionsmuster. Der hohe Preis und die inhärenten Nebenreaktionen der Aryltriflatkupplungspartner sind Nachteile, die es zu beseitigen gilt. Aryltosylate als preiswertere und stabilere Kupplungspartner sind eine attraktive Alternative. Durch die gesammelten Erfahrungen während meiner Diplomarbeit zu übergangsmetallkatalysierten Transformationen von Aryltosylaten und – mesylaten sollten diese Arylelektrophile für die decarboxylierende Kreuzkupplung erschlossen werden. Unter meiner Federführung sollte ein thermisches und mikrowellenunterstütztes Verfahren für die decarboxylierende Kreuzkupplung mit Aryltosylaten entwickelt werden. Christophe Linder gab hierzu Anregungen für die Entwicklung des Katalysatorsystems der thermischen Methode und das Projekt wurde von Dr. Nuria Rodríguez Garrido betreut.

Vorüberlegungen

Der Einsatz von Arylsulfonaten, z. B. -tosylaten, anstelle von Aryltriflaten ist von hoher Relevanz. Sie sind aus atomökonomischer Sicht, sowie aus Kosten- und Sicherheitsgründen als Abgangsgruppen weitaus besser geeignet als Aryltriflate. Das Molgewicht der Abgangsgruppe (Tosylat: 172.2 g/mol, Triflat: 150.1 g/mol) ist zwar höher, aber die Darstellung erfolgt aus preiswertem Tosylchlorid (17.44 €/mol, Sigma-Aldrich) mit geringerem molekularen Abfall (Cl, 35.5 g/mol). Aryltriflate hingegen werden aus hochkorrosivem und schwer handhabbarem Trifluormethansulfonsäureanhydrid (1832 €/mol, Sigma-Aldrich) mit wesentlich höherem molekularen Abfall (CF_3O_2S, 133.1 g/mol) generiert. Aryltosylate sind lagerstabile, kristalline Feststoffe, wohingegen Aryltriflate meist flüssige Verbindungen sind, die wenn auch unter Inertatmosphäre gelagert, Zersetzungsprozessen unterliegen.

Die höhere Stabilität von Tosylaten hat eine geringere Reaktivität als Abgangsgruppe in katalysierten Reaktionen zur Folge. Die stabilere C-O-Bindung in Aryltosylaten lässt sich durch eine Betrachtung der pK_a-Werte der entsprechenden Sulfonsäuren erklären (Schema 30).

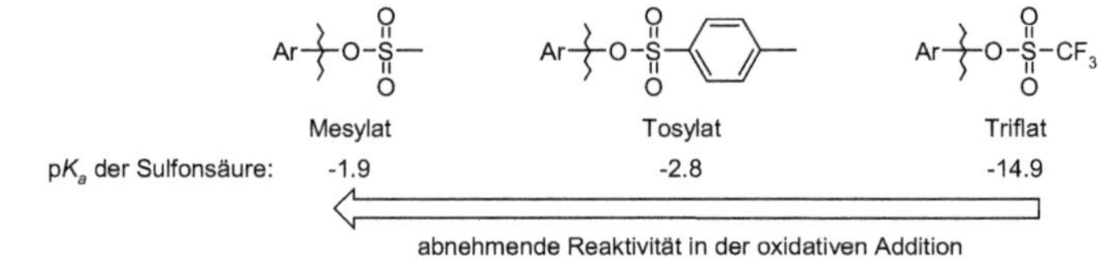

	Mesylat	Tosylat	Triflat
pK_a der Sulfonsäure:	-1.9	-2.8	-14.9

← abnehmende Reaktivität in der oxidativen Addition

Schema 30: Arylsulfonate als Abgangsgruppen basierend auf pK_a-Werten der konjugierten Säuren.

Je niedriger der pK_a-Wert der konjugierten Sulfonsäure ist, desto schwächer ist die C-O-Bindung und desto besser eignet sich das Sulfonat als Abgangsgruppe.[74] Wohingegen Aryltriflate in der oxidativen Addition an Palladiumkatalysatoren ähnlich reaktiv wie Arylbromide sind,[71] lässt sich leicht erkennen, dass Aryltosylate oder -mesylate weitaus schwieriger zu aktivierende Substrate sind. Aus diesem Grund sind äußerst aktive Nickelkatalysatoren für erste Reaktionen dieser interessanten Elektrophile entwickelt worden.[75] Kreuzkupplungsreaktionen von Aryltosylaten mit Palladiumkatalysatoren sind zumeist nur für Reaktionen mit sehr reaktiven Grignardverbindungen[76] oder für wenige spezielle Substrate beschrieben.[77] Die Entwicklung neuer maßgeschneiderter Liganden für den Palladiumkatalysator wie biaryl-,[78] ferrocen-[79] oder indolbasierte Phosphine[80] ermöglichen die Anwendung von Aryltosylaten für Suzuki-Miyaura-Kupplungen[81] und Direktarylierungen (Schema 31).[82]

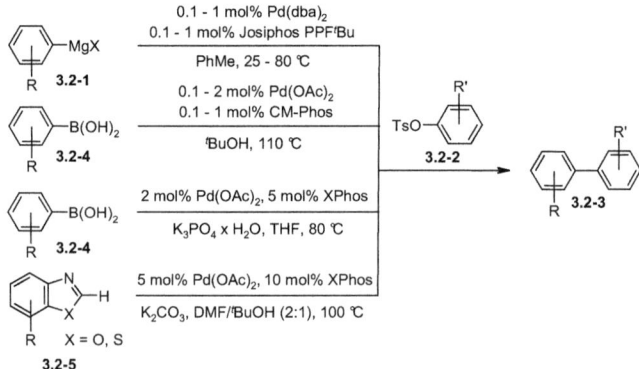

Schema 31: Palladiumkatalysierte Kreuzkupplungen mit Aryltosylaten.

Biarylphosphine und ferrocenbasierte Liganden sind in vielen Variationen kommerziell erhältlich und haben sich als exzellente Liganden für Kreuzkupplungen von reaktionsträgen Arylelektrophilen bewährt (Abbildung 7). Die Entwicklung einer decarboxylierenden Kreuzkupplung von Aryltosylaten sollte mit Liganden dieser Klassen untersucht werden.

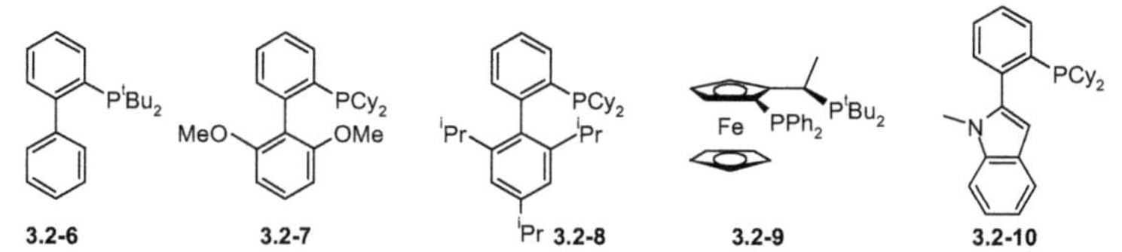

3.2-6 JohnPhos **3.2-7** SPhos **3.2-8** XPhos **3.2-9** JosiPhos PPF^{t}Bu **3.2-10** CM-Phos

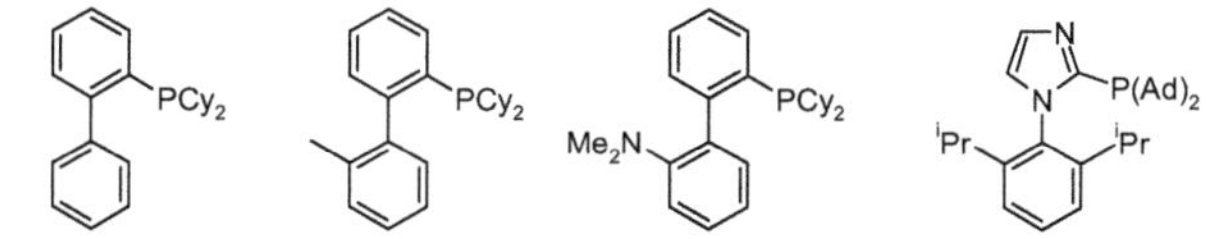

3.2-11 CyJohnPhos **3.2-12** MePhos **3.2-13** DavePhos **3.2-14** Im^{i}PrAd

Abbildung 7: Phosphinliganden.

Mit einem Katalysatorsystem für die decarboxylierende Kreuzkupplung mit Aryltosylaten sollte es ebenfalls möglich sein, weniger reaktive *meta*- und *para*-substituierte aromatische Carbonsäuren als Substrate zu verwenden, da wenig-koordinierende Tosylatanionen während der Reaktion generiert werden. Diese sollten wie Triflatanionen keinen negativen Einfluss auf die Aktivität des Kupferdecarboxylierungskatalysator haben.

Katalysatorentwicklung

Die kupferkatalysierte Protodecarboxylierung kann durch Phosphinliganden entscheidend inihibiert werden. Kontrollexperimene zeigten, dass dieser Einfluss nicht bei den reaktiven *ortho*-subsitutierten Derivaten, aber erheblich bei den *meta*- und *para*-substituierten Benzoesäuren beobachtet wird (s. Tabelle 4). Es wurde deshalb zunächst der Einfluss von Phosphinliganden, die eine oxidative Addition von Aryltosylaten an Palladium ermöglichen, auf die Protodecarboxylierung von 3-Nitrobenzoesäure evaluiert (Tabelle 5). Somit kann eine intrinsische Limitierung des Vorhabens bei der Entwicklung des bimetallischen Katalysatorsystems ausgeschlossen werden.

Tabelle 5: Einfluss von Phosphinliganden auf die Protodecarboxylierung von 3-Nitrobenzoesäure.

$$\text{O}_2\text{N}\text{-C}_6\text{H}_4\text{-CO}_2\text{H} \quad \textbf{3.2-15} \xrightarrow[\substack{170\ °C,\ 16\ h,\ NMP \\ -CO_2}]{\substack{7.5\ mol\%\ Cu_2O,\ 15\ mol\%\ phen \\ 7.5\ mol\%\ Phosphin}} \text{O}_2\text{N}\text{-C}_6\text{H}_4\text{-H} \quad \textbf{3.2-16}$$

Eintrag	Phosphin	Ausbeute [%]
1	–	99
2	Tol-BINAP	35
3	JohnPhos	92
4	CyJohnPhos	86
5	DavePhos	96
6	MePhos	99
7	SPhos	95
8	XPhos	99
9	Im^{i}PrAd	98
10	JosiPhos PPF^{t}Bu	52

Reaktionsbedingungen: 1 mmol 3-Nitrobenzoesäure, 7.5 mol% Cu$_2$O, 15 mol% phen, 7.5 mol% Phosphin, 2 mL NMP, 170 °C, 16 h. Ausbeuten wurden durch GC-Analyse mit *n*-Tetradecan als internem Standard bestimmt.

Wie in den ersten Untersuchungen bereits gezeigt werden konnte, wird die Protodecarboxylierung von 3-Nitrobenzoesäure **3.2-15** durch die Zugabe von katalytischen Mengen Tol-BINAP deutlich beeinträchtigt (Eintrag 2). Für alle weiteren getesteten Biarylphosphine wurden dennoch hohe Ausbeuten an Nitrobenzol **3.2-16** detektiert (Einträge 3-9). Ferrocenbasierte Liganden wie Josiphos PPF^{t}Bu scheinen bessere Komplexbildner mit Kupfer zu sein, da die Protodecarboxylierung wesentlich geringer ist (Eintrag 10). Diese Ergebnisse sind zufriedenstellend und es wurde mit der Entwicklung eines bimetallischen Katalysatorsystems für decarboxylierende Kreuzkupplung mit Aryltosylaten fortgefahren.

Um ein optimales Katalysatorsystem für den Kreuzkupplungsschritt der weniger reaktiven Aryltosylate zu ermitteln, wurden die Untersuchungen mit dem Modellsubstrat Kalium-2-nitrobenzoat **3.2-17a** als nukleophiler Kupplungspartner durchgeführt. Der Decarboxylierungsschritt verläuft mit diesem Substrat sehr gut, und schlechte Resultate sind auf eine unzureichende Aktivität des Palladiumkatalysators zurückzuführen. Die Ergebnisse der Kupplung mit 4-Tolyltosylat **3.2-2a** sind in Tabelle 6 zusammengefasst.

Tabelle 6: Entwicklung eines Katalysatorsystems für die decarboxylierende Kreuzkupplung mit Aryltosylaten.

$$\underset{\substack{\text{NO}_2 \\ \text{3.2-17a: 2-NO}_2 \\ \text{3.2-17b: 3-NO}_2}}{\text{—CO}_2\text{K}} + \text{TsO—} \underset{\text{3.2-2a}}{\text{—}} \xrightarrow[\substack{\mu W \text{ oder } \Delta T, \text{ NMP} \\ -\text{CO}_2}]{\substack{\text{Cu-Kat. / phen} \\ \text{Pd-Kat. / Phosphin}}} \underset{\substack{\text{NO}_2 \\ \text{3.2-3aa-ba}}}{\text{—}} + \underset{\substack{\text{NO}_2 \\ \text{3.2-16}}}{\text{—}}$$

Eintrag	Katalysatorsystem		Phosphin	Zeit [h]	3.2-3aa	3.2-16
					Ausbeute [%]	
1	5 % Cu$_2$O	Pd(acac)$_2$	Tol-BINAP	16	4	69
2	5 % Cu$_2$O	Pd(acac)$_2$	Im^{i}PrAd	16	9	86
3	5 % Cu$_2$O	Pd(acac)$_2$	JohnPhos	16	7	87
4	5 % Cu$_2$O	Pd(acac)$_2$	SPhos	16	21	66
5	5 % Cu$_2$O	Pd(acac)$_2$	XPhos	16	48	39
6	2.5 % Cu$_2$O	Pd(acac)$_2$	XPhos	16	63	0
7	1.3 % Cu$_2$O	Pd(acac)$_2$	XPhos	16	65	10
8	2.5 % Cu$_2$O	Pd(acac)$_2$	XPhos	8	72	0
9	2.5 % Cu$_2$O	Pd(acac)$_2$	XPhos	4	76^d	0
10	2.5 % Cu$_2$O	PdBr$_2$	XPhos	4	29	0
11	2.5 % Cu$_2$O	PdCl$_2$	XPhos	4	58	0
12	2.5 % Cu$_2$O	Pd(OAc)$_2$	XPhos	4	40	59
13	2.5 % Cu$_2$O	Pd(dba)$_2$	XPhos	4	31	0
14^a	2.5 % Cu$_2$O	Pd(dba)$_2$	XPhos	2 min	59^d	0
15^b	7.5 % Cu$_2$O	Pd(acac)$_2$	XPhos	4	11	0
16^b	7.5 % Cu$_2$O	Pd(acac)$_2$	XPhos	16	7	25
17^{b,c}	7.5 % Cu$_2$O	Pd(acac)$_2$	XPhos	15 min	36	0
18^{b,c}	7.5 % Cu$_2$O	Pd(acac)$_2$	XPhos	5 min	59^d	0

Reaktionsbedingungen: 1 mmol Kalium-2-nitrobenzoat, 2 mmol 4-Tolyltosylat, Cu/phen (1:1), 5 mol% Pd- oder Ni-Kat., 7.5 mol% Phosphinligand, 4 mL NMP, 170 °C. a) mikrowellenunterstützt: 180 °C/150 W. b) 1 mmol Kalium-3-nitrobenzoat. c) mikrowellenunterstützt: 190 °C/150 W. Ausbeuten wurden durch GC-Analyse mit n-Tetradecan als internem Standard bestimmt. d) Isolierte Ausbeute.

Mit dem effektivsten Katalysatorsystem für die Kreuzkupplung von Aryltriflaten, bestehend aus Cu$_2$O/phen und Pd(acac)$_2$/Tol-BINAP, konnte bereits ein geringer Umsatz des Aryltosylates **3.2-2a** zu 4% des gewünschten Biaryls **3.2-3aa** detektiert werden, wobei Nitrobenzol **3.2-16** mit 69% das Hauptprodukt der Reaktion war (Eintrag 1). Die genaue Protonenquelle, die zur übermäßigen Protodecarboxylierung führt, ist unklar, könnte aber auf einer Reaktion zwischen den reaktiven Kupferarylspezies und Lösemittelmolekülen beruhen.[47] Eine unzureichend schnelle oxidative Addition mit dem reaktionsträgen 4-Tolyltosylat **3.2-2a** führt vermutlich zu einer Anreicherung dieser reaktiven Kupferspezies und ungewollten Nebenreaktion. Ähnliche Ausbeuten konnten mit sterisch anspruchsvollen Phosphinen, wie Beller's imidazolbasierten Im^{i}PrAd-Liganden und dem biphenylbasierten Buchwaldliganden JohnPhos erreicht werden (Einträge 2-3). Insbesondere die Ausbeute von 48% unter Einsatz von XPhos (Eintrag 5) hebt dessen optimal abgestimmten elektronischen und sterischen Eigenschaften für die Aktivierung von Tosylaten mit Palladiumkatalysatoren heraus.[81,82,83] Neben dem Produkt **3.2-3aa** und 4-Tolyltosylat **3.2-2a** konnte noch Nitrobenzol **3.2-16** in 39% Ausbeute detektiert werden. Die Reaktion verläuft demnach mit fast vollständigem Umsatz, aber das Gleichgewicht zwischen Decarboxylierungs- und Kreuzkupplungsschritt ist nicht optimal. Eine Feinabstimmung des Verhältnisses beider Katalysatoren lieferte die erwartete Verbesserung der Ausbeute (Einträge 6-7), wobei sich ein Cu/Pd-Verhältnis von 1:1 als optimal erwies, da so die Protodecarboxylierung vollständig vermieden werden konnte (Eintrag 6). Interessanterweise, sorgt eine kürzere Reaktionszeit von 4 h für eine Erhöhung der isolierten Ausbeute auf 76% (Eintrag 9). Kontrollexperimente zur Reaktionsdauer bestätigten die Bildung des Biaryls **3.2-3aa** in 76% und anschließende Verringerung der Ausbeute bei längerer Reaktionszeit. Bei den nötigen, hohen Palladiumkatalysatorbeladungen von 5 mol% ist es vorstellbar, dass das gebildete 4'-Methyl-2-nitrobiphenyl **3.2-3aa** eine Folgereaktion in Form einer Direktarylierung zu einem hochmolekularen Nebenprodukt eingeht. Der Einsatz von Biarylphosphinen für palladiumkatalysierte Direktarylierungen wurde kürzlich beschrieben.[84] Eine genaue Identifizierung dieser hochmolekularen, teerigen Nebenprodukte bei längeren Reaktionszeiten gelang nicht. Andere Palladiumquellen eigneten sich weniger gut als Vorstufen zur decarboxylierenden Kreuzkupplung von Tosylaten (Einträge 10-13). Der Transfer der Reaktion in die Labormikrowelle Initiator™ 2.5 EXP der Firma *Biotage* ermöglicht die Synthese des Biaryls **3.2-3aa** in kürzeren Reaktionszeiten. Mit dem gleichen

Katalysatorsystem erhält man vergleichbare, isolierte Ausbeuten in nur 2 min, was eine Reaktionsbeschleunigung um den Faktor 120 bedeutet (Eintrag 14). Auch bei dieser Form der Temperierung muss die Reaktionszeit kurz gehalten werden, um Folgereaktionen des Produktes zu vermeiden.

Im Gegensatz zu decarboxylierenden Kreuzkupplung von Aryltriflaten, gelingt die Reaktion mit Kalium-3-nitrobenzoat **3.2-17b** unter thermischen Bedingungen nur schlecht. Auch nach 16 h Reaktionszeit und einer erhöhten Kupferkatalysatorbeladung von 7.5 mol% konnten nur geringe Mengen des 3-nitrosubstituierten Biaryls **3.2-3ba** und 25% Nitrobenzol **3.2-16** detektiert werden (Eintrag 16). Die Durchführung der Reaktion von Kalium-3-nitrobenzoat **3.2-17b** und 4-Tolyltosylat **3.2-2a** mit erhöhter Katalysatorbeladung in der Labormikrowelle steigert die Ausbeute auf 36% in 15 min Reaktionszeit (Eintrag 17). Unter Einhaltung noch kürzerer Reaktionszeiten wird das gewünschte *meta*-substituierte Biarylprodukt **3.2-3ba** in einer isolierten Ausbeute von 59% erhalten (Eintrag 18).

In der decarboxylierenden Kreuzkupplung dieser beiden reaktionsträgen Kupplungspartner ist der Einsatz von Mikrowellenstrahlung essentiell. Dies ist darauf zurückzuführen, dass die selektive Erhitzung durch Mikrowellenstrahlung beider Kupplungspartner erfolgt und notwendig ist (s. Abbildung 6, **B** und **C**). Dadurch wird nicht nur der kupferkatalysierte Decarboxylierungsschritt, sondern auch die palladiumkatalysierte, oxidativen Addition an Aryltosylate beschleunigt. Mit einem angepassten Katalysatorenverhältnis befinden sich so beide Katalysezyklen im Gleichgewicht und die Kupplung erfolgt mit zufriedenstellenden Ausbeuten.

Anwendungsbreite

Mit den entwickelten, komplementären Protokollen wurde nun die Anwendungsbreite dieser synthetisch wertvollen Transformation getestet. Die Resultate der Kreuzkupplung von Kalium-2-benzoat mit verschiedenen Aryltosylaten unter thermischen und mikrowellenunterstützten Bedingungen sind in Tabelle 7 zusammengefasst.

Tabelle 7: Substratspektrum der Tosylatkupplungspartner.

Produkt	Ausbeute [%]	Produkt	Ausbeute [%]
3.2-3ab	ΔT: 91 μW: 70	3.2-3ac	ΔT: 71 μW: 64
3.2-3ad	ΔT: 39 μW: 85	3.2-3ae	ΔT: 53 μW: 40
3.2-3af	ΔT: 83 μW: 76	3.2-3ag	ΔT: 75 μW: 69
3.2-3ah	ΔT: 66 μW: 62	3.2-3ai	ΔT: 76 μW: 59
3.2-3aj	ΔT: 33 μW: 42	3.2-3ab	ΔT: 49 μW: 49

Reaktionsbedingungen: thermisch: 1 mmol Kaliumbenzoat, 2 mmol Aryltosylat, 2.5 mol% Cu_2O, 5 mol% phen, 5 mol% $Pd(acac)_2$, 7.5 mol% XPhos, 170 °C, 4 h. mikrowellenunterstützt: 180 °C/150 W/2 min. Isolierte Ausbeuten.

Das neue Verfahren ermöglicht die Kupplung einer Reihe von elektronenarmen und –reichen Aryltosylaten (**3.2-2b-k**). Funktionelle Gruppen wie Aldehyde, Ketone, Ester und tertiäre Amine werden toleriert. Durch die Verwendung von Aryltosylaten sind nun auch 2-Pyridylbiaryle **3.2-3aj** zugänglich, welche über 2-Pyridyltriflate aufgrund deren enormen

Instabilität nur schwer zugänglich sind und bisher nicht erfolgreich synthetisiert werden konnten.

Die Durchführung der Reaktion in der *Biotage* Labormikrowelle ermöglicht die Synthese von *ortho*-substituierten Biarylen innerhalb von nur zwei Minuten, mit etwas geringeren Ausbeuten. Die Kupplung von 3-Formyltosylat **3.2-2d** erfolgt allerdings durch den Transfer in die Mikrowelle in einer mehr als doppelt so hohen Ausbeute von 85% (39% nach 4 h, thermisch). Die Umsetzung von elektronenarmen Tosylaten, z. B. 4-Nitrophenyltosylat, gelang auch mit dem Modellsubstrat Kalium-2-nitrobenzoat **3.2-17a** nur in sehr geringen Mengen (~5%, nicht abgebildet). Im Gegensatz zu den Reaktionen der elektronenarmen Aryltriflate wurde für gleich funktionalisierte, aber stabilere Tosylate keine Veresterung beobachtet. Neben den zurückgewonnenen Ausgangsverbindungen wurde nur Nitrobenzol in geringen Mengen detektiert.

Die Untersuchungen des Substratspektrums der Kaliumcarboxylate wurden hauptsächlich mit 2-Naphthyltosylat **3.2-2l** als Arylelektrophil durchgeführt. Für dieses Substrat ist die oxidative Addition des Palladiumkatalysators aufgrund des kondensierten Ringsystems vergleichsweise schnell und niedrige Ausbeuten vor allem in den Kupplungsreaktionen der *meta*- und *para*-subsituierten Benzoesäuren sind somit nicht auf den Tosylatkupplungspartner zurückzuführen (Tabelle 8).

Tabelle 8: Decarboxylierende Kreuzkupplung von Kaliumcarboxylaten mit Aryltosylaten.

2.5 - 7.5 mol% Cu_2O / phen
5 mol% $Pd(acac)_2$, 7.5 mol% XPhos
µW oder ΔT, NMP
$-CO_2$

3.2-17a-o + **3.2-2b,g,l** → **3.2-3bb-bl,al-nl**

Produkt	Ausbeute [%]	Produkt	Ausbeute [%]
3.2-3bb	µW: 52[a]	**3.2-3bg**	µW: 51[a]
3.2-3bl	µW: 60[a]	**3.2-3cl**	µW: 53[a]
3.2-3dl	µW: 74[a]	**3.2-3el**	µW: 89[a]

3 Diskussion der Resultate

Produkt	Ausbeute [%]	Produkt	Ausbeute [%]
3.2-3fl	μW: 37[a]	3.2-3gl	μW: 46[a]
3.2-3jl	μW: 53[a]	3.2-3kl	ΔT: 24 μW: 99
3.2-3al	ΔT: 84 μW: 97	3.2-3jl	ΔT: 76 μW: 79
3.2-3kl	ΔT: 76 μW: 80	3.2-3ll	ΔT: 96 μW: 99
3.2-3ml	ΔT: 62 μW: 78	3.2-3nl	μW: 78

Reaktionsbedingungen: thermisch: 1 mmol Kaliumbenzoat, 2 mmol 2-Naphthyltosylat, 170 °C, 4 h. mikrowellenunterstützt: 180 °C/150 W/2 min. a) 190 °C/150 W/5 min. Isolierte Ausbeuten.

Die Annahme, dass Tosylatanionen den Decarboxyierungskatalysator nicht inhibieren, ist bestätigt worden. Kaliumcarboxylate mit *meta*- und *para*-Substituenten, wie Nitro-, Ether-, Nitril- und Trifluormethylguppen (**3.2-17b-g**), sowie das pharmazeutisch interessante heterozyklische Kaliumnicotinat **3.2-17h** konnten mit 2-Naphthyltosylat **3.2-2l** gekuppelt werden. Für die Umsetzungen dieser Carbonsäuresalze ist das mikrowellenunterstützte Erhitzen der Reaktionslösung unumgänglich, da in den thermischen Kupplungsreaktionen dieser Carbonsäuresalze nur Spuren oder gar keine Ausbeute der unsymmetrischen Biaryle (**3.2-3bb-bl,cl-kl**) detektiert werden. Moderate bis gute Ausbeuten können für die Biarylprodukte innerhalb von 5 min erhalten werden. Dabei sind niedrigere Ausbeuten nicht auf Nebenreaktionen, sondern vielmehr auf einen unvollständigen Umsatz zurückzuführen. Eine Erhöhung des Umsatzes über eine höhere Palladiumkatalysatorbeladung oder längere Reaktionszeit gelingt nicht, sondern führt zum Verbrauch des Produktes in Folgereaktionen.

Für die reaktiveren *ortho*-substituierte Carboxylate (**3.2-17a,i-n**) konnten gute bis exzellente Ausbeuten unter thermischen als auch mikrowellenunterstützten Bedingungen erhalten werden. Methoxy-, Nitro- und Fluoridsubstituenten, als auch Heterozyklen werden in der Kupplung toleriert. Die Reaktion von Kalium-2-fluorbenzoat **3.2-17i** profitierte erheblich durch kurzes Erhitzen in der Mikrowelle und konnte im Gegensatz zum thermischen Verfahren mit einer verbesserten Ausbeute von 99% (24% thermisch) durchgeführt werden.

4-Methoxybenzoesäure konnte auch unter diesen optimierten Bedingungen mit 2-Naphthyltosylat **3.2-2l** nicht zur Reaktion gebracht werden. Diese Kombination von unreaktiven, nukleophilen und elektrophilen Kupplungspartnern bringt das neue Katalysatorsystem an seine Grenzen. Veresterungs- oder Protodecarboxylierungsreaktionen wurden nicht beobachtet. Die optimierten Katalysatoren für die Aktivierung von Aryltosylaten scheinen den Decarboxylierungsschritt bei solch unreaktiven Carbonsäuren und somit auch die Kreuzkupplung zu inhibieren.

Dennoch konnte der Stellenwert der neu entwickelten Methode, als eine synthetisch interessante Alternative für die Synthese von Biarylen untermauert werden. Eine preisgünstige, metall- und halogenfreie Synthese von Biarylen im Gramm-Maßstab kann ohne Veränderung des Katalysatorsystems und Reaktionsbedingungen erfolgen (Schema 32).

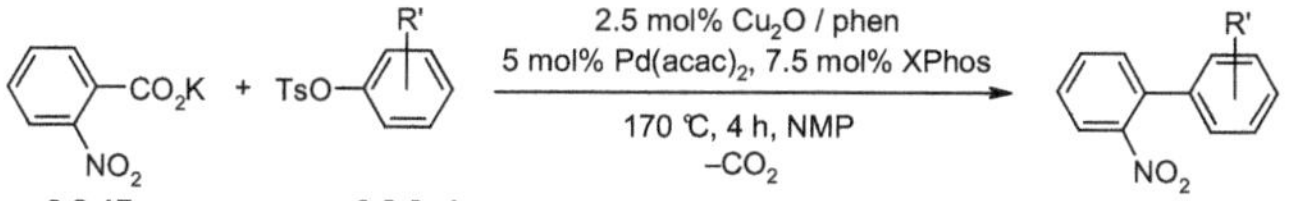

2.5 mol% Cu$_2$O / phen
5 mol% Pd(acac)$_2$, 7.5 mol% XPhos
170 °C, 4 h, NMP
−CO$_2$

3.2-17a + **3.2-2a,l** → **3.2-3aa,al**

R' = *p*-Me: 1.54 g, 72%
R' = 2-Np: 1.98 g, 80%

Schema 32: Decarboxylierende Kreuzkupplung von Aryltosylaten im Gramm-Maßstab.

Durch eine direkte Maßstabsübertragung des thermischen Verfahrens von einem 20 mL in ein 60 mL Rollrandgefäß wurden 4'-Methyl-2-nitrobiphenyl **3.2-3aa** (1.54 g) und 2-(4-Tolyl)naphthalin **3.2-3al** (1.98 g) ohne Ausbeuteverluste dargestellt.

Zusammenfassung

Die Entwicklung eines Verfahrens für die decarboxylierende Kreuzkupplung von Aryltosylaten ist gelungen. Anhand der wenigen Beispiele von palladiumkatalysierten Kreuzkupplungsreaktionen von Aryltosylaten und der Nutzung zweier kostengünstiger, stabiler und einfach handhabbarer Kupplungspartner, ist dies als synthetischer Meilenstein in der Entwicklung neuer übergangsmetallkatalysierter Verfahren zur Biarylsynthese zu sehen. Erneut erweist sich der Einsatz von Mikrowellenstrahlung als effizientes und essentielles Mittel zur Kreuzkupplung von weniger schnell decarboxylierenden, nicht-*ortho*-substituierten Säuren. Die Kreuzkupplung dieser Substrate gelingt auch nach Stunden mit thermischer Erwärmung nicht. Wie in Vorüberlegungen korrekt evaluiert, lassen sich ungewünschte destruktive Nebenreaktionen, hauptsächlich Hydrolyse, durch stabilere elektrophile Kupplungspartner vermeiden. Allerdings muss in Kauf genommen werden, dass das neu entwickelte Palladiumkatalysatorsystem die Decarboxylierung für bestimmte Substrate inhibiert und die gewünschte Kreuzkupplung nicht stattfindet.

3.3 Absenkung der Reaktionstemperatur von decarboxylierenden Kreuzkupplungen

3.3.1 Protodecarboxylierung aromatischer Carbonsäuren bei 120 °C

Zielsetzung

Mit der Entwicklung von thermischen und mikrowellenunterstützten Verfahren für die decarboxylierende Kreuzkupplung von Aryltriflaten und –tosylaten ist das Substratspektrum der Methode wegweisend erweitert worden. Die bestehenden Protokolle benötigen allerdings hohe Temperaturen von 170 °C. Dies schränkt sie für eine großtechnische Anwendung ein, da eine Reaktorerwärmung auf diese Temperaturen schwierig ist und die konstante Aufrechterhaltung hohe Verbrauchskosten erzeugt.

Aus diesem Grund sollte ein Verfahren für decarboxylierende Kreuzkupplungen bei deutlich milderen Bedingungen erforscht werden. Der erste Schritt auf diesem Weg muss daher die Entwicklung eines aktiveren Decarboxylierungskatalysators sein, da die besten bisher entwickelten Kupferkatalysatoren für den Decarboxylierungsschritt Temperaturen oberhalb von 160 °C benötigen. In Zusammenarbeit mit Dr. Nuria Rodríguez Garrido und Christophe Linder sollte ermittelt werden, ob ein thermisches oder ein mikrowellenunterstütztes Verfahren effektiver ist, um die Protodecarboxylierung aromatischer Carbonsäuren bei deutlich milderen Bedingungen zu realisieren. Diese Arbeiten wurden durch DFT-Rechnungen von Andreas Fromm unterstützt.

Vorüberlegungen

Für die Entwicklung eines aktiveren Decarboxylierungskatalysators können zwei Strategien verfolgt werden. Entweder der Kupferkatalysator wird durch gezieltes Ligandendesign deutlich verbessert, oder ein völlig neues Katalysatorsystem basierend auf alternativen Übergangsmetallen muss entwickelt werden.

Die Synthese neuer Liganden für den Kupferkatalysator sollte sich auf verschieden substituierte 1,10-Phenanthrolinliganden fokussieren, da in Vorarbeiten bereits gezeigt wurde, dass 4,7-diphenylsubstituierte 1,10-Phenanthrolinliganden besonders effektive Katalysatorkomplexe für die Protodecarboxylierung von nicht-*ortho*-substituierten Carbonsäuren generieren.[46] Die Einführung anderer Substituenten in *para*-Position zum Stickstoffatom könnte einen noch profunderen Einfluss auf die Aktivität des Kupferkatalysators haben und somit eine Temperaturerniedrigung erlauben.

Die Neuentwicklung eines Katalysatorsystems auf Basis eines anderen Übergangsmetalles könnte ebenfalls die Möglichkeit für decarboxylierende Kreuzkupplungen bei milderen Temperaturen eröffnen. Bekannte Beispiele aktiver Metalle sind die quecksilbervermittelte Protodecarboxylierungen von Furancarbonsäuren bei 100 °C[85] und die palladiumkatalysierte Variante von Koszlowski *et al.* bei 70 °C (Schema 33).[86]

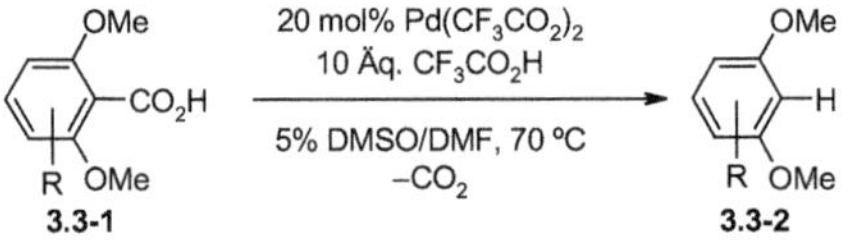

Schema 33: Palladiumkatalysierte Protodecarboxylierung.

Der Einsatz von toxischen Quecksilbersalzen in stöchiometrischen Mengen macht diese Variante sehr unattraktiv für einen industriell anwendbaren Prozess. Koszlowski *et al.* hingegen nutzten, wie zuvor von Nilsson *et al.* beschrieben,[87] die Aktivität von Palladium als Decarboxylierungskatalysator, um eine Reihe von 2,6-disubstituierten Benzoesäuren (**3.3-1**) zu decarboxylieren.[86] Diese thermisch mildere Variante ist allerdings auf das Substitutionsmuster der dimethoxysubstituierten Benzoesäuren limitiert, könnte aber eine interessante Alternative für diese Carbonsäuren sein, falls die Reaktion auch bei einer Katalysatorbeladung von wesentlich weniger als 20 mol% Palladiumtrifluoracetat gelingt.

Ob sich die Verwendung von Mikrowellenstrahlung zur hohen Erhitzung von Katalysatoren mit dem Ziel einer Reaktion bei geringeren Temperaturen als nützlich bzw. sinnvoll erweist, muss evaluiert werden.

Optimierung des Kupferkatalysators

Die Synthese verschieden substituierter Phenanthrolinliganden für den Kupferkatalysator erfolgte bereits im Rahmen der Diplomarbeit.[56] Für die Untersuchungen dieser neuen Liganden in der kupferkatalysierten Protodecarboxylierung wurden die Modellsubstrate 2-Nitro- und 4-Nitrobenzoesäure ausgewählt. Der Vergleich der Resultate eines sehr gut zu decarboxylierenden Substrates mit koordinierendem *ortho*-Substituenten und dem wenig reaktiven *para*-substituierten Regioisomer gibt Aufschluss darüber, ob eine Verbesserung der Kreuzkupplung durch die verbesserte Aktivität des Kupferkatalysators für das gesamte Substratspektrum der aromatischen Carbonsäuren erreicht werden kann (Tabelle 9).

Tabelle 9: Kupferkatalysierte Protodecarboxylierung mit verschiedenen Liganden.

$$R\text{-C}_6H_3(R')\text{-CO}_2H \xrightarrow[\text{NMP/Chinolin (3:1), 170 °C}]{5\text{ mol\% Cu}_2\text{O / }\mathbf{3.3\text{-}5\text{-}12}} \text{C}_6H_5\text{-NO}_2$$
$$-CO_2$$

3.3-3a: R = H, R' = NO_2
3.3-3b: R = NO_2, R' = H

3.3-4a

Eintrag	N-Ligand	3.3-3a → 3.3-4a[a]	3.3-3b → 3.3-4a[b]
		Ausbeute [%]	
1	–	28	10
2	bipy **3.3-5**	66	26
3	phen **3.3-6**	65	43
4	R'' = Ph **3.3-7**	55	57
5	R'' = CN **3.3-8**	64	10
6	R'' = Me **3.3-9**	75	0
7	R'' = SPh **3.3-10**	57	34
8	R'' = OPh **3.3-11**	57	0
9	R'' = OMe **3.3-12**	81	6

Reaktionsbedingungen: 1 mmol Benzoesäurederivat, 5 mol% Cu_2O, 10 mol% N-Ligand, 2 mL NMP/Chinolin (3:1), 170 °C. a) 2 h. b) 12 h. Ausbeuten wurden durch GC-Analyse mit n-Tetradecan als internem Standard bestimmt.

Alle Reaktionen wurden vor der benötigten Reaktionszeit beendet, um eine Reaktionsbeschleunigung durch die synthetisierten Liganden gegenüber den bereits bekannten Liganden Bipyridin **3.3-5**, 1,10-Phenanthrolin **3.3-6** und 4,7-Diphenyl-1,10-phenanthrolin **3.3-7** zu erkennen. Die Reaktionen von 2-Nitrobenzoesäure **3.3-3a** wurden nach 2 h (sonst 4 h), die von 4-Nitrobenzoesäure **3.3-3b** nach 12 h (sonst 16 h) beendet. Eine Protodecarboxylierung durch Kupfer(I)oxid ohne chelatisierende Stickstoffliganden findet kaum oder für 2-Nitrobenzoesäure **3.3-3a** nur sehr langsam statt (Eintrag 1). Kupferkomplexe mit Bipyridinliganden eignen sich ebenso gut für die Protodecarboxylierung der reaktiveren 2-Nitrobenzoesäure **3.3-3a**, wie alle anderen getesteten Phenanthrolinliganden (Eintrag 2). Doch für 4-Nitrobenzoesäure **3.3-3b** wird mit Bipyridin **3.3-5** eine schlechtere Ausbeute als mit 1,10-Phenanthrolin **3.3-6** und 4,7-Diphenyl-1,10-phenanthrolin **3.3-7** erhalten (vgl. Einträge 2 und 3-4). Die Katalysatoraktivtät für die Protodecarboxylierung von 2-Nitrobenzoesäure **3.3-3a** kann durch den Einsatz der synthetisierten Phenanthrolinliganden nicht wesentlich verbessert werden (Einträge 3-9).

Lediglich durch den elektronenreichen 4,7-dimethoxysubstituierten Liganden **3.3-12** erreicht die Reaktion etwas verbesserte Ausbeuten nach 2 h (Eintrag 9).

Die Protodecarboxylierung der reaktionsträgeren 4-Nitrobenzoesäure **3.3-3b** kann mit keinem der neuen Liganden zufriedenstellend durchgeführt werden. Eine gute Ausbeute an Nitrobenzol **3.3-4a** von 57% kann nur mit dem bekannt besten System Kupfer(I)oxid und 4,7-Diphenyl-1,10-phenanthrolin **3.3-7** erhalten werden. Alle anderen Phenanthrolinliganden geben gar keine, oder nur geringere Ausbeuten. Vermutlich halten die Komplexe der funktionalisierten Liganden den harschen Temperaturen der Reaktion über einen Zeitraum von 12 h nicht stand, so dass aufgrunddessen einige der Liganden infolge von Zersetzungsreaktionen zerstört werden. Desweiteren ist die Umlagerung der Alkyl- bzw. Phenylgruppe des *para*-Substituenten zum Stickstoffdonoratom und Ausbildung einer Pyridonstruktur für vergleichbare Pyridylarylether beschrieben und daher als Reaktionsverlauf für diese Experimente nicht ausgeschlossen.[88] Die dadurch gebildeten Konstitutionsisomere dienen nicht mehr als effektive Liganden für das Kupferzentrum und die Reaktion findet nicht mehr statt.

Mit den in langwieriger Synthesearbeit dargestellten Phenanthrolinliganden konnten keine Aktivitätssteigerungen des Kupferkatalysators für die Protodecarboxylierung von 4-Nitrobenzoesäure **3.3-3b** gelingen. Die Protodecarboxylierung aromatischer Carbonsäuren bei Temperaturen weit unter 170 °C konnte auf diesem Wege nicht erreicht werden.

Entwicklung eines Silberkatalysatorsystems

Aufgrund dieser enttäuschenden Resultate in der Entwicklung eines aktiveren Kupferkatalysators schien es lohnenswert eine alternative Strategie zum Ziel einer decarboxylierenden Kreuzkupplung bei milderen Temperaturen zu verfolgen. Es sollten daher andere Metalle auf ihre Eigenschaft als Protodecarboxylierungskatalysator genauer untersucht werden. Bekannte Methoden, die bei Temperaturen unter 100 °C die Protodecarboxylierung aromatischer Carbonsäuren mit Quecksilber[85] oder Palladium[86] vermitteln bzw. katalysieren, sind für eine synthetisch attraktive Kreuzkupplungsmethode aufgrund ihrer geringen Nachhaltigkeit und ihres minimalen Substratspektrums kein optimaler Ausgangspunkt.

Es ist allerdings beschrieben, dass palladiumkatalysierte, decarboxylierende Heck-Reaktionen unter oxidativen Bedingungen[89] und decarboxylierende Biarylsynthesen mit

Aryliodiden [90] nur in Gegenwart von überstöchiometrischen Mengen Silbercarbonat durchgeführt werden können. Das Silbersalz fungiert in diesen Reaktionen in erster Linie als Base für die Deprotonierung der Carbonsäuren und Oxidationsmittel für den Palladiumkatalysator. Kontrollexperimente im Zuge der mechanistischen Untersuchung der oxidativen, decarboxylierenden Heck-Kupplung mit stöchiometrischen Palladiummengen zeigten, dass die Kupplung nur durch den Palladiumkomplex vermittelt wird. Dennoch ist die Aktivität von Silber(I)carbonat als Decarboxylierungsmediator in stöchiometrischen Mengen für die decarboxylierende Biarylsynthese mit Arylbromiden bereits unter Beweis gestellt worden[49] und sollte somit auch für verwandte Reaktionen nicht ausgeschlossen werden. Zudem zeigten die DFT-Rechnungen von Andreas Fromm zur Protodecarboxylierung von 2-Fluorbenzoesäure, dass vor allem bei tieferen Temperaturen Silber ein besserer Katalysator sein sollte.

Der Vergleich mit den bestehenden kupferkatalysierten Verfahren sollte Aufschluss darüber geben, wie effektiv der Einsatz eines Silberkatalysators für die Protodecarboxylierung aromatischer Carbonsäuren ist. Die Wahl des Testsubstrates fiel auf 2-Methoxybenzoesäure **3.3-3c**, das als prädominantes Substrat in der Anwendungsbreite der decarboxylierenden Kuppungsreaktionen mit stöchiometrischen Silbermengen und Palladiumkatalysator auffällt und ähnliche elektronische Eigenschaften wie 2-Fluorbenzoesäure, dem Substrat der DFT-Rechnungen, besitzt. Zudem gelang die kupferkatalysierte Protodecarboxylierung bei 170 °C bisher nur in geringen Ausbeuten.

3 Diskussion der Resultate

Durch geeignete Reihenversuche mit Kupfer(I)- und Silber(I)oxid bei einer Temperatur von 140 °C wurden erstaunliche Unterschiede zwischen beiden Katalysatoren beobachtet (Schema 34).

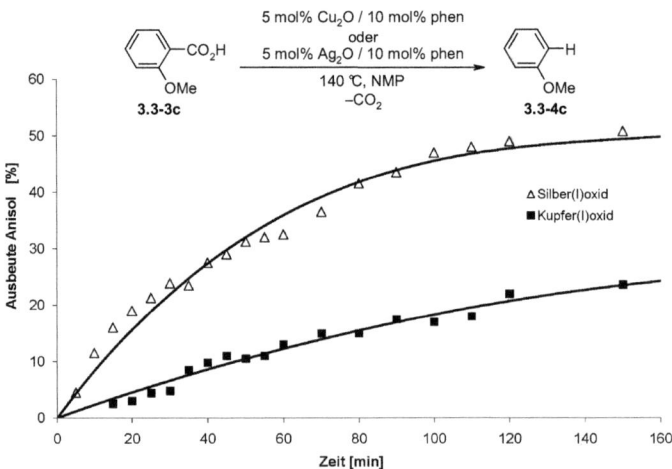

Schema 34: Die kupfer- und silberkatalysierte Protodecarboxylierung von 2-Methoxybenzoesäure.

Mit 5 mol% Kupfer- bzw. Silberkatalysator und 10 mol% 1,10-Phenanthrolin als Ligand findet für die silberkatalysierte Reaktion nach 20 min bereits ein Umsatz zu Anisol **3.3-4c** von 20% statt, wohingegen nur geringe Mengen im kupferkatalysierten Experiment nachweisbar sind. Nach 2.5 h ist eine Ausbeute von 54% mit dem Silberkatalysator erreicht. Für die paralle durchgeführte, kupferkatalysierte Reaktion kann nach dieser Zeit erst eine Ausbeute von 21% verzeichnet werden. Ein nicht optimiertes Silberkatalysatorsystem beschleunigt die Protodecarboxylierung von 2-Methoxybenzoesäure **3.3-3c** bereits erheblich bei einer Temperatur, die 30 °C unter der Temperatur liegt, die für eine erfolgreiche Reaktion des optimierten Kupferkatalysators benötigt wird.

Die Durchführung dieser silberkatalysierten Protodecarboxylierung von 2-Methoxybenzoesäure **3.3-3c** bei einer Temperatur von 140 °C in den Labormikrowellen von *CEM* und *Biotage* gelang nicht. Die Experimente verliefen in beiden Geräten unreproduzierbar, verursacht durch die unkontrollierte Reduktion des Silberkomplexes. Durch die Bildung eines Silberspiegels an der Gefäßwand fand eine Desaktivierung des Katalysators statt. Die Silberablagerung führte zu unregelmäßigen Heizprofilen und unreproduzierbaren Ausbeuten. Teilweise kam es zur Überhitzung und Zerstörung der

Gefäßwand. Ein sicheres und anwendbares Verfahren in der Mikrowelle konnte für diese Reaktion nicht entwickelt werden. Daher wurden die Untersuchungen zu einer mikrowellenunterstützten, silberkatalysierten Protodecarboxylierung abgebrochen. Der Fokus der weiteren Arbeiten lag auf der Katalysatorentwicklung des thermischen Verfahrens und der darauffolgenden Untersuchung der Anwendungsbreite.

Aufbauend auf diesen zufriedenstellenden Ergebnissen, in denen erstmalig die katalytische Aktivität von Silbersalzen in der Protodecarboxylierung gezeigt werden konnte, wurde mit der Entwicklung eines silberbasierten Verfahrens zur Protodecarboxylierung fortgefahren (Tabelle 10).

Tabelle 10: Entwicklung einer silberkatalysierten Protodecarboxylierung.

Eintrag	Katalysator	Ligand	Base	Lösungsmittel	T [°C]	Ausb. [%]
1	Ag_2O	phen	–	NMP	170	85
2[a]	Ag_2O	phen	–	NMP	170	85
3	Ag_2O	phen	–	NMP	120	60
4	AgO	phen	–	NMP	120	20
5	Ag_2CO_3	phen	–	NMP	120	39
6	AgOAc	phen	–	NMP	120	70
7	AgOAc	–	–	NMP	120	24
8	AgOAc	5-NO_2-phen	–	NMP	120	51
9	AgOAc	4,7-Ph_2-phen	–	NMP	120	47
10	AgOAc	Bathocuproin	–	NMP	120	46
11	AgOAc	2,2'-Bichinolin	–	NMP	120	36
12	AgOAc	2,2'-Bipyridin	–	NMP	120	46
13	AgOAc	DMAP	–	NMP	120	43
14	AgOAc	Chinolin	–	NMP	120	21
15	AgOAc	–	K_2CO_3	NMP	120	98
16	AgOAc	–	Na_2CO_3	NMP	120	66
17	AgOAc	–	Cs_2CO_3	NMP	120	70

3 Diskussion der Resultate

$$\text{3.3-3c (2-MeO-C}_6\text{H}_4\text{-CO}_2\text{H)} \xrightarrow[-CO_2]{\text{Ag-Kat.}} \text{3.3-4c (2-MeO-C}_6\text{H}_5\text{)}$$

Eintrag	Katalysator	Ligand	Base	Lösungsmittel	T [°C]	Ausb. [%]
18	AgOAc	–	K_2CO_3	DMSO	120	57
19	AgOAc	–	K_2CO_3	DMF	120	77
20	AgOAc	–	K_2CO_3	NMP	100	17
21[b]	AgOAc	–	K_2CO_3	NMP	80	60

Reaktionsbedingungen: 1 mmol 2-Methoxybenzoesäure, 5 mol% Kat. (10 mol% AgOAc), 10 mol% Ligand, 15 mol% Additiv, 2 mL Lösungsmittel, 16 h. a) 30 min. b) 1 mmol 2-Nitrobenzoesäure. Ausbeuten wurden durch GC-Analyse mit *n*-Tetradecan als internem Standard bestimmt.

In den Vergleichsstudien mit der kupferkatalysierten Reaktion konnte bereits gezeigt werden, dass die Kombination von Silber(I)oxid und 1,10-Phenanthrolin eine erhebliche Reaktionsbeschleunigung der Protodecarboxylierung von 2-Methoxybenzoesäure **3.3-3c** bewirkt. Bei einer Temperatur von 170 °C, kann nach 16 h somit eine Ausbeute von 85% an Anisol **3.3-4c** erhalten werden (Eintrag 1). Diese Reaktion hat allerdings schon nach 30 min vollen Umsatz erreicht (Eintrag 2). Die Reaktionstemperatur kann dieser Reaktion kann um 50 °C verringert und nach 16 h immer noch eine gute Ausbeute von 60% erhalten werden (Eintrag 3). Eine Untersuchung verschiedener Silberquellen, darunter Silber(I)carbonat, Silber(II)oxid und Silber(I)acetat ergab, dass gut lösliches Silber(I)acetat die optimale Katalysatorvorstufe ist (Einträge 4-6). Ohne den Zusatz des Phenanthrolinliganden verringerte sich die Ausbeute auf 24% (Eintrag 7). Andere bidentate Phenanthrolin-, Bipyridin, sowie Bichinolinliganden führten zu schlechteren Ergebnissen (Einträge 8-12). Der Ersatz des bidentaten 1,10-Phenanthrolin mit den monodentaten Stickstoffliganden DMAP oder Chinolin führte zu Einbrüchen in der Ausbeute (Einträge 13-14). Dies ließ die Vermutung zu, dass nicht die Koordinierung des Liganden an den Silberkomplex, sondern die Basizität der Stickstoffbase ausschlaggebend sein könnte. Diese Annahme bestätigte sich durch den Ersatz von 1,10-Phenanthrolin durch Carbonatbasen, welcher eine effiziente Steigerung der Ausbeute zur Folge hatte (Einträg 15-17). Der Silberkatalysator benötigt demnach nur NMP-Lösemittelmoleküle als komplexierende Liganden und eine Hilfsbase, die den Austausch von Acetat mit Benzoat am Silber(I)kation ermöglicht. Eine exzellente Ausbeute von 98% konnte durch die Kombination von 10 mol% Silberacetat und 15 mol% Kaliumcarbonat ohne zusätzliche Liganden erhalten werden (Eintrag 15). Andere aprotisch polare Lösungsmittel, wie DMSO und DMF, zeigten keine Verbesserung der Ergebnisse (Einträge 18-19). Eine weitere Verringerung der Reaktionstemperatur hatte eine geringere Ausbeute an Anisol **3.3-4c** von 17% zur Folge (Eintrag 20). Bei solch niedrigen Temperaturen können dennoch reaktivere Benzoesäuren, z. B. 2-Nitrobenzoesäure **3.3-3a**, mit diesem neuen Silberkatalysatorsystem bereits bei 80 °C in guten Ausbeuten von 60% decarboxyliert werden (Eintrag 21).

Die experimentellen Befunde konnten durch die begleitenden DFT-Rechnungen von Andreas Fromm bestätigt werden. Der Silberkatalysator zeigt höchste Aktivität, wenn er nur durch koordinierende NMP-Moleküle anstelle von anderen Stickstoffliganden umgeben ist. Desweiteren kann ein radikalischer Verlauf der Reaktion, wie er für die silbervermittelte, decarboxylierende Kupplung von aliphatischen Carbonsäuren mit Pyridinen (Minisci-Reaktion) bekannt ist,[91] kann ausgeschlossen werden. In Experimenten zur Protodecarboxylierung in Gegenwart des Radikalfängers TEMPO wurde das Ergebnis der Reaktion nicht durch den Radikalfänger beeinflusst. Dies ist besonders wichtig für das Ziel einer silberbasierten, decarboxylierenden Kreuzkupplung, die über eine Radikalspezies nie regioselektiv gelingen könnte.

Anwendungsbreite

Für einen vollständigen Vergleich der neuen Methode bei 120 °C mit dem kupferkatalysierten Protokoll bei 170 °C, wurden verschiedene aromatische und heteroaromatische Carbonsäuren in kupfer- und silberkatalysierten Protodecarboxylierungsreaktionen getestet. Neben den bereits publizierten Resultaten wurden in Kooperation mit *Pfizer Global R&D* pharmazeutisch interessante, heterozyklische Derivate untersucht (Tabelle 11).

Tabelle 11: Kupfer- und silberkatalysierte Protodecarboxylierung.

$$\text{3.3-3a-j'} \xrightarrow[-CO_2]{\text{Ag- oder Cu-Kat.}} \text{3.3-4a-j'}$$

Carbonsäure	Ausb. [%]	Carbonsäure	Ausb. [%]	Carbonsäure	Ausb. [%]
3.3-3c OMe	Ag: 83 Cu: 24	3.3-3d Cl (N)	Ag: 98[a,d] Cu: 0	3.3-3e Br	Ag: 76 Cu: 0
3.3-3f MeO, NO$_2$	Ag: 88 Cu: 90	3.3-3g MeO, MeO, OMe	Ag: 43 Cu: 0	3.3-3h OMe, OMe	Ag: 87 Cu: 0
3.3-3i MeO, OMe	Ag: 89 Cu: 0	3.3-3j Cl, Cl	Ag: 74 Cu: 0	3.3-3k MeO, MeO, Br	Ag: 95 Cu: 0
3.3-3l Cl, Cl	Ag: 76 Cu: 0	3.3-3m O$_2$N, Cl	Ag: 85 Cu: 0	3.3-3n CF$_3$	Ag: 91[a] Cu: 22[a]
3.3-3o CO$_2^i$Pr	Ag: 71 Cu: 82	3.3-3p SO$_2$Me	Ag: 90 Cu: 60	3.3-3q =O	Ag: 58 Cu: 87
3.3-3r F	Ag: 74[a] Cu: 79[a]	3.3-3s HO	Ag: 17 Cu: 75[b]	3.3-3t MeO	Ag: 38[a,e] Cu: 54[b]
3.3-3u MeO	Ag: 14[a,e] Cu: 80[b]	3.3-3v O$_2$N	Ag: 0 Cu: 89[b]	3.3-3b O$_2$N	Ag: 0 Cu: 68[b]
3.3-3w NC	Ag: 0 Cu: 83[b]	3.3-3x (acetyl)	Ag: 0 Cu: 75[b]	3.3-3y AcHN	Ag: 0 Cu: 76[b]

3 DISKUSSION DER RESULTATE

$$\text{3.3-3a-j'} \xrightarrow[-CO_2]{\text{Ag- oder Cu-Kat.}} \text{3.3-4a-j'}$$

Carbonsäure	Ausb. [%]	Carbonsäure	Ausb. [%]	Carbonsäure	Ausb. [%]
3.3-3z	Ag: 80[a] Cu: 85[a]	3.3-3a'	Ag: 0 Cu: 88[a,c]	3.3-3b'	Ag: 0 Cu: 46[a,c]
3.3-3c'	Ag: 36[a] Cu: 78[a,b]	3.3-3d'	Ag: 95[a,d] Cu: 96[a,c]	3.3-3e'	Ag: 98[a,d] Cu: 97[a,c]
3.3-3f'	Ag: 54[a] Cu: 85[a]	3.3-3g'	Ag: 78[a] Cu: 73[a]	3.3-3a	Ag: 92 Cu: 87
3.3-3h'	Ag: 77[a] Cu: 68[a]	3.3-3i'	Ag: 2[a,d] Cu: 99[a,c]	3.3-3j'	Ag: 10[a,d] Cu: 94[a,c]

Reaktionsbedingungen: Ag-Kat.: 2 mmol Benzoesäurederivat, 10 mol% AgOAc, 15 mol% K_2CO_3, 4 mL NMP, 120 °C, 16 h. Cu-Kat.: 1 mmol Benzoesäurederivat, 5 mol% Cu_2O, 10 mol% phen, 2 mL NMP/Chinolin (3:1), 170 °C, 16 h. Isolierte Ausbeuten a) Ausbeute wurden durch GC-Analyse mit *n*-Tetradecan als internem Standard bestimmt. b) 10 mol% 4,7-Diphenyl-1,10-phenanthrolin. c) 2 mL NMP. d) 5 mol% Ag_2CO_3. e) 160 °C.

Für den Vergleich der obigen Resultate ist zu beachten, dass beide Varianten bei einem Temperaturunterschied von 50 °C durchgeführt wurden. Dabei ist das silberkatalysierte Verfahren für *ortho*-alkoxy-, *ortho*-bromid-, *ortho*-chlorid- und *ortho*-trifluormethylsubstituierte Benzoesäuren äußerst effektiv. Für Substrate mit diesem Substitutionsmuster versagt der Kupferkatalysator gänzlich. Damit sind eine ganze Reihe neuer Substrate erstmalig für decarboxylierende Kupplungen, bei wesentlich milderen Bedingungen, zugänglich.

Die Limitierungen der silberbasierten Variante sind die weniger reaktiven *meta*- und *para*-substituierte, aromatischen Carbonsäuren. Hier ist die kupferkatalysierte Variante von Vorteil, mit der sich nahezu alle Substrate dieses Substitutionsmuster in guten Ausbeuten protodecarboxylieren lassen.

Für die pharmazeutisch interessanten, heterozyklischen Derivate ist sowohl das neue silber-, also auch das kupferbasierte Verfahren anwendbar. Nahezu alle getesteten Substanzen, darunter Thiophen-, Thiazol-, Pyrrol- und Isochinolincarbonsäuren, decarboxylieren in guten Ausbeuten mit beiden Katalysatorsystemen. Für die Protodecarboxylierung von Pyrazol-,

Chinolin- und Pyridincarbonsäuren eignet sich nur das kupferkatalysierte Protokoll, um gute Ausbeuten der entsprechenden decarboxylierten Arene zu erhalten.

An den gegebenen Beispielen zeigt sich die ausgezeichnete Ergänzung der silber- und kupferkatalysierten Protodecarboxylierungsmethoden, um eine Vielfalt an verschieden substituierten Carbonsäuren umzusetzten und für decarboxylierende Kupplungsreaktionen zu erschließen.

Zusammenfassung

Auf der Suche nach einer Methode zur Protodecarboxylierung von aromatischen Carbonsäuren bei milderen Bedinungen, d. h. Temperaturen weit unter 170 °C, wurde ein neues silberbasiertes Katalysatorsystem entwickelt, das die Protodecarboxylierung von heterozyklischen und *ortho*-funktionalisierten Carbonsäuren mit Alkoxy-, Ester-, Bromid-, Chlorid- und Nitrosubstituenten bei 120 °C ermöglicht.[92] Für die besonders reaktiven *ortho*-Nitrobenzoesäuren erfolgt die silberkatalysierte Protodecarboxylierung bereits bei noch milderen Bedingungen von 80 °C. Im direkten Vergleich mit der kupferkatalysierten Methode, die Temperaturen von 170 °C benötigt, zeigt sich die Erweiterung des Substratspektrums durch das silberkatalysierte Verfahren und die exzellente Ergänzung beider Katalysatorsysteme, um Carbonsäuren unabhängig von ihrem Substitutionsmuster gezielt und ohne Nebenreaktionen zu decarboxylieren.

Mit diesen Ergebnissen ist das Ziel einer decarboxylierenden Kreuzkupplung bei solch niedrigen Temperaturen in greifbare Nähe gerückt. Desweiteren ist der Grundstein für weitere, temperaturempfindlichere, decarboxylierende Kupplungsreaktionen gelegt worden. Beispielsweise könnten decarboxylierende Michael-Additionen oder Epoxidöffnungen mit dem neuen Katalysatorsystem möglich sein. Bei 170 °C ist dies undenkbar aufgrund der hohen thermischen Labilität der Ausgangsverbindungen.

3.3.2 Decarboxylierende Kreuzkupplung bei 130 °C

Zielsetzung

Mit der Entwicklung des ersten silberbasierten Katalysatorsystems für die Protodecarboxylierung von aromatischen Carbonsäuren ist eine Verringerung der Reaktionstemperatur um 50 °C gelungen und die Anwendungsbreite der Reaktion auf einige wertvolle Derivate erweitert worden. Dies ebnet den Weg für die Entwicklung einer decarboxylierenden Biarylsynthese unter milderen Bedingungen, die das Verfahren für eine industrielle Anwendung attraktiver machen. Unterstützt von Dr. Nuria Rodríguez Garrido sollte die Entwicklung eines Verfahrens zur decarboxylierenden Kreuzkupplung mit einem Silber-Palladium-Katalysatorsystem bei vergleichbar niedrigeren Temperaturen verfolgt werden. Christophe Linder gab hierbei Anreize bei der Entwicklung des Katalysatorsystems. Für die Untersuchungen sollte die Verwendung von Mikrowellentechnologie erneut evaluiert werden.

Vorüberlegungen

Das silberbasierte Katalysatorsystem ist besonders gut geeignet für die Protodecarboxylierung von Carbonsäuren mit Alkoxy- und Halogenidsubstituenten in *ortho*-Position für die der Kupferkatalysator keine Aktivität zeigt, sowie für eine Reihe pharmazeutisch interessanter, heterozyklischer Derivate. Ein bimetallisches Silber-Palladium-Katalysatorsystem für die decarboxylierende Kreuzkupplung bei 120 °C sollte somit wertvoll funktionalisierte Biaryle erstmalig zugänglich machen.

Bereits 2007 stellten Becht *et al.* ein Katalysatorsystem aus Silber und Palladium vor, das die decarboxylierende Biarylsynthese mit drei Äquivalenten Silbercarbonat und 30 mol% Palladium(II)chlorid verschiedener, *ortho*-substituierter Benzoesäuren (**3.3-13**) mit Aryliodiden (**3.3-14**)[90,93] ermöglicht (Schema 35).

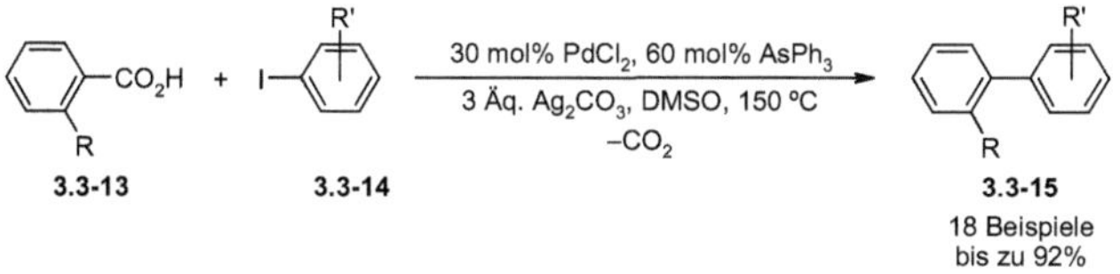

Schema 35: Ag/Pd-vermittelte decarboxylierende Kreuzkupplung mit Aryliodiden.

Eine Kupplung mit katalytischen Mengen beider Metalle konnte Becht und seinen Mitarbeitern jedoch nicht gelingen, da die im Laufe der Reaktion zwangsläufig gebildeten Silberhalogenide für den Decarboxylierungsschritt inaktiv sind. Die Entwicklung des neuen bimetallischen Katalysatorsystems sollte daher an eines der beschriebenen Verfahren mit Arylsulfonaten angelehnt sein. In der Kreuzkupplung dieser Arylelektrophile kann die Desaktivierung des Silberdecarboxylierungskatalysators nicht stattfinden, da gebildete Silbersulfonate gelöst bleiben und in Gegenwart einer Carbonatbase auch katalytisch aktiv sind.

Desweitern kann mit einem silberbasierten Decarboxylierungskatalysator das Substratspektrum der Carbonsäuren auf synthetisch wertvolle, chlorsubstituierte Derivate erweitert werden, die mit dem Kupferkatalysator nicht umgesetzt werden konnten. In einer Kreuzkupplung dieser chlorierten, nukleophilen Kupplungspartner mit Aryltriflaten kann zudem die gute Chemoselektivität des Katalysatorsystems ausgenutzt werden, da die Kreuzkupplung selektiv mit den reaktiveren Aryltriflaten und nicht den Chloridsubstituenten der aromatischen Carbonsäuren erfolgt. Dies würde diverse, halogenierte Produkte, die in anschließenden Kupplungsreaktionen weiter modifiziert werden können, über eine decarboxylierende Kreuzkupplung bei tieferen Temperaturen verfügbar machen.

Ein optimaler Startpunkt für die Entwicklung eines neuen Katalysatorsystems wäre also die Anknüpfung an das Verfahren zur decarboxylierenden Kreuzkupplung von Aryltriflaten anstelle von Arylhalogeniden oder –tosylaten. Die Desaktivierung des Silberkatalysators kann somit vermieden werden und für die Vermittlung der oxidativen Addition des Palladiumkatalysators müssten keine speziell synthetisierten und teuren Phosphinliganden zum Einsatz kommen. Es wäre außerdem von großem Interesse, ob unter milderen Bedingungen inhärente Nebenreaktionen der Triflate vermieden werden können.

Katalysatorentwicklung

Die Entwicklung einer silberbasierten decarboxylierenden Kreuzkupplung wurde mit einem modifizierten Katalysatorsystem der kupferkatalysierten Kupplung von aromatischen Carbonsäuren und Aryltriflaten begonnen. Dazu wurde der Kupferkatalysator durch 5 mol% Silber(I)carbonat ersetzt. Anhand der Modellreaktion zwischen Kalium-2-nitrobenzoat und 4-Chlorphenyltriflat konnten optimale Synthesebedingungen für das industriell wichtige Intermediat des Fungizids Boscalid entwickelt werden. Gleichzeitig konnte somit ein Verfahren entstehen, das Chloridsubstituenten toleriert und somit die Synthese weiter funktionalisierbarer Biaryle ermöglicht (Tabelle 12).

Tabelle 12: Katalysatorentwicklung einer silberbasierten decarboxylierenden Kreuzkupplung.

$$\text{3.3-16a} \ (\text{2-NO}_2\text{-C}_6\text{H}_4\text{-CO}_2\text{K}) + \text{3.3-17a} \ (\text{TfO-C}_6\text{H}_4\text{-Cl}) \xrightarrow[\Delta T \text{ oder } \mu W, \text{ NMP}]{\text{Ag-Kat. / N-Ligand} \atop \text{Pd-Kat. / Phosphin}} \text{3.3-15aa}$$

Eintrag	Ag-Kat.	Pd-Kat.	Phosphin	N-Ligand	T [°C]	Ausb. [%]
1	Ag_2CO_3	PdI_2	$P(p\text{-Tol})_3$	–	130	17
2	Ag_2CO_3	$Pd(acac)_2$	$P(p\text{-Tol})_3$	–	130	6
3	Ag_2CO_3	$Pd(dba)_2$	$P(p\text{-Tol})_3$	–	130	54
4	Ag_2CO_3	$PdBr_2$	$P(p\text{-Tol})_3$	–	130	77
5	Ag_2CO_3	$PdCl_2$	$P(p\text{-Tol})_3$	–	130	85
6	Ag_2CO_3	$PdCl_2$	–	–	130	0
7	Ag_2CO_3	$PdCl_2$	$P(p\text{-MeOC}_6H_4)_3$	–	130	73
8	Ag_2CO_3	$PdCl_2$	$P(o\text{-Tol})_3$	–	130	0
9	Ag_2CO_3	$PdCl_2$	P^iPrPh_2	–	130	55
10	Ag_2CO_3	$PdCl_2$	Tol-BINAP	–	130	75
11	Ag_2CO_3	$PdCl_2$	PPh_3	–	130	86
12	AgOAc	$PdCl_2$	PPh_3	–	130	67
13	AgOTf	$PdCl_2$	PPh_3	–	130	68
14	Ag_2O	$PdCl_2$	PPh_3	–	130	29
15	Ag_2CO_3	$PdCl_2$	PPh_3	phen	130	29
16	Ag_2CO_3	$PdCl_2$	PPh_3	Pyridin	130	82
17	Ag_2CO_3	$PdCl_2$	PPh_3	DMAP	130	47
18	Ag_2CO_3	$PdCl_2$	PPh_3	2,6-Lutidin	130	96
19[a]	Ag_2CO_3	$PdCl_2$	PPh_3	2,6-Lutidin	130	74
20[a]	Ag_2CO_3	$PdCl_2$	PPh_3	2,6-Lutidin	120	58
21[b]	Ag_2CO_3	$PdCl_2$	PPh_3	2,6-Lutidin	130	80

Reaktionsbedingungen: 1 mmol Kalium-2-nitrobenzoat, 2 mmol 4-Chlorphenyltriflat, 10 mol% Ag-Kat. (5 mol% für Ag_2CO_3, Ag_2O), 3 mol% Pd-Kat., 9 mol% Phosphin (4.5 mol% für bidentate Phosphine), 20 mol% N-Ligand, 4 mL NMP, 16 h. a) 4 h. b) 0.5 mmol Kalium-2-nitrobenzoat, 1 mmol 4-Chlorphenyltriflat, 3 mL NMP, 130 °C/150 W/5 min. Ausbeuten wurden durch GC-Analyse mit n-Tetradecan als internem Standard bestimmt.

Mit dem modifizierten Katalysatorsystem der kupferbasierten Kreuzkupplung von Aryltriflaten (5 mol% Ag_2CO_3 statt 5 mol% Cu_2O/phen) konnte das gewünschte Produkt in einer Ausbeute von 17% bei einer Temperatur von 130 °C erhalten werden (Eintrag 1). Die Untersuchung verschiedener Palladiumquellen ergab, dass mit Palladium(II)chlorid eine erhebliche Ausbeutesteigerung auf 85% verzeichnet werden konnte (Einträge 2-5). Der Einsatz von P(*p*-Tol)$_3$ oder preiswerterem PPh$_3$ erzielte die besten Ergebnisse in der Untersuchung verschiedener Phosphinliganden (Eintrag 11). Sterisch sehr anspruchsvolle Liganden wie P(*o*-Tol)$_3$ oder kein Phosphinligand führten nicht zu der Bildung des gewünschten Biaryls **3.3-15aa** (Einträge 6 und 8). Im Gegensatz zur silberkatalysierten Protodecarboxylierung ist die Wahl des Silberkatalysators hier nicht auf eine Silberquelle beschränkt. Silber(I)acetat und –triflat vermitteln die Reaktion mit einer Ausbeute von 67% bzw. 68% (Einträge 12-13), wobei mit Silber(II)oxid das Biaryl **3.3-15aa** nur in einer Ausbeute von 29% gebildet wird (Eintrag 14). Die besten Resultate werden mit Silber(I)carbonat erreicht (Eintrag 11). Der Zusatz von Stickstoffliganden für die Katalysatorkombination aus Silber und Palladium half eine weitere Ausbeutesteigerung zu erzielen. Unter den getesten bidentaten (Eintrag 15) und monodentaten Liganden (Einträge 16-18) ist 2,6-Lutidin, als sterisch anspruchvoller, elektronenreicher Ligand optimal und die Ausbeute konnte auf 96% gesteigert werden (Eintrag 18). Die Reaktion hat bereits nach vier Stunden schon einen hohen Umsatz erreicht (Eintrag 19) und kann auch in so kurzer Zeit noch bei milderen 120 °C mit moderaten Ausbeuten durchgeführt werden (Eintrag 20).

Sehr überraschend ist die Reaktionsbeschleunigung durch Mikrowellenstrahlung. Führten die Experimente zur silberkatalysierten Protodecarboxylierung in den handelsüblichen Labormikrowellen der Firmen *CEM* und *Biotage* zu unreproduzierbaren und unsicheren Ergebnissen, ist mit dem bimetallischen Katalysatorsystem eine Kreuzkupplung mit sehr guten Ausbeuten in der *Biotage* Labormikrowelle in nur 5 min (Faktor 192) möglich (Eintrag 21). Desweitern ist keine Erhöhung der Temperatur für die mikrowellenunterstützte Reaktion nötig, wie es für die kupferkatalysierten Verfahren der Fall ist. Für eine derartige Beschleunigung der kupferkatalysierten Kupplungsreaktion musste die Reaktionstemperatur um 20 °C erhöht und die Reaktionslösung auf 190 °C erhitzt werden. In den Experimenten zur Protodecarboxylierung ist durch Mikrowellenerhitzung fast ausschließlich ein Silberspiegel zu beobachten gewesen, der zu schlechten Ergebnissen und zerstörten Mikrowellengefäßen führte. Eine mangelnde Komplexierung und somit Stabilisierung der

Silbercarboxylate könnte hierfür ausschlaggebend gewesen sein. Im Kreuzkupplungsverfahren hingegen hat sich der Einsatz von Liganden für die beteiligten Katalysatormetalle bewährt. Mit 9 mol% PPh$_3$ und 20 mol% 2,6-Lutidin stehen ausreichend stabilisierende Komplexbildner für den Silberkatalysator zur Verfügung, um diesen in Lösung zu halten und eine Reduktion und Abscheidung an der Gefäßwand zu verhindern.

Anwendungsbreite

Mit den optimierten Bedingungen wurde die Anwendungsbreite der ersten Methode zur decarboxylierenden Kupplung von Benzoesäuren mit katalytischen Mengen Silber und Palladium untersucht. Zunächst wurden eine Reihe von verschieden substituierten Kaliumcarboxylaten mit 4-Chlorphenyltriflat gekuppelt (Tabelle 13).

Tabelle 13: Silberkatalysierte decarboxylierende Kreuzkupplung verschiedener Kaliumcarboxylate.

Produkt	Ausbeute [%]	Produkt	Ausbeute [%]
NO$_2$ 3.3-15aa	87	OMe, OMe 3.3-15ba	74
MeO, NO$_2$ 3.3-15ca	74	Cl, Cl 3.3-15da	76[a]
NO$_2$ 3.3-15ea	65[a]	F, NO$_2$ 3.3-15fa	92
NO$_2$ 3.3-15ga	84[b]	NO$_2$ 3.3-15ha	80[b]
3.3-15ia	56[b]	3.3-15ja	60

3 Diskussion der Resultate

$$\text{3.3-16a-l} + \text{TfO-Ar-R' (3.3-17a,b)} \xrightarrow[\substack{\Delta T \text{ oder } \mu W, \text{ NMP} \\ -CO_2}]{\substack{10 \text{ mol\% Ag-Kat., } 20 \text{ mol\% 2,6-Lutidin} \\ 3 \text{ mol\% PdCl}_2, 9 \text{ mol\% PPh}_3}} \text{3.3-15aa-la,kb-pb}$$

Produkt	Ausbeute [%]	Produkt	Ausbeute [%]
3.3-15ka	87	3.3-15la	80
3.3-15kb	89	3.3-15lb	75
3.3-15mb	0	3.3-15pb	0
3.3-15ob	0	3.3-15nb	0

Reaktionsbedingungen: 1 mmol Kaliumcarboxylat, 2 mmol Aryltriflat, 5 mol% Ag_2CO_3, 20 mol% 2,6-Lutidin, 3 mol% $PdCl_2$, 9 mol% PPh_3, 4 mL NMP, 130 °C, 16 h. a) 10 mol% AgOTf. b) mikrowellenunterstützt: 0.5 mmol Kaliumcarboxylat, 1 mmol 4-Chlorphenyltriflat, 3 mL NMP, 130 °C/150 W/5 min. Isolierte Ausbeuten.

Die Kupplung erfolgt bei 130 °C mit dem chlorierten Aryltriflat **3.3-17a** in sehr guten Ausbeuten mit den meisten aromatischen Carbonsäuren. Benzoesäurederivate, die *ortho*-nitro-, *ortho*-methoxy- und *ortho*-chlorsubstituiert sind (**3.3-16a-h**), reagieren unter den milderen Reaktionsbedingungen zu den unsymmetrischen Biarlyen (**3.3-15aa-ha**). Polychlorierte Biaryle (**3.3-15da**) sind auf diesem Weg erstmalig durch die spezielle Aktivität des Silberkatalysators für diese Benzoesäuren zugänglich. Mit dem kupferbasierten Katalysatorsystem konnte kein Umsatz mit diesen Kupplungspartnern erzielt werden. Heterozyklische Derivate, darunter Thiophen-, Pyrrol-, Thiazol- und Oxazolcarbonsäuren mit einem Heteroatom in direkter Nachbarschaft zur Carboxylgruppe (**3.3-16i-l**) kuppeln ebenfalls mit zufriedenstellenden Ausbeuten. In der palladiumkatalysierten Kupplung von Forgione und Bilodeau sind weitaus höhere Temperaturen von 170 °C nötig, um diese pharmazeutisch interessanten Produkte darzustellen.[58] An einigen Beispielen wurde gezeigt, dass die Synthese unsymmetrischer Biaryle mit dem silberbasierten Protokoll auch mikrowellenunterstützt gelingt (**3.3-15ga-ia**). Innerhalb von nur fünf Minuten werden ebenfalls gute Ausbeuten erhalten. Dies bedeutet eine Reaktionsbeschleunigung um den Faktor 192, ohne dass eine Temperatursteigerung notwendig ist.

Für die decarboxylierene Kreuzkupplung der weniger reaktiven aromatischen Carbonsäuren, die keinen koordinierenden Substituenten in *ortho*-Position besitzen (**3.3-16m-p**), ist das entwickelte Silber-Palladium-Katalysatorsystem ineffektiv. Eine Umsetzung dieser Verbindungen gelingt nur mit dem komplementären kupferkatalysierten Verfahren zu den unsymmetrischen Biarlyen (**3.3-15mb-pb**).

Als nächstes wurde das Substratspektrum der Kupplung bei 130 °C auf Seiten der Aryltriflatkupplungspartner evaluiert. Das erprobte Modellsubstrat Kalium-2-nitrobenzoat **3.3-16a** diente in diesen Experimenten als nukleophiler Kupplungspartner mit verschiedenen Aryltriflaten (Tabelle 14).

Tabelle 14: Silberkatalysierte decarboxylierende Kreuzkupplung verschiedener Aryltriflate.

Produkt	Ausbeute [%]	Produkt	Ausbeute [%]
3.3-15ab	73	3.3-15ac	82
3.3-15ad	72	3.3-15ae	64
3.3-15af	49	3.3-15ag	72
3.3-15ah	81	3.3-15ai	36
3.3-15aj	49	3.3-15ak	76

3 Diskussion der Resultate

Produkt	Ausbeute [%]	Produkt	Ausbeute [%]
3.3-15al	64	3.3-15am	25

Reaktionsbedingungen: 1 mmol Kalium-2-nitrobenzoat, 2 mmol Aryltriflat, 5 mol% Ag_2CO_3, 20 mol% 2,6-Lutidin, 3 mol% $PdCl_2$, 9 mol% PPh_3, 4 mL NMP, 130 °C, 16 h. Isolierte Ausbeuten.

Eine Reihe von funktionalisierten Aryltriflaten (**3.3-17b-m**) lassen sich mit der neuen Methode kuppeln. Der Chlorsubstituent lässt sich mit dem silberkatalysierten Verfahren im Gegensatz zur kupferbasierten Methode erstmals in *ortho-*, *meta-* und *para-*Position über den elektrophilen Kupplungspartner in das Zielmolekül einführen. Dies ist ein entscheidender Schritt in der Entwicklung der decarboxylierenden Kreuzkupplung als Methode für die Synthese von komplex funktionalisierten Molekülen. Biaryle, die in allen drei Positionen für Folgekupplungen entsprechend vorfunktionalisiert sind, können nun dargestellt werden.

Das entwickelte Katalysatorsystem toleriert desweiteren funktionelle Gruppen wie Ketone, Ester und Heterozyklen. Sterisch anspruchsvolle Aryltriflate mit *ortho*-Methyl, -Ester oder -Chlorsubstituenten lassen sich in moderaten Ausbeuten umsetzen.

Für Folgekupplungsreaktionen stellen auch die carboxylatsubstituierten Produkte wertvolle Ausgangsverbindungen dar. In einer weiteren decarboxylierenden Kreuzkupplung könnte nach Verseifung des Ethylesters eine zusätzliche Modifizierung des Moleküls stattfinden.

Die Kupplung von Triflaten sehr azider, *para*-substitutierter Phenole gelingt unter den milderen Bedingungen nicht. Wie bereits in den ersten Untersuchungen zu kupferkatalysierten, decarboxylierenden Kreuzkupplungen mit Aryltriflaten gezeigt wurde, findet die ungewollte Umesterung erst ab 140 °C und nicht bei den milderen Bedingungen der silberbasierten Kupplung statt. In Gegenwart der Katalysatormetalle allerdings lässt sich diese Umesterung zwischen Carboxylat und Aryltriflat beobachten. Sie findet zwar in deutlich geringeren Mengen als bei der kupferkatalysierten Variante bei 170 °C statt, aber die Bildung des gewünschten Biaryls bleibt aus und nur die Ausgangsverbindungen und Nebenprodukte können isoliert werden.

Infolgedessen wurde die Kreuzkupplung von weniger hydrolyseempfindlichen Aryltosylaten mit dem Silberkatalysator untersucht. Mit einem leicht modifizierten Katalysatorsystem (7.5 mol% Ag_2CO_3, 7.5 mol% XPhos) konnte eine erfolgreiche Kupplung von Kalium-2,4-dimethyl-1,3-thiazol-5-carboxylat **3.3-16l** mit 2-Naphthyltosylat **3.3-18d** erreicht werden (Schema 36).

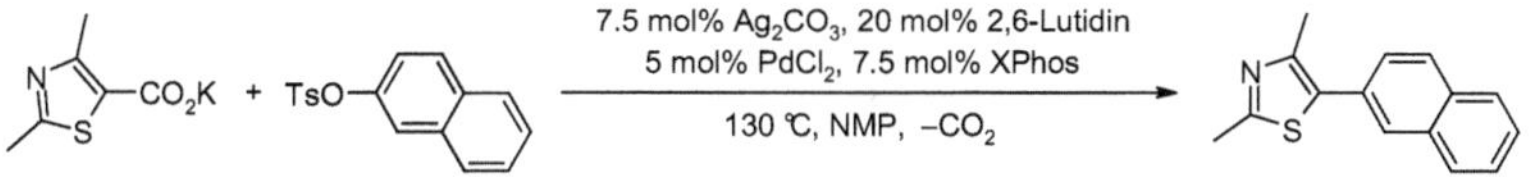

3.3-16l **3.3-18d** 31%, **3.3-15ld**

Schema 36: Silberkatalysierte decarboxylierende Kreuzkupplung von 2-Naphthyltosylat.

Der notwendige XPhos-Ligand stört dabei den silberkatalysierten Decarboxylierungsschritt, was die Effektivität dieser synthetisch wertvolleren Methode noch einschränkt.

Die hohe industrielle Bedeutung der entwickelten Methode bei niedrigeren Temperaturen ist durch die Synthese von 4'-Chlor-2-nitrobiphenyl **3.3-15aa**, dem Intermediat der Boscalidsynthese, in einer Ausbeute von 87% unter Beweis gestellt worden. Für dieses interessante Beispiel wurde auch die präparative Anwendung getestet und mit Erfolg durchgeführt. Die Synthese von 4'-Chlor-2-nitrobiphenyl **3.3-15aa** gelang, ohne Ausbeuteverluste, mit dem unveränderten Katalysatorsystem im Gramm-Maßstab bei 130 °C (Schema 37).

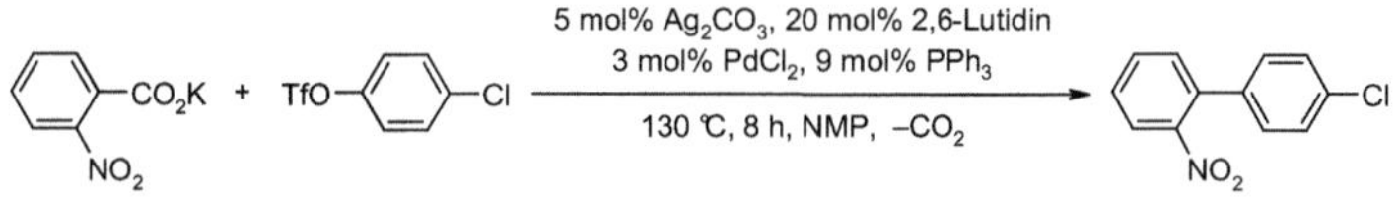

3.3-16a **3.3-17a** **3.3-15aa**
2.02 g, 87%

Schema 37: Präparative decarboxylierende Kreuzkupplung bei milderen Temperaturen.

Das Boscalidintermediat **3.3-15aa** kann nun auf einem alternativen Syntheseweg mit dem silberbasierten Katalysatorsystem in sehr guter Ausbeute und Reinheit bei Temperaturen hergestellt werden, die auch für den industriell genutzten Prozess mittels einer Suzuki-Miyaura-Kupplung notwendig sind.[94] Das dafür notwendige Katalysatorsystem aus 5 mol%

Silber(I)carbonat, 20 mol% 2,6-Lutidin, 3 mol% Palladium(II)chlorid und 9 mol% Triphenylphosphin besteht aus preiswerten Übergangsmetallvorstufen und Liganden.

Zusammenfassung

Eine decarboxylierende Kreuzkupplung unter milderen Bedingungen konnte mit einem bimetallischen Katalysatorsystem aus Silber und Palladium entwickelt werden. Dies stellt die erste decarboxylierende Kupplung dar, in der Silber und Palladium in katalytischen Mengen eingesetzt werden. Die Reaktion gelingt für die Kupplung von *ortho*-substituierten Carbonsäuren und macht *bis-ortho*-substituierte und polychlorierte Biphenyle erstmalig auf diesem Syntheseweg zugänglich. Im Gegensatz zur silberkatalysierten Protodecarboxylierung zeigt sich der Einsatz von Mikrowellenstrahlung als vorteilhaft und erlaubt die decarboxylierende Biarylsynthese in wenigen Minuten. Das entwickelte Verfahren erweitert das Substratspektrum der decarboxylierenden Kreuzkupplung auf vielfältig chlorsubstituierte und heterozyklische Biaryle und ermöglicht die decarboxylierende Biarylsynthese bei Temperaturen von 130 °C. Die dabei verwendeten Katalysatorvorstufen und Liganden sind kostengünstig in Kilogrammmengen verfügbar. Diese Entwicklung im Bereich decarboxylierender Kreuzkupplungen ist ein wegweisender Schritt für eine industrielle Anwendung dieser Methode.

3.4 Decarboxylierende Kreuzkupplung im Durchflussreaktor

Zielsetzung

Um einen weiteren Schritt auf die Realisierung von decarboxylierenden Kreuzkupplungen für großtechnische Darstellungen von Biarylen zu gehen, sollte innerhalb eines Forschungaufenthaltes bei *Pfizer Global R&D* in Sandwich, England die decarboxylierende Kreuzkupplung im Durchflussreaktor realisiert werden.

Vorüberlegungen

Die Durchführung von decarboxylierenden Kreuzkupplungsreaktionen in großtechnischen Maßstäben ist bereits im frühen Entwicklungsstadium dieses neuen Konzeptes von großem Interesse gewesen.[52] Dazu wurde die Synthese der Biarylvorstufe des Fungizides Bixafen mit der decarboxylierenden Kreuzkupplung in einem diskontinuierlichen Reaktor im Zentner-Maßstab realisiert. Die schrittweise Reevaluierung und notwendige Veränderung einzelner Reaktionsparameter auf den sukzessiven Maßstabsebenen hat zwei Jahre Entwicklungszeit in Anspruch genommen. Letztendlich ist daraus eine erfolgreiche einstufige Biarylsynthese aus 5-Fluor-2-nitrobenzosäure und 3,4-Dichlorbrombenzol mit minimalen Katalysatorbeladungen entstanden (Schema 18).

Eine Alternative zum diskontinuierlichen Reaktor und der damit verbundenen zeit- und kostenintensiven Maßstabsübertragung ist die Durchführung der decarboxylierenden Kreuzkupplung in einem Durchflussreaktor. Diese sollte von den Vorteilen der Durchflussreaktortechnik im Hinblick auf eine industrielle Anwendung der Kupplung geprägt sein. Durchflussprozesse sind maßgeschneidert, um die Maßstabsübertragung einer Reaktion sicher und direkt zu realisieren. Die Ansatzgröße ist im Durchfluss eine Funktion der Zeit anstatt des Reaktorvolumens und das gewünschte Produkt kann durch die mögliche kontinuierliche Prozessführung sofort in größeren Mengen dargestellt werden ohne den Reaktor verändern oder zwischenzeitlich abschalten zu müssen. Um den Maßstab noch weiter zu erhöhen ist die Parallelisierung vieler kleiner Reaktoren möglich (numbering up), die dann kontinuierlich parallel betrieben werden.

Durchflussreaktoren sind vollständig geschlossene Systeme, in denen Reaktionen mit erhöhter Sicherheit durchgeführt werden können. Dies ist besonders interessant für decarboxylierende Kreuzkupplungen in industrieller Anwendung, da die Gasentwicklung in Kombination mit heißem, giftigem NMP-Lösungsmittel kein Gefahrenpotential mehr birgt und die notwendigen hohen Temperaturen problemlos erreichbar sind. In diesem Zusammenhang sollte evaluiert werden, ob die Überhitzung des verwendeten Lösungsmittels vorteilhaft für die Kreuzkupplungsreaktion ist. Der Decarboxylierungsschritt könnte, vergleichbar mit mikrowellenbestrahlten Verfahren, durch die erreichbaren, höheren Temperaturen dermaßen beschleunigt werden, dass die Reaktionszeit deutlich verkürzt wird. Dies hätte einen Durchflussprozess mit einer höheren Flussrate zur Folge, mit dem ein höherer Stoffdurchsatz pro Zeit möglich wäre.

Die inhärente Problematik von Reaktionsansätzen im Durchfluss ist die absolute Notwendigkeit von klaren Lösungen der eingesetzten Edukte und Reagenzien bei Raumtemperatur, um einen einwandfreien Pumpvorgang während der Reaktion zu gewährleisten. Mit handelsüblichen Labordurchflussreaktoren sind nur wenige Beispiele von Reaktionen mit sich bildenden Feststoffen realisiert worden[95] oder es sind eigens angefertigte Apparaturen dazu nötig.[96] Eine direkte Verwendung von Suspensionen ist mit diesen Reaktoren unmöglich.

Bisher werden decarboxylierende Kreuzkupplungen ausschließlich als Reaktionen in Suspension durchgeführt. Im polaren NMP-Lösungsmittel und selbst bei hohen Temperaturen liegen die meisten Kaliumcarboxylate und einige Kupferquellen nicht vollständig gelöst vor. Die Entwicklung der decarboxylierenden Kreuzkupplung im Durchfluss sollte daher mit der im Vergleich zum Kaliumcarboxylat besser löslichen Carbonsäure in Gegenwart einer löslichen Base erfolgen. Dies wäre erstrebenswert, da die zusätzliche Präformierung des Kaliumcarboxylates, die teilweise nicht quantitativ gelingt, hinderlich in industriellen Anwendungen ist. Die Verwendung von flüssigen Stickstoffbasen anstelle von unlöslichem Kaliumcarbonat ist im Durchflussprozess vorstellbar.

Das Material des Reaktors ist für Reaktionen bei Temperaturen oberhalb von 80 °C in den meisten Fällen Edelstahl. Jüngst sind auch Reaktoren aus elementarem Kupfer entwickelt worden und für kupferkatalysierte Reaktionen im Durchfluss erfolgreich zum Einsatz gekommen.[97] Auf diese Weise könnte die Decarboxylierung durch einen heterogenen Katalysator erfolgen, während der Kreuzkupplungsschritt durch eine gelöste Palladiumspezies vermittelt wird. Eine Alternative wäre die Verwendung von festphasengebundenen Palladiumkatalysatoren. So sind Kreuzkupplungsreaktionen im Durchfluss in sehr kurzen Verweilzeiten mit dem eigens dafür entwickelten PdEnCat gelungen.[98]

Ein weiterer interessanter Aspekt von Durchflussreaktionen ist die Möglichkeit einer anschließenden automatisierten Aufreinigung der Reaktionslösung. Dies kann durch Filtrationen (Si$_2$O, Celite usw.) gelingen oder verbleibende Edukte und Nebenprodukte werden durch catch-and-release-Techniken[99] abgetrennt, wobei im optimalen Fall voll automatisiert das reine Produkt in einem flüchtigen Lösungsmittel zurückbleibt.

Entwicklung eines löslichen Katalysatorsystems

Pfizer Global R&D stellte für die angestrebte Entwicklung einer decarboxylierenden Biarylsynthese im Durchfluss einen Hochtemperaturlaborreaktor der Firma *Vapourtec* zur Verfügung (Abbildung 8).

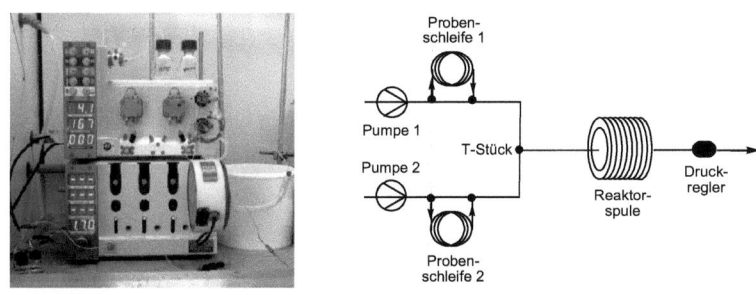

Abbildung 8: Durchflussreaktor der Firma *Vapourtec*.

Der Reaktor ermöglicht folgende Reaktionsführung: Die Kupplungs- und Katalysatorkomponenten in NMP-Lösung können auf zwei Probenschleifen (je 2 mL) verteilt werden und mittles zweier HPLC-Pumpen, mit separat einstellbaren Flussraten, durch die vortemperierte Reaktorspule gepumpt werden. Vor dem Auslaß des Reaktors ist ein Druckventil notwendig, wodurch die heiße Reaktionslösung angestaut wird und ab einem bestimmten Druck (wählbar über das Ventil: von 40 psi, ca. 3 bar bis 1000 psi, ca 70 bar) ausfließen kann. Dies gewährleistet einen kontrollierten Pumpvorgang und eine reproduzierbare Reaktionsführung. Die gesammelte Reaktionslösung kann dann gaschromatographisch analysiert werden.

Zunächst mussten Reaktionskomponenten ermittelt werden, die sich bei Raumtemperatur vollständig im Reaktionsmedium lösen lassen. Aufgrund der hohen Polarität von NMP und dessen Effektivität für decarboxylierende Kreuzkupplungen wurden die Löslichkeitstests in diesem Lösungsmittel durchgeführt. Als Modellsubstrat diente 2-Nitrobenzoesäure, die sehr gut decarboxyliert und eine hervorragende Löslichkeit in NMP hat.

Zunächst wurde untersucht, ob die Präformierung des Kalium-2-nitrobenzoates oder eine Generierung *in situ* vorteilhafter ist. Dazu wurden 2-Nitrobenzoesäure in Gegenwart von verschiedenen Basen und präformiertes Kalium-2-nitrobenzoat in NMP gelöst. Von den 20 getesteten anorganischen Basen erwies sich nur Kalium-*tert*-butoxid als überhaupt löslich in NMP bei Raumtemperatur. Mit dieser Base ließ sich das Kaliumsalz der 2-Nitrobenzoesäure in einer maximalen Konzentration von 0.2 M in NMP *in situ* erzeugen. Präformiertes Kalium-2-nitrobenzoat löst sich vergleichsweise schlechter und Lösungen mit einer Konzentration von 0.2 M können nicht hergestellt werden. Die bessere Löslichkeit des Kaliumsalzes nach Generierung *in situ* ist wahrscheinlich auf eine zusätzliche Solubilisierung durch das gebildete *tert*-Butanol zurückzuführen. Eine möglichst hohe Konzentration der Ausgangsverbindungen ist erstrebenswert, da so der Durchsatz an Material im kontinuierlichen Prozess maximiert werden kann.

Neben der Base bzw. den Kaliumcarboxylaten sind auch gängige Kupferkatalysatoren für den Decarboxylierungsschritt wenig löslich in NMP. Die bewährteste Kupferquelle für die Decarboxylierung von aromatischen Carbonsäuen Kupfer(I)oxid ist auch in Gegenwart geeigneter Liganden völlig unlöslich in NMP. Aktive Kupferhalogenide wie Kupfer(I)bromid und -iodid lassen sich in Gegenwart von 1,10-Phenanthrolin in NMP-Lösung bringen, fallen aber nach kurzer Zeit wieder als schwarzer Feststoff aus. Der präformierte und kommerziell erhältliche Komplex CuNO$_3$(phen)(PPh$_3$)$_2$ ist ein überaus gut löslicher und stabiler Katalysator, der auch bereits für die präparative, decarboxylierende Biarylsynthese verschiedener 2-Nitrobiphenyle erfolgreich eingesetzt werden konnte.[51] Die verfügbaren Palladiumquellen Palladium(II)acetylacetonat und –acetat sind gut löslich und können mit zusätzlichem Phosphin ohne weiteres in NMP-Lösung gehalten werden.

Die Wahl des Arylelektrophils ist überaus entscheidend für den Erfolg des neuen Verfahrens. Aryltriflate erschienen aus zwei wichtigen Gründen als optimaler Kupplungspartner. Kaliumtriflat, das während der Reaktion entsteht, ist sehr löslich in NMP. Vorversuche zeigten, dass Lösungen von Kaliumtriflat in NMP mit einer Konzentration von 1 M problemlos herstellbar sind. Es kann somit nicht zu einer Ausfällung entsprechender Salzprodukte der Kupplung und damit Verstopfung des Reaktors kommen. Wie bereits gezeigt werden konnte, gelingt die Kreuzkupplungsreaktion mit Aryltriflaten prinzipiell mit allen aromatischen Carbonsäuren unabhängig von ihrem Substutionsmuster, was für die Reaktion im Durchfluss eine möglichst große Anwendungsbreite erlauben würde.

Durch intensive Löslichkeitsuntersuchungen konnte eine Kombination an Reaktionskomponenten gefunden werden, mit denen 0.2 M NMP-Reaktionslösungen reproduzierbar herstellbar waren. Diese Gemische aus 2-Nitrobenzoesäure, Kalium-*tert*-butoxid, 4-Tolyltriflat, CuNO$_3$(phen)(PPh$_3$)$_2$ und Palladium(II)acetylacetonat in NMP ließen sich durch die HPLC-Pumpen des Durchflussreaktors ohne Blockierung der Ventile und Flusskanäle aspirieren (Schema 38).

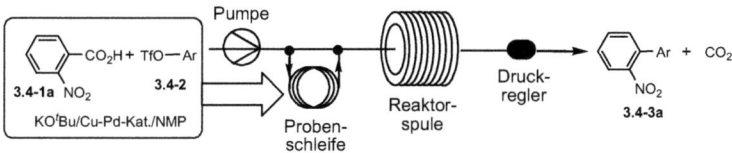

Schema 38: Reaktoraufbau für decarboxylierende Kreuzkupplungen im Durchfluss.

In einem ersten Versuch sollte diese Lösung über eine der Probenschleifen (2 mL) des Durchflussreaktors durch die vortemperierte Reaktorspule aus Kupfer oder Edelstahl gepumpt werden. Dabei konnte auf die Aufteilung der Reaktionskomponenten auf zwei Lösungen und die Verwendung von zwei Probenschleifen verzichtet werden, da bis auf die Deprotonierung der Carbonsäure keine weiteren Reaktionen zwischen den Reaktionskomponenten in Lösung bei Raumtemperatur stattfinden. Der Druckregler (100 psi, ca. 7 bar) am Ausgang des Reaktors sorgte für einen optimalen, konstanten Überdruck im System (ca. 5 bar) und damit für einen kontinuierlichen Fluss unter Gasentwicklung bei hohen Temperaturen im Reaktor. Die Ergebnisse der Katalysatorentwicklung unter dieser Reaktorführung sind in Tabelle 15 zusammengefasst.

Tabelle 15: Entwicklung des Katalysatorsystems im Durchflussreaktor

[Reaktionsschema: 3.4-1a (2-Nitrobenzoesäure, CO_2H, NO_2) + 3.4-2a (TfO-Tolyl) → unter CuNO$_3$(phen)(PPh$_3$)$_2$ Pd-Kat. / Ligand, Base, ΔT, 0.2 M in NMP, $-CO_2$ → 3.4-3aa]

Eintrag	Cu-Kat.	Pd-Kat.	Base	Zeit/min	T [°C]	3.4-3aa [%]
1[a,b]	–	2% Pd(acac)$_2$	KO^{t}Bu	30	140	0
2[b]	5%	2% Pd(acac)$_2$	KO^{t}Bu	30	140	14
3[b]	5%	2% Pd(acac)$_2$	KO^{t}Bu	60	160	57
4	5%	2% Pd(acac)$_2$	KO^{t}Bu	60	160	60
5	5%	2% Pd(OAc)$_2$	KO^{t}Bu	60	160	62
6	5%	2% PdCl$_2$(dppf)	KO^{t}Bu	60	160	3
7	5%	2% PdCl$_2$(PCy$_3$)$_2$	KO^{t}Bu	60	160	0
8	5%	2% PdCl$_2$(dtbf)	KO^{t}Bu	60	160	17
9	5%	2% Pd(OAc)$_2$	KO^{t}Bu	60	170	71[d]
10	5%	2% Pd(OAc)$_2$	KO^{t}Bu	60	200	73
11	5%	2% Pd(OAc)$_2$	KO^{t}Bu	60	220	14
12	5%	4% Pd(OAc)$_2$	KO^{t}Bu	60	170	45
13	10%	2% Pd(OAc)$_2$	KO^{t}Bu	60	170	66
14	10%	4% Pd(OAc)$_2$	KO^{t}Bu	60	170	65
15	3%	2% Pd(OAc)$_2$	KO^{t}Bu	60	170	5
16	5%	2% Pd(OAc)$_2$	NEt$_3$	60	170	0
17	5%	2% Pd(OAc)$_2$	DIPEA	60	170	0
18	5%	2% Pd(OAc)$_2$	DBU	60	170	15
19	5%	2% Pd(OAc)$_2$	DBN	60	170	9
20[c]	5%	2% Pd(OAc)$_2$	–	60	170	71[d]

Reaktionsbedingungen: 0.48 mmol 2-Nitrobenzoesäure, 0.40 mmol 4-Tolyltriflat, CuNO$_3$(phen)(PPh$_3$)$_2$, Pd-Kat., 0.48 mmol Base, 2 mL NMP, Flussrate: 0.33 mL/min (30 min) oder 0.167 mL/min (60 min), Reaktorspule aus Edelstahl (10 mL). Ausbeuten wurden durch GC-Analyse mit n-Tetradecan als internem Standard bestimmt. a) Reaktorspule aus Kupfer (10 mL). b) Zusätzlich 4 mol% PPh$_3$ c) 0.48 mmol Tetraethylammonium-2-nitrobenzoat. d) Isolierte Ausbeuten.

In einem ersten Experiment wurde eine Reaktorspule aus Kupfermetall verwandt, um den Decarboxylierungsschritt mittels dieser heterogenen Katalysatoroberfläche zu vermitteln. Bei einer Maximaltemperatur für die Kupferspule von 140 °C und einer Verweildauer von 30 min (Flussrate: 0.33 mL/min) ohne zusätzlichen homogenen Kupferkatalysator konnte die Bildung des Biaryls **3.4-3aa** jedoch nicht beobachtet werden (Eintrag 1). Anstelle des gewünschten 4'-Methyl-2-nitrobiphenyl **3.4-3aa**, wurden nur feine Palladiumschwarzpartikel im Auslass des Reaktors beobachtet. Der Ersatz des Decarboxylierungskatalysators durch einen heterogenen Katalysator gelingt für dieses bimetallische Katalysatorsystem auf diesem Wege nicht. Weitere Vorversuche mit dem heterogenen Palladiumkatalysator PdEnCat (nicht aufgeführt) scheiterten, da der Polyharnstoffträger heißen NMP-Lösungen (>100 °C) nicht standhielt und eine Anwendung durch heftiges Aufquellen des Materials und Auslaugen des geträgerten Palladium(II)acetates unmöglich machte. Die Untersuchungen zu heterogenen Katalysatoralternativen wurden an diesem Punkt abgebrochen und mit den Untersuchungen zu homogenen bimetallischen Katalysatorsystemen fortgefahren.

Ersetzt man die Kupferspule durch eine Spule aus Edelstahl und fügt 5 mol% des löslichen Kupfer(I)komplexes $CuNO_3(phen)(PPh_3)_2$ zu, erhält man unter ansonsten identischen Bedingungen das Biaryl **3.4-3aa** in einer Ausbeute von 14% (Eintrag 2). Eine Erhöhung der Flussrate und der Reaktionstemperatur hat eine Ausbeutesteigerung zur Folge. Bei einer Reaktortemperatur von 160 °C und Verweildauer von 60 min (Flussrate: 0.167 mL/min) kann die Ausbeute an 4'-Methyl-2-nitrobiphenyl **3.4-3aa** auf 57% verbessert werden (Eintrag 3). Aufgrund der bereits sehr niedrigen Flussraten erbringt eine weitere Erhöhung der Verweildauer keine besseren Resultate, sondern führt zu unregelmäßigen Pumpvorgängen, durch die kein reibungsloser Durchflussprozess mehr gewährleistet ist. Auf die Zugabe von PPh_3, um den Palladiumkatalysator in Lösung zu halten, kann verzichtet werden, wobei Palladium(II)acetat im Vergleich zu Palladium(II)acetylacetonat etwas löslicher ist und für eine verbesserte Ausbeute sorgt (Einträge 4 und 5). Alle nötigen Liganden für die Umsetzung können somit durch den Kupferkomplex, der in beiden Liganden einfach synthetisch variiert werden kann,[100] eingebracht werden. Verwendung anderer präformierter Palladium-phosphinkomplexe führt zu erheblichen Ausbeuteeinbrüchen (Einträge 6-8). Eine weitere Erhöhung der Reaktortemperatur auf 170 °C erlaubt eine Ausbeuteverbesserung auf 71% (75% Umsatz, Eintrag 9). Vergleichbare Ausbeuten werden auch bei 200 °C erhalten (Eintrag 10). Bei solch hohen Temperaturen setzt allerdings die Bildung von Nebenprodukten ein, die eine Aufreinigung des Produktes erheblich erschwert. Die erhoffte Beschleunigung des Decarboxylierungsschrittes durch eine Überhitzung des Lösungsmittels auf 220 °C (Sdp. NMP 202 °C) kann nicht erzielt werden. Unter diesen Bedinungen wird ein signifikanter Einbruch in der Ausbeute auf 14% verzeichnet (Eintrag 11). Vermutlich zerfällt der Kupferkomplex in eine katalytisch inaktive Spezies bei diesen Temperaturen, oder es kommt zu einer Interaktion des Katalysatorsystems mit der Stahloberfläche des Reaktors, welche zur Desaktivierung führt. Das optimale Gleichgewicht zwischen beiden Katalysatoren erhält man mit einem Kupfer-Palladium-Verhältnis von 2.5:1, mit einer Kupferbeladung von 5 mol% (Einträge 9, 12-14). Eine Kupferbeladung von 3 mol% reicht nicht aus, um den Decarboxylierungsschritt schnell genug zu katalysieren und die Ausbeute sinkt auf 5% (Eintrag 15). Mit dem Wissen, dass andere weniger lösliche Benzoesäuren in Gegenwart von Kalium-*tert*-butoxid in NMP als ihre entsprechenden Kaliumsalze ausfallen, sollte eine Ersatzbase gefunden werden, mit der ein Niederschlag der Carboxylatsalze vermieden werden konnte. Zu diesem Zweck wurden verschiedene flüssige Stickstoffbasen als Alternativen getestet. Mit Triethylamin und Hünig's Base (DIPEA) gelang die Kreuzkupplung nicht (Einträge 16-17), wohingegen DBU und DBN nur schlechtere Ausbeuten an 4'-Methyl-2-nitrobiphenyl **3.4-3aa** lieferten. Eine quantitative Deprotonierung der 2-Nitrobenzoesäure **3.4-1a** mit Tetraethylammoniumhydroxid und Präformierung des löslichen Tetraethylammoniumsalzes **3.4-4a** (Schema 39) erlaubt die Kreuzkupplung weniger gut löslicher Carboxylate ohne Ausbeuteverluste (Eintrag 20).

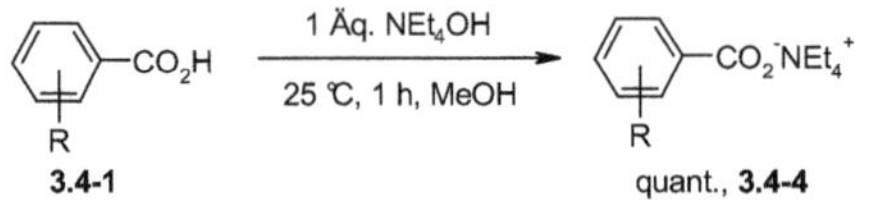

Schema 39: Quantitative Präformierung von Tetraethylammoniumcarboxylaten.

Die Visualisierung des Erfolges von decarboxylierenden Kreuzkupplungen im Durchflussreaktor kann auf einfache Weise geschehen. Die Verwendung von durchsichtigem Schlauchmaterial am Auslass des Reaktors erlaubt die Beobachtung von Bläschen des gebildeten Kohlendioxidgases (Abbildung 9).

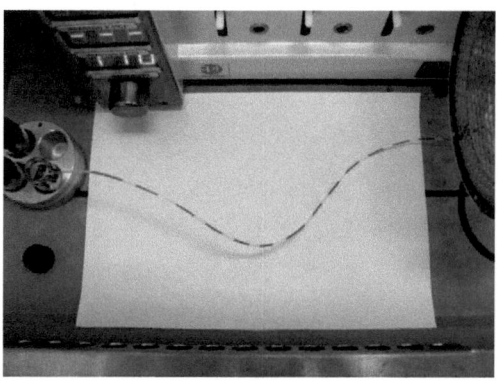

Abbildung 9: Kohlendioxidentwicklung im Durchflussreaktor.

Mit diesen optimierten Bedingungen (5 mol% $CuNO_3(phen)(PPh_3)_2$, 2 mol% $Pd(OAc)_2$, 170 °C, 60 min) wurde zunächst ein direkter Vergleich der Reaktion im Glasgefäß und Durchflussreaktor durchgeführt (Schema 40).

Schema 40: Vergleich des neuen Katalysatorsystems im Glasgefäß und Durchflussreaktor.

	3.4-3aa	3.5-5a
Glasgefäß:	6%	37%
Durchfluss:	71%	0%

Überraschenderweise ist das entwickelte Katalysatorsystem in Kombination mit der Base Kalium-*tert*-butoxid nur für den Durchflussprozess effektiv. Die Reaktion im Glasgefäß unter identischen Bedingungen liefert durch Protodecarboxylierung entstandenes Nitrobenzol als Hauptprodukt und wenig des erwarteten Biaryls. Die Gegenwart von *tert*-Butanol als Protonenquelle sorgt für den unerwünschten Reaktionsverlauf. Umso bemerkenswerter ist die Tatsache, dass im Durchflussreaktor mit den gleichen Reaktionskomponenten die Reaktion trotz *tert*-Butanol wesentlich selektiver abläuft. Nebenreaktionen, wie Protodecarboxylierung der 2-Nitrobenzoesäure oder Hydrolyse des Triflates werden nur in geringen Mengen oder gar nicht beobachtet.

Anwendungsbreite

In Tabelle 16 sind die Ergebnisse der Anwendungsbreite des neuen Verfahrens zusammengefasst.

Tabelle 16: Anwendungsbreite der decarboxylierenden Kreuzkupplung im Durchflussreaktor.

Produkt	Ausbeute [%]	Produkt	Ausbeute [%]
3.4-3ba	46[a]	3.4-3ca	70[b]
3.4-3da	65[b]	3.4-3ea	72[a]
3.4-3fa	40[b]	3.4-3ga	42[a]
3.4-3ha	60[b]	3.4-3ia	60[b]
3.4-3ja	71[a]	3.4-3ka	67[a]
3.4-3la	82[a]	3.4-3ab	62[a]
3.4-3ac	54[a]	3.4-3ad	73[a]
3.4-6aa	15[b]	3.4-3md	<5[a,c]

Reaktionsbedingungen: 0.40 mmol 4-Tolyltriflat, 5 mol% $CuNO_3(phen)(PPh_3)_2$, 2 mol% $Pd(OAc)_2$, 2 mL NMP, Flussrate: 0.167 mL/min (60 min), 170 °C, Reaktorspule aus Edelstahl (10 mL). Isolierte Ausbeuten. a) 0.48 mmol Carbonsäure, 0.48 mmol KO^{t}Bu. b) 0.48 mmol Tetraethylammoniumcarboxylat. c) GC-Ausbeute.

Aromatische Carbonsäuren, die vergleichsweise schnell decarboxylieren, wie 2-Nitrobenzoesäuren (**3.4-1b,d,e,j**), Thiazol- (**3.4-1i**), 2-Benzofuran- (**3.4-1h**) und 2-

Benzothiophencarbonsäuren (**3.4-1c**) wurden in guten Ausbeuten mit 4-Tolyltriflat **3.4-2a** zu den entsprechenden Biarlyen gekuppelt. Einige Carbonsäuresubstrate fielen in Gegenwart von Kalium-*tert*-butoxid in NMP sofort als ihre Kaliumsalze aus und waren so nicht für das neue Durchflussverfahren verfügbar. Die quantitative Überführung in die gut löslichen Tetraethylammoniumcarboxylate (**3.4-4**) erlaubte dennoch eine erfolgreiche Kupplung dieser Derivate. Mit Hilfe dieser Modifizierung gelang es das Substratspektrum dieser Methode auf Seiten der Carbonsäuren um einige Substrate zu erweitern. Für fast alle Carbonsäuren wurden moderate bis gute Ausbeuten in nur einer Stunde Reaktionszeit erhalten. Die Ergebnisse sind vergleichbar mit denen der klassischen Reaktionsführung nach 16 h Reaktionszeit (z. B. **3.4-3aa**: 91%, 16 h vs. 71%, 1 h; **3.4-3ea**: 72%, 16 h vs. 72%, 1 h). Die Durchführung dieser Kreuzkupplungen unter Mikrowellenstrahlung erlaubt die Synthese mit ähnlichen Ausbeuten zwar in nur fünf Minuten (**3.4-3aa**: 84%, 5 min vs. 71%, 1 h, **3.4-3ea**: 73%, 5 min vs. 72%, 1 h), aber diese Reaktionsführung ist auf Ansätze im Millimolmaßstab begrenzt. Mikrowellenreaktionen der decarboxylierenden Kreuzkupplung mit Lösemittelvolumina über 5 mL lassen sich nicht reproduzierbar auf die notwendige Reaktionstemperatur erhitzten.

Die Kreuzkupplung verschiedener Aryltriflate (**3.4-2a-d**) mit 2-Nitrobenzoesäure **3.4-1a** gelang in guten Ausbeuten. Insbesondere die Kupplung von 4-Acetylphenyltriflat **3.4-2c** gelingt im Durchflussverfahren erstmalig in guten Ausbeuten, ohne dass Nebenprodukte durch Umesterungsreaktionen oder Hydrolyse beobachtet werden. Dieses Ergebnis zeigt, dass die Bedingungen im Durchflussreaktor wesentlich milder sind, obgleich die Temperaturen genauso hoch sind wie im Rundkolben. Der effizientere Wärme- und Massentransport in der fließenden, klaren Reaktionslösung im Durchflussreaktor im Vergleich zur gerührten Suspensionslösung im Rundkolben könnte hierfür verantwortlich sein. Die Decarboxylierung der Carbonsäure wird somit effizienter katalysiert, so dass ein nukleophiler Angriff auf das Aryltriflat und die Veresterung nicht stattfinden kann.

Die Grenzen des neuen Katalysatorsystems sind bei der Kreuzkupplung von *meta*-substituierten Benzoesäuren und α-oxo-Carbonsäuren erreicht. Diese unsymmetrischen Biaryle **3.4-3md** bzw. das symmetrische Keton **3.4-6aa** können nur in sehr geringen Ausbeuten erhalten werden.

Maßstabsübertragung

Um die einfache Maßstabsübertragung von Durchflussprozessen zu demonstrieren, wurde die decarboxylierende Kreuzkupplung von Tetraethylammonium-2-nitrobenzoat **3.4-4a** und 4-Tolyltriflat **3.4-2a** bei kontinuierlicher Prozessführung durchgeführt (Schema 41).

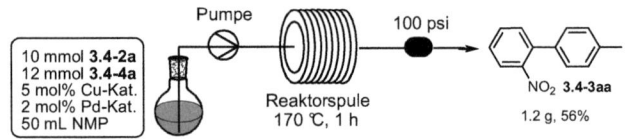

Schema 41: Decarboxylierende Kreuzkupplung im kontinuierlichen Durchfluss.

Aus einem Stammlösungsreservoir (50 mL) wurde die Lösung der Reaktionskomponenten über einen Zeitraum von 6 h aspiriert und kontinuierlich durch die temperierte Reaktorspule gepumpt. Auf diesem Wege konnten 1.2 g 4'-Methyl-2-nitrobiphenyl **3.4-3aa** dargestellt werden.

Automatisierte Aufreinigung

Mit dem Ziel eines vollautomatisierten Prozesses wurde die Möglichkeit einer automatisierten Aufarbeitung der Reaktionslösung kleiner Ansätze untersucht. Um dies zu realisieren, musste ein Wechsel des Lösungsmittels erfolgen, denn die hohe Viskosität und Polarität von NMP verhinderte eine direkte Filtration durch Kieselgel oder ähnliche Filtrationshilfen. Versuche hierzu scheiterten immer an blockierten Aufreinigungskartuschen, da polares NMP für erhebliches Aufquellen der Materialien und Druckanstieg in der gesamten Apparatur sorgte. Um das Produkt von den Katalysatoren, unreagierten Startmaterialien und NMP zu separieren wurde der Ausfluss des Durchflussreaktors in einem Becherglas mit 2 N Salzsäure und Dichlormethan gesammelt (Schema 42).

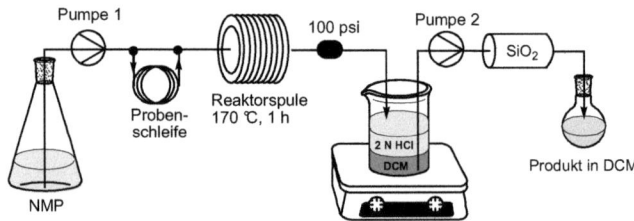

Schema 42: Verfahren für decarboxylierende Kreuzkupplungen im Durchfluss mit anschließender Aufreinigung.

Eine zufriedenstellende Extraktion konnte durch starkes Rühren des Zweiphasengemisches erhalten werden. Die organische Phase konnte dann mittels einer dritten HPLC-Pumpe durch eine Omnifitsäule® bestückt mit Kieselgel gepumpt werden. Diese automatisierte Aufreinigung lieferte das Biphenylprodukt mit Spuren von NMP (71% Ausbeute, 85% Reinheit). Die weitere Aufreinigung der Produkte wurde so erleichtert. Diese Methode der Produktreinigung ist für den Labormaßstab zu empfehlen. In größeren Maßstäben ist es sinnvoller das NMP-Lösungsmittel über destillative Rückgewinnung von eigens dafür entwickelten Destillationsprozessen zu entfernen.[101]

Zusammenfassung

Die erste Generation eines Katalysator- und Reaktorsystems für decarboxylierende Kreuzkupplungen im Durchfluss ist innerhalb eines dreimonatigen Gemeinschaftsprojektes mit *Pfizer Global R&D* entwickelt worden. Die Kombination eines vollständig löslichen bimetallischen Katalysatorsystems mit der Base Kalium-*tert*-butoxid ermöglicht eine saubere Kreuzkupplung zu unsymmetrischen Biarylen ausgehend von den aromatischen Carbonsäuren und Aryltriflaten. Ein direkter Vergleich mit der Reaktion im Rundkolben zeigt die ausgezeichnete Selektivität des entwickelten Katalysatorsystems zugunsten der unsymmetrischen Biaryle im Durchflussprozess. Eine vergleichbare Durchführung im Rundkolben lieferte hauptsächlich Nebenprodukte. Carbonsäuren, die als unlösliche Kaliumsalze in Gegenwart der Base ausfallen, können zu löslichen Tetraethylammoniumsalzen quantitativ präformiert werden und somit die Anwendungsbreite des Durchflussverfahrens auf Seiten der nukleophilen Kupplungspartner gesteigert werden. Der in Durchflussreaktoren einzigartige, hohe Wärme- und Massentransfer erlaubt erstmals die Kreuzkupplung von labilen Triflaten in guten Ausbeuten. Das neue Verfahren kann durch kontinuierliche Reaktorführung dazu genutzt werden, Biaryle in größeren Mengen zu synthetisieren.

Mit der ersten Entwicklungsstufe einer Aufreinigungseinheit linear mit dem Durchflussreaktor gelingt eine automatisierte Reaktionsführung und Aufreinigung der Produkte. Die Durchführung von decarboxylierenden Kreuzkupplungen für die Synthese von Biarylen in einem Durchflussreaktor ermöglicht die sichere Darstellung dieser Synthesebausteine im Labormaßstab und ist ein weiterer Schritt in der Etablierung dieser neuen Synthesemethode für industrielle Anwendungen.

4 Zusammenfassung

In dieser Arbeit ist der Weg für industrielle Applikationen der decarboxylierenden Kreuzkupplung geebnet worden. Durch die Kombination von „enabling techniques" mit diesem modernen Synthesekonzept wurden bedeutende Fortschritte erzielt. Der Einsatz von Mikrowellenstrahlung zur Temperierung der Reaktionslösungen ermöglichte Nachteile erster Katalysatorsysteme zu überkommen. Insbesondere der geschwindigkeitsbestimmende Decarboxylierungsschritt wird durch diese nicht-klassische Heiztechnik beschleunigt, wobei enorm kurze Reaktionszeiten und ein breites Spektrum an umsetzbaren Substraten erreicht wurden.

Aufbauend auf den bahnbrechenden Vorarbeiten zur decarboxylierenden Kreuzkupplung von Aryltriflaten, die erstmalig eine Umsetzung mit aromatischen Carbonsäuren unabhängig ihres Substitutionsmusters erlaubten, wurden zwei alternative Verfahren entwickelt. Durch thermische und mikrowellenunterstützte Erhitzung der Reaktionsgefäße gelang es 48 teilweise unbekannte unsymmetrische Biaryle aus Benzoesäuren und Aryltriflaten zu synthetisieren. Reaktionszeiten konnten um den Faktor 192 verkürzt und die Produkte binnen weniger Minuten in guten Ausbeuten synthetisiert werden. Elektronenarme Aryltriflate, die unter stundenlanger thermischer Erwärmung Nebenreaktionen erlagen, konnten durch den Einsatz der Mikrowellentechnologie erfolgreich umgesetzt werden. Erstmalig wurden die spezifischen Effekte dieser Technologie auf die decarboxylierende Kreuzkupplung untersucht. Kontrollexperimente zeigen, dass eine selektive Erhitzung der nukleophilen und elektrophilen Kupplungspartner unter Mikrowellenbestrahlung vorliegt. Diese werden somit wesentlich effizienter und höher erhitzt, als es unter thermischen Bedingungen möglich wäre. Dies wirkt sich besonders vorteilhaft auf den Decarboxylierungsschritt aus.

Nachdem ein breites Substratspektrum der decarboxylierenden Kreuzkupplung durch den Einsatz von Aryltriflatkupplungspartnern und Mikrowellentechnologie gelungen ist, galt es die nächste Generation des bimetallischen Kupfer-Palladium-Katalysatorsystems zu entwickeln. Mit dem XPhos-Liganden gelang es diese Stufe der Entwicklung zu erklimmen und eine decarboxylierende Kreuzkupplung von stabilen und kostengünstigen Aryltosylaten zu verwirklichen. Dies ist als Meilenstein der modernen Kreuzkupplungschemie anzusehen, da erstmalig Biaryle aus vielfältig verfügbaren und stabilen Ausgangsverbindungen dargestellt werden konnten, ohne dass stöchiometrische Mengen an Metall- oder Halogenidabfall entstehen. Als essentiell erwies sich der Einsatz einer Labormikrowelle für die Kupplung von *meta*- und *para*-substituierten Carbonsäuren mit Aryltosylaten. Diese gelang nur in mikrowellenunterstützten Verfahren, die somit die Synthese von 28 unsymmetrischen teilweise vorher nicht beschriebenen Biarylen ermöglichte. Die stabileren Aryltosylate gingen dabei keine der beobachteten Nebenreaktionen der Triflatkupplungen ein, so dass eine Aufreinigung der Produkte erheblich erleichtert wurde.

Die Entwicklung von Katalysatorsystemen für die decarboxylierende Kreuzkupplung von Arylsulfonaten hat zu einer breit anwendbaren Methodik zur Synthese von unsymmetrischen Biarylen aus aromatischen Carbonsäuren geführt. Das Substitutionsmuster der Phenolgrundbausteine komplementiert jenes der Halogenidkupplungspartner. Die Kupplung von nicht-*ortho*-substituierten Carbonsäuren gelingt mit Aryltriflaten und -tosylaten, da eine Desaktivierung der Katalysatoren durch die weniger gut koordinierenden Sulfonatanionen nicht erfolgt. Mikrowellenstrahlung vergrößert die Anwendungsbreite auf Seiten beider Kupplungspartner enorm und ermöglicht Biarylsynthesen in wenigen Minuten. Die dadurch ermöglichten kurzen Reaktionszeiten, günstigen Ausgangsverbindungen und große Anwendungsbreite untermauern die Attraktivität der Methode für die Anwendung in der Pharmaforschung. Nach nur wenigen Monaten intensiver Zusammenarbeit mit *Pfizer Global R&D* ist durch die Ergebnisse dieser Arbeit die decarboxylierende Kreuzkupplung für Milligrammsynthesen bereits als fester Bestandteil im Gedankengut der dort beschäftigten Chemiker etabliert.

Um den Nutzen des Konzeptes auch für die großtechnische Synthese von unsymmetrischen Biarylen voranzutreiben ist ein Katalysatorsystem für die Kupplung bei deutlich milderen Bedingungen entwickelt worden. Die bisher notwendigen Temperaturen von 170 °C sind in den meisten großtechnischen Anlagen nicht zu realisieren oder nur schwer zu halten und sicher zu kontrollieren.

Der kupferkatalysierte Decarboxylierungsschritt bedingt diese hohen Temperaturen und wurde daher separat genauer untersucht. Das Ergebnis war die Entwicklung eines völlig neuen silberbasierten Katalysatorsystems mit dem die Protodecarboxylierung bei 120 °C geschieht. Ohne spezielle Liganden können heterozyklische, als auch *ortho*-alkoxy- und *ortho*-halogensubstituierte Benzoesäuren mit 10 mol% Silber(I)acetat und 15 mol%

Kaliumcarbonat erstmalig in guten bis exzellenten Ausbeuten decarboxyliert werden. Der beste Kupferkatalysator zeigt sich für diese Derivate auch bei 170 °C als wirkungslos. Dies bestätigt die umfassende Komplementarität beider Protokolle und bedeutet eine entscheidende Erweiterung im Substratspektrum der einsetzbaren Carbonsäuren. Mit einem effektiven Protokol zur Protodecarboxylierung aromatischer Carbonsäuren bei solch milden Bedingungen ist der Grundstein für eine verbesserte und großtechnisch realisierbare decarboxylierende Kreuzkupplung gelegt.

Folglich wurde ein bimetallisches Silber-Palladium-Katalysatorsystem für die Kupplung von Carbonsäuren und Aryltriflaten bei erheblich milderen Bedingungen entwickelt. Dies stellt die erste decarboxylierende Kupplung dar, in der Silber und Palladium in katalytischen Mengen eingesetzt wurden. Die Methode mit einem Katalysatorsystem aus 5 mol% Silbercarbonat und 3 mol% Palladium(II)chlorid ergänzt das Substratspektrum der kupferkatalysierten Variante auf vielfältig chlorsubstituierte und heterozyklische Biaryle und ermöglicht die Synthese bei Temperaturen von 130 °C. Die Reaktion gelingt für die Kupplung von *ortho*-substituierten Carbonsäuren und macht *bis-ortho*-substituierte und polychlorierte Biphenyle erstmalig zugänglich. Auf diesem Wege konnte das Intermediat der Synthese von Boscalid, einem industriell produzierten Fungizid, im Gramm-Maßstab ohne Ausbeuteverluste bei Temperaturen dargestellt werden, die mit denen der Suzuki-Miyaura-Reaktion konkurrieren können. Die dabei verwendeten Katalysatorvorstufen und Liganden sind kostengünstig in Kilogrammmengen verfügbar. Für großtechnische Anwendungen ist diese Entwicklung der decarboxylierenden Kreuzkupplungen bei 130 °C anstatt 170 °C ein richtungweisender Schritt.

Ausschlaggebend für die Produktion von Biarylen aus Benzoesäuren im Kilogrammmengen sind attraktive Verfahren für eine sichere und zuverlässige Maßstabsübertragung. Die ersten Erfolge auf diesem Gebiet sind im Rahmen dieser Arbeit mit der Entwicklung der ersten Generation eines Katalysator- und Reaktorsystems für decarboxylierende Kreuzkupplungen im kontinuierlichen Durchfluss gelungen. Der Transfer vom klassischen Suspensionsgemisch im Rundkolbenaufbau zur Reaktion im Durchflussreaktor wurde durch die Entwicklung eines neuen, vollständig löslichen Katalysatorsystems ermöglicht. Eine Kombination der löslichen Base Kalium-*tert*-butoxid und Katalysatoren $CuNO_3(phen)(PPh_3)_2$ (5 mol%) und Palladium(II)acetat (2 mol%) vermittelte die Kupplung im Durchflussreaktor innerhalb einer Stunde Reaktionszeit. Dabei kann auf die Synthese von Kaliumcarboxylaten verzichtet werden, denn die Kupplung verläuft mit noch nie dagewesener Selektivität ausgehend von der Carbonsäure und Aryltriflaten. Umesterungen oder Hydrolyse elektronenarmer Triflate werden ebensowenig beobachtet wie die Protodecarboxylierung der Carbonsäure. Der Vergleich unter identischen Bedingungen im Glasgefäß zeigt die Protodecarboxylierung als Hauptreaktionsweg und liefert das gewünschte Biaryl nur in Spuren. Durch den einzigartigen Wärmetransfer im Durchflussreaktor konnte erstmalig die Umsetzung des elektronenarmen 4-Acetylphenyltriflat in einer Ausbeute von 54% gelingen. Die Anwendungsbreite kann vergrößert werden, wenn man unlösliche Benzoesäuren in ihre Tetraethylammoniumsalze umwandelt. Die Umsetzung dieser Salze erfolgt ohne Ausbeuteverluste, wie an geeigneten Beispielen gezeigt wurde.

Durchflussreaktoren zeichen sich durch die Fähigkeit einer direkten und sicheren Maßstabsübertragung aus. Dies wurde durch Experimente im kontinuierlichen Durchfluss bestätigt, in denen unsymmetrische Biaryle im Grammmaßstab synthetisiert wurden. Eine Alternative hierzu wäre die Parallelisierung eines kleinen Reaktors. Mit dem Ziel einer voll automatisierten Biarylsynthese konnte bereits die erste Entwicklungsstufe einer Aufreinigungseinheit abgeschlossen werden. Die Kombination einer Flüssigextraktion des Reaktorauslasses und automatisierten Filtration gelang eine automatisierte Reaktionsführung und Aufreinigung der Produkte. Eine automatisierte Synthese von Biarylen im Labormaßstab kann auf diesem Weg erfolgen. Mit geeigneten Recyclingmodifikationen des Lösungsmittels kann somit auch direkt eine großtechnische Produktion von Biarlyen mit der decarboxylierenden Kreuzkupplung erfolgen.

5 Aktuelle Entwicklungen decarboxylierender Kupplungen

Seit den ersten Publikationen von übergangsmetallkatalysierten, decarboxylierenden Kupplungsreaktionen am Anfang dieses Jahrzehntes hat dieses attraktive Forschungsgebiet rasant an Aufmerksamkeit gewonnen. Heutzutage findet man bereits mehr als 100 verschiedene Publikationen seit 2005 bei einer Stichwortsuche über „decarboxylative coupling" und die Zahl der jährlich erscheinenden Publikationen nimmt seither exponentiell zu. All diese interessanten Arbeiten im Detail aufzuführen würde den Rahmen dieser Arbeit sprengen. Es sollen daher die wichtigsten decarboxylierenden Kupplungsreaktionen vorgestellt werden und die prominentesten Beispiele dazu genannt werden. Überraschenderweise basieren die wenigsten der vorgestellten Methoden auf der Verwendung von neuen Techniken wie Mikrowellenstrahlung oder Durchflussreaktoren.

5.1 Decarboxylierende Heck-Reaktion

Bereits im Jahr 2002 stellten Myers *et al.* eine decarboxylierende Kupplungsreaktion vor.[89] Die Decarboxylierung von *ortho*-substituierten und heterozyklischen aromatischen Carbonsäuren gelang in dieser Variante mit einem Palladiumkatalysator in einem Lösungsmittelgemisch aus DMF und DMSO. Der daraus resultierende Arylpalladiumkomplex reagiert dann mit verschiedenen Olefinen wie in einer Heck-Reaktion (Schema 43).

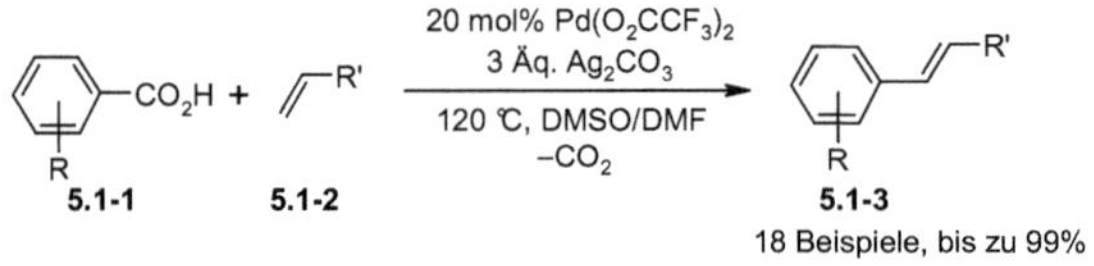

Schema 43: Decarboxylierende Heck-Reaktion.

Mit 20 mol% Palladium(II)trifluoracetat und drei Äquivalenten Silbercarbonat reagieren elektronenreiche alkyl- und alkoxysubstituierte Benzoesäuren mit Styrolen, Acrylaten und Cyclohexen-1-onen. Dabei komplementiert der Einsatz von elektronenreichen Benzoesäuren das Substratspektrum der klassischen Heck-Reaktion in der elektronenreiche Arylhalogenide schlecht reagieren. Stöchiometrische Mengen der Silberbase sorgen für die Deprotonierung der Carbonsäure und Oxidation des Palladiumkatalysators. Es ist nicht auszuschließen, dass auch die Decarboxylierung der Carbonsäure durch Silbercarbonat vermittelt wird, zudem Larossa *et al.* ein solches Katalysatorsystem in DMSO vorgestellt haben.[92,102] Myers *et al.*

untersuchten den Mechanismus ihrer Reaktion genauer und konnten durch NMR- und Kristallstrukturdaten in einem stöchiometrischen Experiment verifizieren, dass ein Palladium-DMSO-Komplex ohne Zusatz von Silber die Decarboxylierung und anschließende Olefinierung vermittelt.[103]

Jüngst sind einige Verbesserungen der decarboxylierenden Heck-Reaktion entwickelt worden. Myers *et al.* erweiterten das Substratspektrum auf zyklische En-1-one verschiedenster Ringgrößen und Substitutionsmuster.[104] Die Arbeitsgruppe um Su konnte die überstöchiometrischen Mengen Silbercarbonat durch die preiswerteren und grüneren Oxidationsmittel Benzochinon oder Sauerstoff ersetzen.[105]

Eine decarboxylierende Heck-Reaktion mit elektronenarmen Benzoesäuren, die in bisherigen Protokollen nicht umgesetzt werden konnten, wurde kürzlich beschrieben (Schema 44).[106]

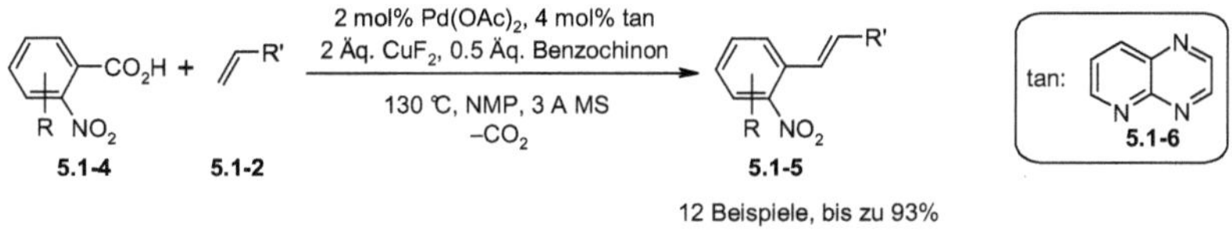

Schema 44: Decarboxylierende Heck-Reaktion mit 2-Nitrobenzoesäuren.

Elektronenarme Carbsonsäuren sind somit durch die Kombination von Kupfer(II)fluorid, das den Decarboxylierungsschritt vermittelt, und Palladium(II)acetat erstmalig für eine Umsetzung mit Styrolen und Acrylaten zugänglich. Die decarboxylierende Heck-Reaktion war bisher auf elektronenreiche Carbonsäuren beschränkt, da nur diese mit einem Palladiumkatalysator decarboxylierend gekuppelt werden können.

5.2 Decarboxylierende Michael-Addition

Auf der Suche nach Alternativen für den Decarboxylierungskatalysator fanden Zhao *et al.* eine rhodiumkatalysierte decarboxylative Kupplung.[107] Durch die geeignete Wahl des Phosphinliganden kann entweder der Reaktionsweg einer Michael-Addition (*rac*-BINAP) oder einer Heck-Reaktion (R,R-DIOP) eingeschlagen werden (Schema 45).

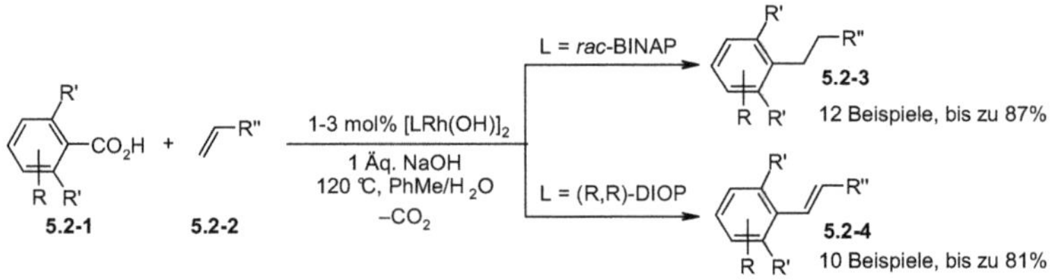

5 Aktuelle Entwicklungen decarboxylierender Kupplungen

Schema 45: Rhodiumkatalysierte, decarboxylierende Michael-Addition oder Heck-Reaktion.

bis-ortho-Substitutierte Benzoesäuren können mit diesem Verfahren mit 1-3 mol% Rhodiumkatalysator decarboxylierend in einem Toluol-Wasser-Gemisch bei 120 °C gekuppelt werden. Für Substrate, die nur einen *ortho*-Substituenten tragen, findet eine carboxylat-dirigierte C-H-Insertion des eingesetzten Rhodiumkatalysators statt. Eine rhodiumkatalysierte, decarboxylierende Michael-Addition gelingt mit diesen Verbindungen nicht. Die Autoren untersuchten den rhodiumkatalysierten Decarboxylierungsschritt genauer und fanden, dass das Substratspektrum der Reaktion auf *bis-ortho*-fluor- und methoxysubstituierte Benzoesäuren aufgrund der spezifischen Aktivität des Rhodiumkatalysators für diese Substrate beschränkt ist.

5.3 Decarboxylierende Kupplungsreaktion

Decarboxylierende Biarylsynthese mit monometallischen Katalysatorsystemen

Liu *et al.* haben sich darum verdient gemacht decarboxylierende Biarylsynthesen mit monometallischen Katalysatorsystemen zu entwickeln. Es wurden Verfahren gefunden, in denen ein Kupfer-[108] oder Palladiumkatalysator[109] beide Schritte zur Synthese von unsymmetrischen Biarylen aus polyfluorierten Kaliumbenzoaten und Arylhalogeniden vermittelt (Schema 46).

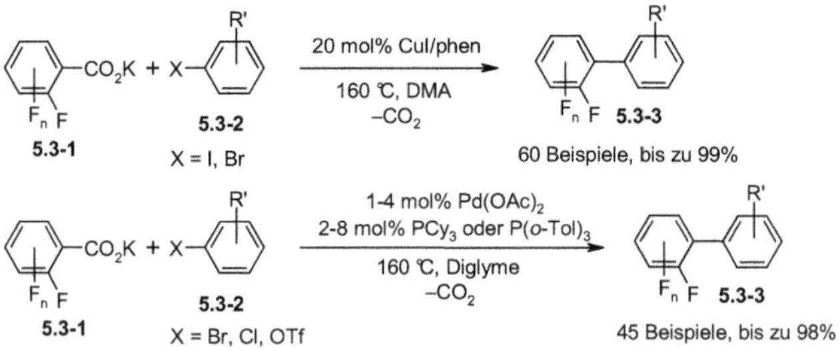

Schema 46: Monometallische decarboxylierende Biarylsynthesen.

Die kupferkatalysierte Kupplung gelingt mit einer Reihe von Aryliodiden und –bromiden in exzellenten Ausbeuten bei 160 °C in Diglyme. Das palladiumkatalysierte Verfahren ermöglicht zudem den Einsatz von Arylchloriden als Kupplungspartner. Die große Limitierung dieser Variante zur Synthese von unsymmetrischen Biarlyen ist die Anwendungsbreite auf Seiten der nukleophilen Kupplungspartner. Lediglich *bis-ortho*-substituierte, polyfluorierte Benzoesäuren können unter diesen Bedingungen decarboxylierend gekuppelt werden.

Decarboxylierende Acylierung und Carboxylierung

Das Konzept der übergangsmetallkatalysierten Bildung eines Kohlenstoffnukleophils *in situ* ist nicht auf aromatische Carbonsäuren begrenzt. Wie bereits erwähnt können auch α-oxo-Carbonsäuren unter Extrusion von Kohlendioxid mit Arylbromiden zu unsymmetrischen Ketonen gekuppelt werden (Schema 47).

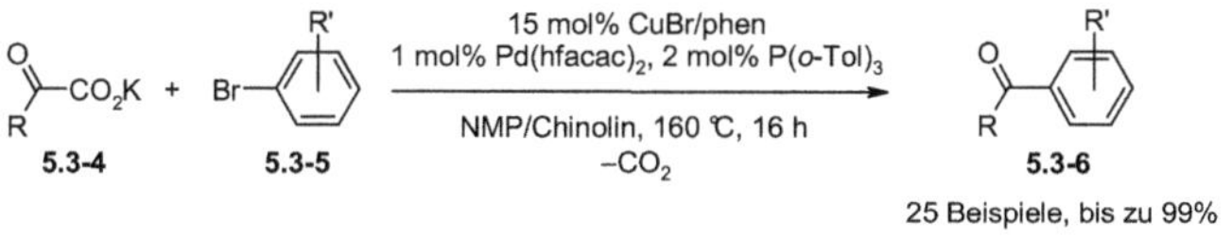

Schema 47: Decarboxylierende Ketonsynthese mit α-oxo-Carbonsäuren.

Aliphatische und aromatische α-oxo-Carbonsäuren lassen sich mit einem bimetallischen Katalysatorsystem aus 15 mol% Kupfer(I)bromid und 1 mol% Palladium(II)hexafluoracetylacetonat in einem Lösemittelgemisch aus NMP und Chinolin bei 160 °C decarboxylierend kuppeln.

Mittels Eisenkatalyse durch Magnetit-Nanopartikel können aromatische mit aliphatischen Carbonsäuren zu den unsymmetrischen Ketonen decarboxylierend gekuppelt werden (Schema 48).[110]

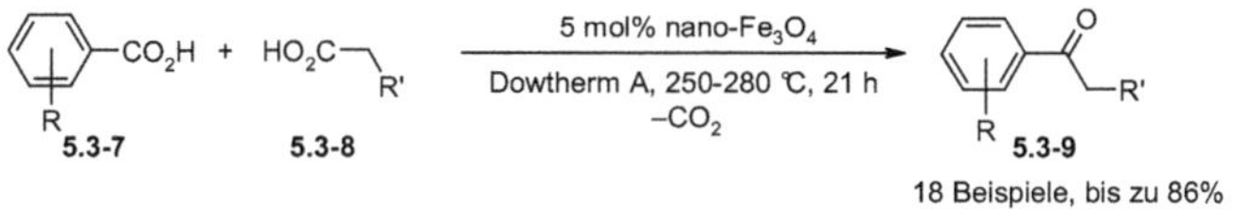

Schema 48: Eisenkatalysierte decarboxylierende Ketonsynthese.

Mit diesem billigen und umweltfreundlichen, katalytischen Protokoll sind Produkte, die sonst nur über Friedel-Crafts-Acylierung zugänglich waren, zugänglich.

Halbester der Oxalsäure können palladiumkatalysiert mit Arylhalogeniden zu den entsprechenden Benzoesäureestern umgesetzt werden (Schema 49).[111]

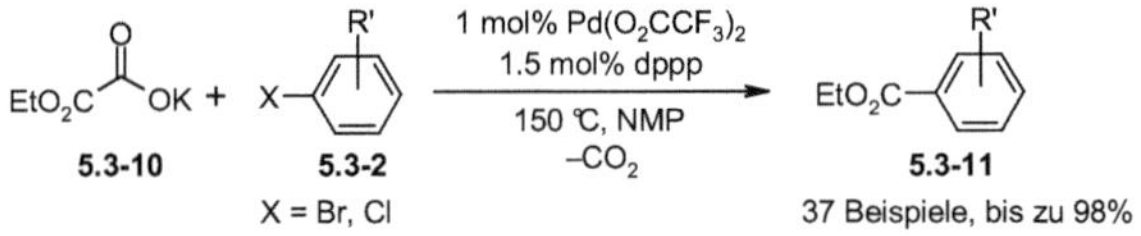

Schema 49: Decarboxylierende Carbonylierung mit Oxalsäurehalbestern.

Diese Transformation erlaubt eine decarboxylierende Synthese von Carbonylierungsprodukten, wobei anstelle von toxischem Kohlenmonooxidgas stabile und einfach verfügbare Kaliumoxalate eingesetzt werden können. Die Synthese der Benzoesäureester ausgehend von verschiedensten Arylbromiden erfolgt in NMP bei 150 °C mit nur 1 mol% Palladium(II)trifluoracetat. Für die Umsetzung von Arylchloriden sind 3 mol% Palladiumkatalysator notwendig.

Decarboxylierende Thioethersynthese

Das erste entwickelte Protokoll der decarboxylierenden Kreuzkupplung unter Verwendung von stöchiometrischen Mengen von basischem Kupfer(II)carbonat nutzten Zhang und Liu für eine decarboxylierende Thioethersynthese aus aromatischen Carbonsäuren und Thiolen oder Disulfiden (Schema 50).[112]

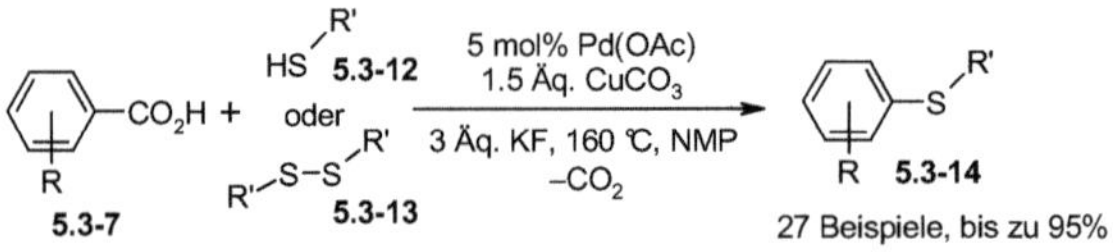

Schema 50: Decarboxylierende Thioethersynthese.

Die Thioether können aus aliphatischen und aromatischen Thiolen in NMP bei einer Temperatur von 160 °C dargestellt werden, wobei *ortho*-substituierte Benzoesäuren höhere Ausbeuten liefern als *para*-substituierte Derivate. In dieser oxidativen Kupplung sorgt die Kupferquelle für die Decarboxylierung der Carbonsäure und die Oxidation des Palladiumkatalysators.

Die gleichen Autoren entwickelten diese C-S-Bindungsknüpfungsreaktion weiter und stellten kürzlich ihre kupferkatalysierte Synthese von Vinylsulfiden aus Phenylpropiolsäuren und Thiolen vor (Schema 51).[113]

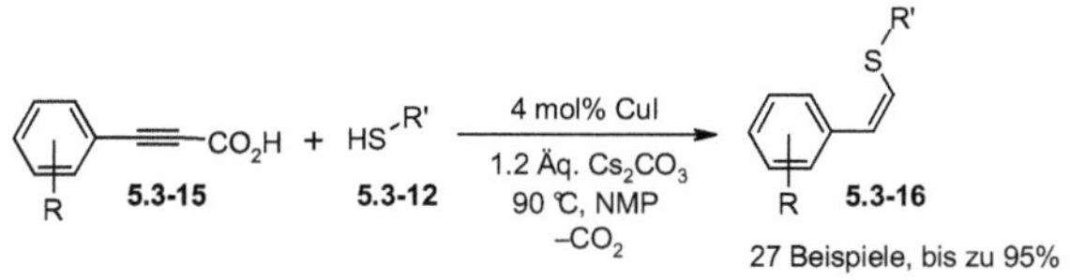

Schema 51: Kupferkatalysierte, decarboxylierende Synthese von Vinylsulfiden.

Mit diesem milderen Verfahren bei 90 °C und 4 mol% Kupfer(I)iodid lassen sich die aliphatischen und aromatischen Vinylsulfide in guter Z-Selektivität erzeugen.

Decarboxylierende Sonogashira-Reaktion

In der decarboxylierende Variante der Sonogashira-Reaktion können Propiolsäuren als wertvoller Ersatz von Acetylen und Acetylenderivaten genutzt werden. Sie müssen nicht gesondert gelagert werden, da keine Dimerisierung, wie sie beispielsweise für Phenylacetylen bekannt, stattfindet. Lee *et al.* entwickelten eine saubere Synthese von unsymmetrischen Diarylalkinen aus Propiolsäure. In einer Eintopfsynthese konnten eine klassische und eine decarboxylierende Sonogashira-Reaktion mit einem Palladiumkatalysator durchgeführt werden (Schema 52).[114]

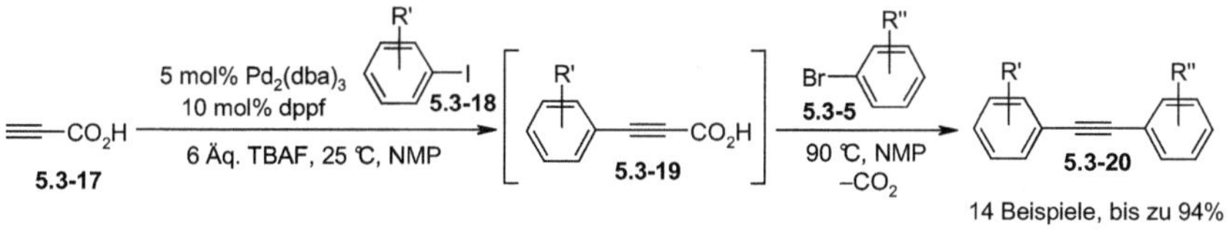

Schema 52: Klassische und decarboxylierende Sonogashira-Reaktion in einer Eintopfsynthese.

Propiolsäure – wesentlich einfacher handhabbar als Acetylen und günstiger als TMS-Acetylen – wird vorerst in einer klassischen Sonogashira-Reaktion mit verschiedenen Aryliodiden bei einer Katalysatorbeladung von 5 mol% $Pd_2(dba)_3$ in NMP bei Raumtemperatur gekuppelt. Nach Zugabe des entsprechenden Arylbromides und Erhöhung der Reaktionstemperatur auf 90 °C werden die unsymmetrischen Diarylalkine in sehr guten Ausbeuten erhalten. Diese Arbeiten zeigen, dass Carbonsäuren exzellente Ersatzstoffe für schwer handhabere Reagentien sind und die Carboxylgruppe als Schutz- und Abgangsgruppe effiziente, regioselektive Synthesen ermöglicht.

You und Xue griffen diese Strategie auf und entwickelten eine kupferkatalysierte Variante für die decarboxylierende Sonogashira-Reaktion von Arylpropiolsäuren und Arylhalogeniden.[115] Desweiteren sind eine Reihe von anderen Verfahren zur decarboxylierenden Kupplung von aliphatischen und aromatischen Propiolsäuren beschrieben worden.[116] Dabei sind neben einem Palladiumkatalysator immer stöchiometrische Mengen eines Silbersalzes notwendig, die diese Methoden im Vergleich mit den oben beschriebenen wenig attraktiv gestalten.

5.4 Decarboxylierende Direktarylierung

Decarboxylierende Direktarylierungen kombinieren zwei moderne Synthesestrategien miteinander und erlauben eine grüne C-C-Bindungsknüpfung ohne metallorganische oder halogenhaltige Kupplungspartner. Vergleicht man die erschienen Beiträge auf diesem Gebiet miteinander fällt auf, dass eine Kombination aus 10-20 mol% Palladiumkatalysator und stöchiometrische Mengen Silber(I)carbonat in DMSO, DMF oder Mischungen dieser beiden Lösungsmittel eine effektive Übergangsmetallkombination für derartige Umsetzungen ist.

Bahnbrechende Arbeiten hierzu stellten Crabtree und Leadbeater an, die die ersten vier Beispiele für eine decarboxylierende Direktarylierung von 2,6-Dimethoxybenzoesäure und eine intramolekulare Variation mit 2-Phenoxybenzoesäure beschrieben (Schema 53).

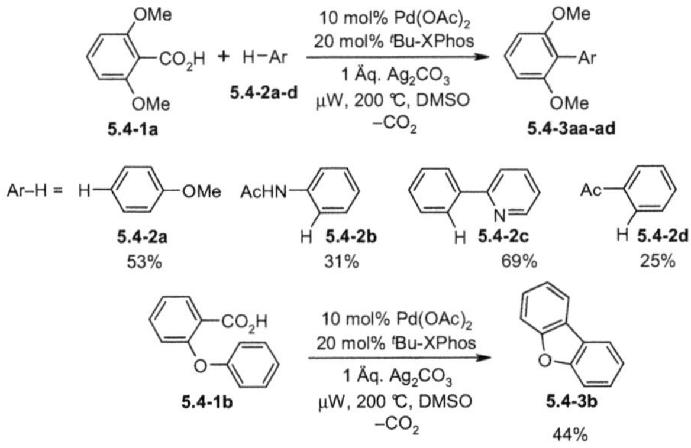

Schema 53: Erste Beispiele einer decarboxylierenden Direktarylierung.

Die Umsetzung gelingt nur mikrowellenunterstützt bei 200 °C und die Ausbeuten sind gering.

Glorius et al. erfassten das Substratspektrum der intramolekularen Variante in ihrer decarboxylierenden Synthese von Dibenzofuranen (Schema 54).[117]

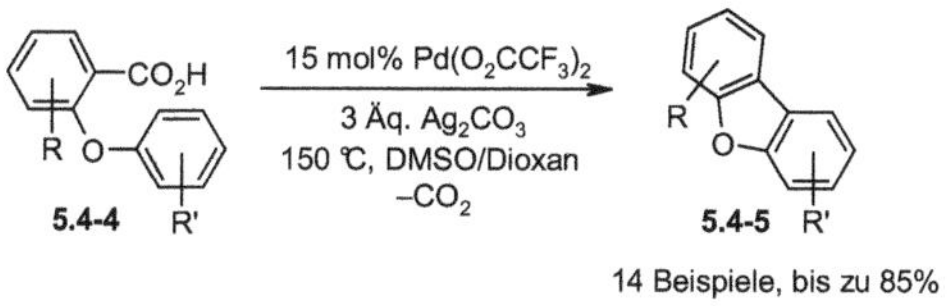

Schema 54: Decarboxylierende Direktarylierung zur Synthese von Dibenzofuranen.

In Gegenwart von Alkinen und dem Liganden Acridin ließ sich diese Strategie auf die Synthese von Phenanthrenen erweitern.[118]

Intermolekulare, decarboxylierende Direktarylierungen sind Larossa et al. mit Indolen als Reaktionspartner gelungen.[119] Dabei können elektronenarme, ortho-substiuierte Benoesäuren regioselektiv an die C3-Position des Indolsubstrates gekuppelt werden. Die Synthese benötigt 20 mol% Pd(MeCN)$_2$Cl$_2$ und nur fünf Beispiele gelingen in mäßigen bis guten Ausbeuten. Su et al. untersuchten die Kupplung mit Indolen genauer und fanden, dass mit einem Katalysatorsystem (7.5 mol% Palladium(II)trifluoracetat, 2 Äq. Silbercarbonat) die C3-Arylierung mit elektronenreichen Benzoesäuren und die C2-Arylierung mit elektronenarmen Substraten in hoher Regioselektivität stattfindet (Schema 55).[120]

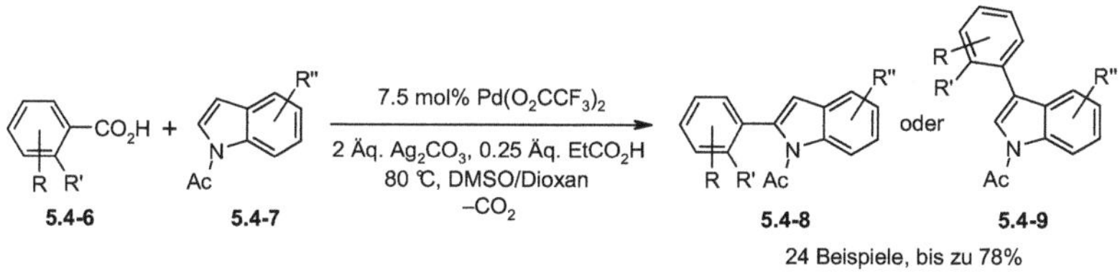

Schema 55: Decarboxylierende Direktarylierung von Indolen.

Die Arbeitsgruppe um Tan hat sich um die decarboxylierende Direktarylierung von 5-Ringheterozyklen und polyfluorierten Aromaten verdient gemacht.[121] Mit 20 mol% Palladium(II)chlorid erfolgt die Synthese zwischen Thiazolen, Oxazolen und polyfluorierten Aromaten und ortho-substituierten Benzoesäuren in moderaten Ausbeuten (Schema 56).

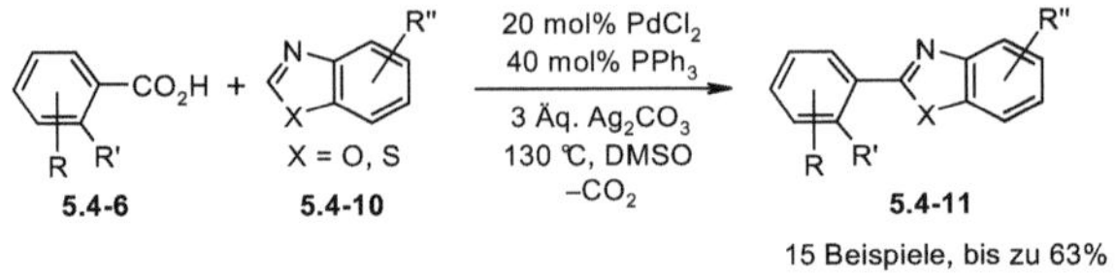

5 Aktuelle Entwicklungen decarboxylierender Kupplungen

Schema 56: Decarboxylierende Direktarylierung von 5-Ringheterozyklen.

Das neue Konzept der decarboxylierenden Direktarylierung ist keineswegs auf aromatische Carbonsäuren beschränkt. Ge und seine Mitarbeiter entwickelten Palladiumkatalysatorsysteme, die eine Ketonsynthese zwischen Phenylpyridinen[122] oder Acetaniliden[123] mit α-oxo-Carbonsäuren vermitteln (Schema 57).

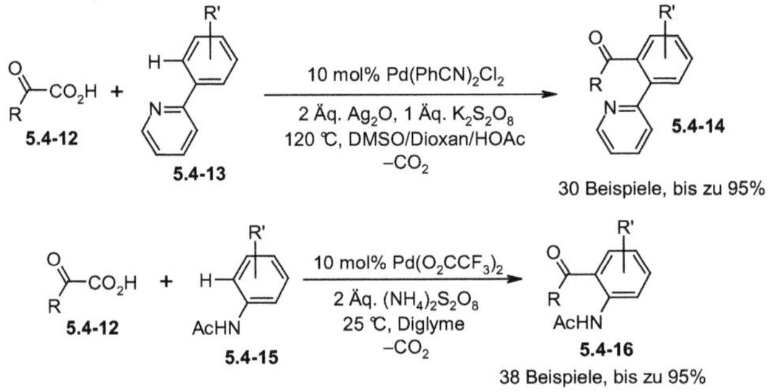

Schema 57: Decarboxylierende Ketonsynthese mit α-oxo-Carbonsäuren.

Bemerkenswert ist, dass die Acetanilidketone bereits bei Raumtemperatur dargestellt werden können. Desweiteren kann die Oxidation des Palladiumkatalysators durch Ammoniumperoxodisulfat anstelle eines Silbersalzes erfolgen.

5.5 Decarboxylierende Allylierung

Eine attraktive Alternative zu α-Alkylierungsreaktionen und der nötigen Verwendung von starken Basen bietet die intramolekulare, palladiumkatalysierte decarboxylierende Allylierung oder allylische Alkylierung.[124] Aus Allylestern oder Allylenolcarbonaten können mit dieser Strategie alkylierte Produkte unter Decarboxylierung erzeugt werden (Schema 58).

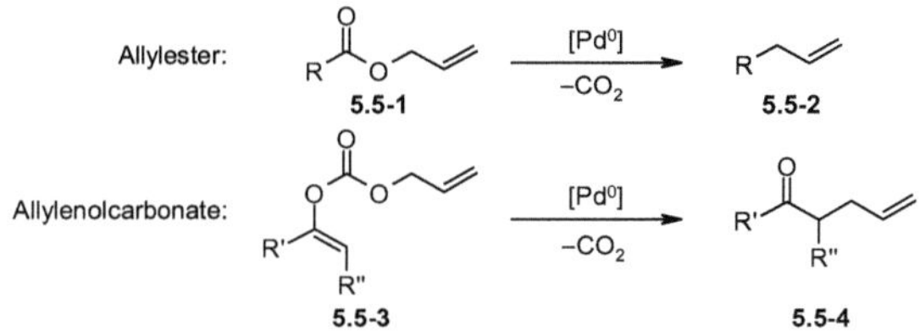

Schema 58: Decarboxylierende Allylierung von Allylestern und Allylenolcarbonaten.

Auf diesem Gebiet der decarboxylierenden Transformationen von sp^3-Zentren, das bereits seit 1980 intensiv erforscht wird, ist eine Vielzahl von Arbeiten in den letzten Jahrzehnten erschienen.[125] Die Reaktion erfolgt über eine oxidative Addition des Palladiumkatalysators und Ausbildung eines Palladiumallylkomplexes. Anschließende Decarboxylierung und reduktive Eliminierung schließt den Katalysezyklus und generiert das alkylierte Produkt. Der Einsatz von chiralen Phosphinliganden hat viele asymmetrische Varianten dieser Reaktion ermöglicht (Schema 59).

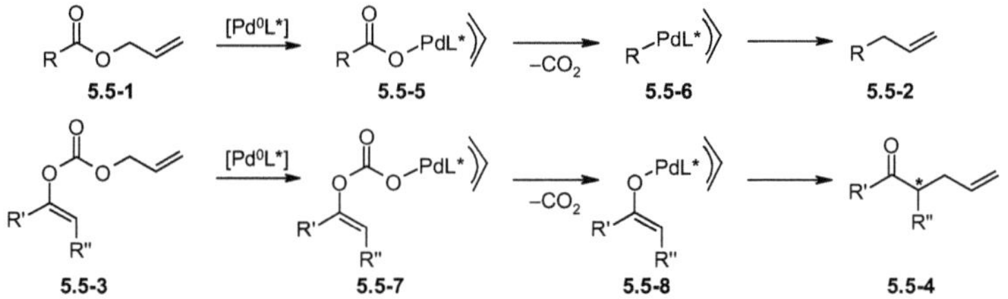

Schema 59: Mechanismus der decarboxyierenden Allylierung.

Diese intramolekulare Reaktion findet vor allem in der Naturstoffsynthese große Verwendung, da herkömmliche α-Alkylierungsreaktionen mit den milden Methoden nicht konkurrieren können.[126]

5.6 Decarboxylierende Derivatisierung von α-Aminosäuren

Eine besonders attraktive Gruppe von Carbonsäuren konnten Li et al. für decarboxylierende C-C-Bindungsknüpfungsreaktionen erschließen. Ihnen gelang es α-Aminosäuren in einer oxidativen, kupferkatalysieren Kupplung mit Alkin-, als auch Indolnukleophilen und Nitromethan zu verknüpfen (Schema 60).[127]

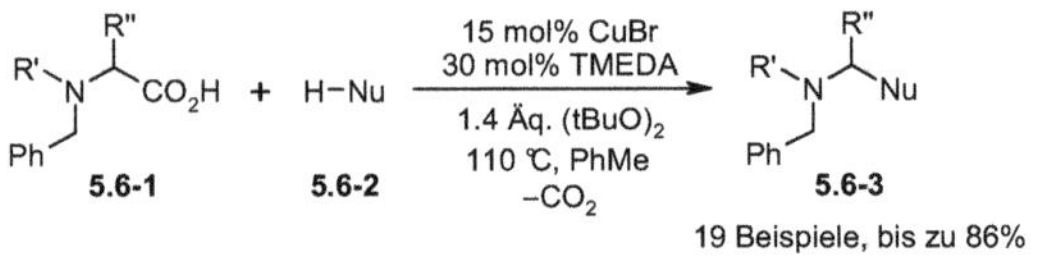

5 Aktuelle Entwicklungen decarboxylierender Kupplungen

$$\text{R'}\underset{Ph}{\overset{R''}{N}}\text{-CO}_2\text{H} + \text{H-Nu} \xrightarrow[\substack{1.4 \text{ Äq. (tBuO)}_2 \\ 110\,°C,\, PhMe \\ -CO_2}]{\substack{15\text{ mol\% CuBr} \\ 30\text{ mol\% TMEDA}}} \text{R'}\underset{Ph}{\overset{R''}{N}}\text{-Nu}$$

5.6-1 **5.6-2** **5.6-3**

19 Beispiele, bis zu 86%

Schema 60: Kupferkatalysierte, decarboxylierende Derivatisierung von α-Aminosäuren.

Mit 15 mol% des Katalysators konnten bei 110 °C in Toluol viele Prolinderivate unter Extrusion von Kohlendioxid derivatisiert werden.

In den darauffolgenden Arbeiten konnte das Kupferkatalysatorsystem weiterentwickelt werden, mit welchem eine Tandemreaktion mit decarboxylierender Kupplung und *in situ*-Funktionalisierung des Stickstoffatoms gelang.[128] Ein noch preiswerterer Eisenkatalysator (10 mol% $FeSO_4$) erlaubt die decarboxylierende Funktionalisierung von Prolinderivaten mit Naphtholsystemen.[129]

6 Ausblick

Auf dem Gebiet der decarboxylierenden Kupplungen sind in den letzten 10 Jahren erstaunliche Ergebnisse erzielt worden und eine Fülle an Carbonsäuren können mittlerweile unter Extrusion von Kohlendioxid derivatisiert werden. Im Hinblick auf die weitläufige Nutzung einer decarboxylierenden Biarylsynthese im industriellen Rahmen muss der zukünftige Fokus auf der Umsetzung von heterozyklischen Derivaten liegen. In Kooperation mit *Pfizer Global R&D* konnten bereits einige pharmazeutisch interessante heterozyklische Substrate zu unsymmetrischen Biarylen gekuppelt werden. Hochinteressant sind aber Picolin- bzw. Pyrimidincarbonsäuren nicht zuletzt weil sie mannigfaltig so einfach verfügbar sind, sondern auch ob ihres Potentials als Wirkstoffe (Schema 61).[130]

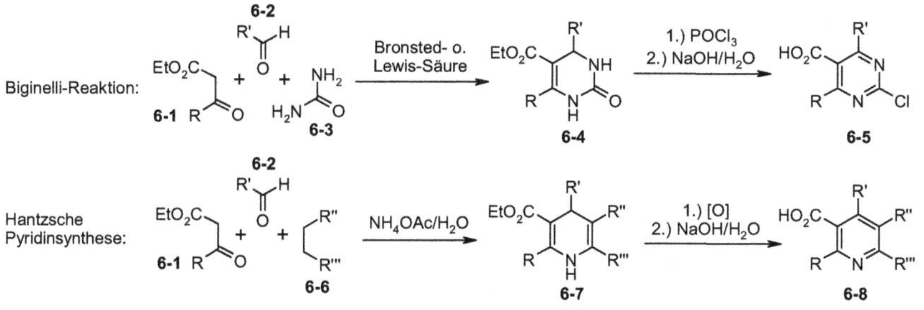

Schema 61: Synthese von Picolin- und Pyrimidincarbonsäuren.

Decarboxylierende Kreuzkupplungen eines breiten Spektrums dieser Säuren sind bis dato gescheitert. Ein potentes bimetallisches Katalysatorsystem für diese Substrate würde daher einen modernen Zugang zu vielen der heutzutage eingesetzten Wirkstoffe, wie Crestor® und Gleevec® ermöglichen (Abbildung 10).

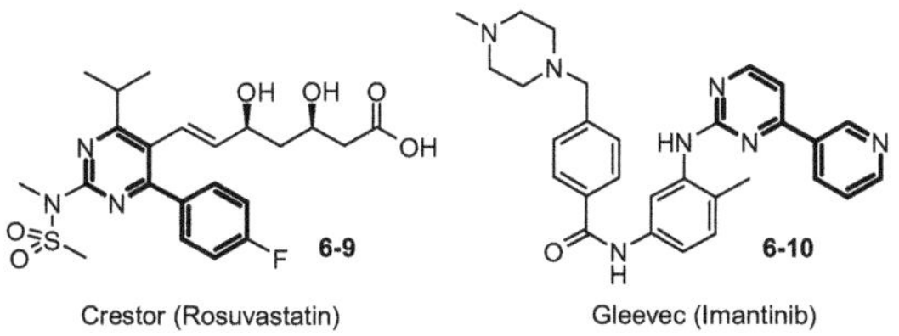

Abbildung 10: Wirkstoffe mit pyrimidin- und pyridinbasierten Biarylsubstrukturen.

Der Fortschritt der decarboxylierenden Biarylsynthese sollte auch weiterhin eng mit nichtklassischen Technologien verknüpft sein. Das entwickelte lösliche Katalysatorsystem für die

6 Ausblick

decarboxylierende Kreuzkupplung im Durchflussreaktor erlaubt zum derzeitigen Stand eine Kupplung von reaktiven, aromatischen Carbonsäuren. Der lösliche Katalysator für die Decarboxylierung ist nicht aktiv genug, um weniger reaktive Carbonsäuren in ausreichender Geschwindigkeit zu decarboxylieren. Ein Durchflussreaktor der zweiten Generation in Kombination mit mikrowellenunterstützter Temperierung könnte die Anwendungsbreite wesentlich erhöhen, da der Decarboxylierungsschritt insbesondere für weniger reaktive Carbonsäuren mit dieser einzigartigen Heiztechnik erheblich beschleunigt wird.

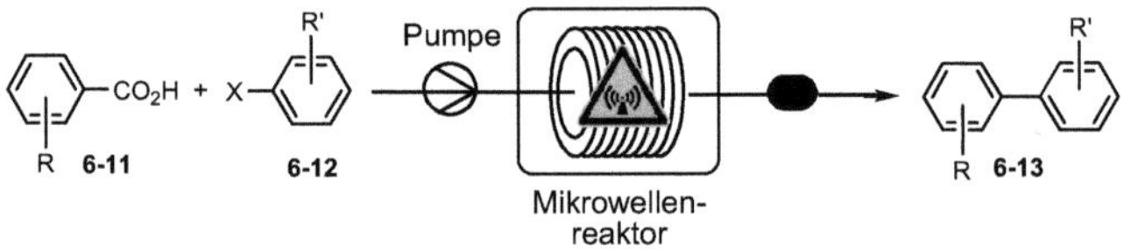

Abbildung 11: Durchflussreaktor beheizt durch Mikrowellenstrahlung.

7 Experimenteller Teil

7.1 Allgemeine Arbeitstechniken

Verwendete Lösungsmittel und Chemikalien

Soweit nicht anders angegeben, wurden alle Experimente unter Verwendung von Standard-Schlenk-Techniken mit Stickstoff als Schutzgas durchgeführt. Feste Einsatzstoffe wurden an Luft eingewogen, dann in den entsprechenden Glasgeräten im Ölpumpenvakuum ($<10^{-3}$ mbar) von Luft- und Feuchtigkeitsspuren befreit und mit Stickstoff rückbefüllt. Kommerziell erhältliche Ausgangschemikalien wurden, wenn nicht anders angegeben, bei einer Reinheit von ≥95% direkt eingesetzt, andernfalls destilliert, umkristallisiert oder getrocknet. Alle verwendeten Lösungsmittel wurden nach den üblichen Verfahren getrocknet, anschließend destilliert und unter Stickstoff über 3 Å-Molekularsieben aufbewahrt.

Analytische Methoden

Dünnschichtchromatographie (DC): Für die analytische Dünnschichtchromatographie (DC) wurden kieselgelbeschichtete Kunststofffolien mit Fluoreszenzindikator (DC-Fertigfolien Polygram Sil-G/UV$_{254}$, Schichtdicke 0.25 mm) der Firma *Macherey & Nagel* verwendet.

Säulenchromatographische Methoden: Zur Säulenchromatographie wurde Kieselgel 60 (Korngröße 0.063-0.200 mm, 230-400 mesh ASTM) der Firmen *Merck* und *Aldrich* verwendet. Die Isolierung der Produkte wurde mit Hilfe des *Combi Flash Companion-Chromatographie-Systems* der Firma *Isco-Systems* vorgenommen.[131] Das System besteht aus einer Chromatographiesäule mit Probenaufgabeeinheit und einem Fraktionssammler mit DAD-Detektor. Als Säulen wurden *RedSep*®-Kartuschen der Größen 4 g und 12 g verwendet. Die individuellen Parameter für die Säulengröße wurden über das Softwareprogramm *PeakTrak* eingestellt. Die Zusammensetzung des Eluenten kann durch die Steuerungssoftware über zwei Kolbepumpen auch während der Trennung variiert werden, so dass Gradienten unmittelbar angepasst werden können. Im Auswertungsprogramm kann das UV-Detektorsignal in Echtzeit verfolgt werden. Ab einer voreingestellten Signalintensität werden die unterschiedlichen Fraktionen gesammelt und auf dem Monitor mit unterschiedlichen Farben dargestellt. Im Gegensatz zu der üblicherweise im Laboralltag verwendeten Flash-Chromatographie, die im Vergleich zum *Companion-Flash-*

Chromatographie-System sehr zeitaufwendig ist, ergibt sich somit die Möglichkeit bei auftretenden Trennproblemen direkt auf das Mischungsverhältnis des Eluenten einzuwirken und somit eine verbesserte Trennleistung zu erzielen.

Gaschromatographie (GC): Gaschromatogramme wurden mit einem Gaschromatographen der Firma *Hewlett Packard* mit einer HP-5 Säule aufgenommen.

Tabelle 17: Gerätedaten GC (TU KL).

Gerät:	Hewlett Packard 6890
Säule:	HP-5 % Phenyl-Methyl-Siloxan 30 m x 320 mm x 0.25 mm, 100/2.3-30-300/3
Injektor:	220 °C, Spit-Verhältnis: 1 / 100
Trägergas:	N_2
Druck:	0.5 bar
Flussrate:	1.5 mL/min
Temperaturprogramm:	60 °C/2 min, 30 °C/min für 8 min, 300 °C/3 min
Detektor:	FID, 330 °C

Für die Experimente, die in den Laboratorien von *Pfizer Global R&D*, Sandwich durchgeführt wurden, wurde die gaschromatographische Analyse mit einem Micromass GCT Mass Spectrometer durchgeführt.

Sofern nicht anders vermerkt, sind die Umsätze in Prozent angegeben, die aus den relativen Größen der Integrale im Vergleich zu einem internen Standard durch einen experimentell ermittelten Faktor errechnet wurden.

Massenspektrometrie (MS): Die Messung von Massenspektren unter Elektronenstoß-Ionisation (EI) erfolgte an einem *GC-MS Saturn 2100 T* Massenspektrometer der Firma *Varian*. Die angegebenen Intensitäten der Signale beziehen sich auf das Verhältnis zum intensivsten Peak (Basispeak). Für Fragmente mit einer Isotopenverteilung ist jeweils nur der intensivste Peak eines Isotopomers aufgeführt. Die Messung von Massenspektren in den Laboratorien von *Pfizer Global R&D* unter chemischer Ionisation (CI) erfolgte an einem Micromass GCT Mass Spectrometer. Als Ionisationsgas wurde Ammoniak verwendet.

Infrarotspektroskopie (IR): Infrarot-Schwingungsspektren (IR) wurden an einem Fourier-Transform-Infrarotspektrometer FT/IR der Firma *Perkin Elmer* aufgenommen. Zu vermessende Feststoffe wurden mit Kaliumbromid verrieben und ein Pressling angefertigt. Zu vermessenden Flüssigkeiten wurden als dünner Film zwischen Natriumchlorid-Platten gebracht. Die Angaben der Schwingungsbandenlage erfolgt in Wellenzahlen (cm^{-1}).

Kernresonanzspektroskopie (NMR): ^{1}H-NMR-, ^{13}C{^{1}H}-NMR-Spektren wurden bei Raumtemperatur an FT-NMR-Spektrometern DPX 200, DPX 400, und Avance 600 der Firma *Bruker* und *Varian* 400 MHz aufgenommen. Die chemischen Verschiebungen der Signale sind in ppm-Einheiten (parts per million) der δ-Skala angegeben, als interner Standard dienten die Resonanzsignale der Restprotonen des verwendeten deuterierten Lösungsmittels bei ^{1}H-Spektren (Chloroform: 7.25 ppm, D$_2$O: 4.79 ppm, Methanol: 3.35 ppm) und die entsprechenden Resonanzsignale bei ^{13}C{^{1}H}-Spektren (Chloroform: 77.0 ppm, Methanol: 49.3 ppm). Die Multiplizität der Signale wird durch folgende Abkürzungen wiedergegeben: s = Singulett, d = Dublett, dd = Dublett eines Dubletts, ddd = Dublett eines Doppeldubletts, dt = Dublett eines Tripletts, t = Triplett, td = Triplett eines Dubletts, q = Quartett, m = Multiplett. Die Kopplungskonstanten *J* sind in Hertz (Hz) angegeben. Bearbeitung und Auswertung der Spektren erfolgte mit der Software *ACD-Labs 7.0* (Advanced Chemistry Development Inc.).

Elementaranalyse: Die Elementaranalysen (C,H,N-Analyse beziehungsweise C,H,N,S-Analyse) wurden mit dem *Elementar Analyser 2400 CHN* der Firma *Perkin Elmer* oder mit der *vario MICRO cube* der Firma *Elementar Analysentechnik* durchgeführt. Die so bestimmten Gewichtsprozente der Elemente in den Verbindungen wurden den berechneten gegenübergestellt.

Schmelzpunktbestimmung: Schmelzpunkte wurden mit dem *Mettler FP61* der Firma *Mettler Toledo* bestimmt.

Durchführung von Reihenversuchen

Für die parallele Durchführung einer großen Zahl von Katalyseexperimenten wurden eigens entworfene spezielle Versuchsaufbauten genutzt. Alle Versuche wurden in 20 mL oder in 60 mL Headspace-Vials für die Gaschromatographie, die mit Aluminiumbördelkappen mit Teflon beschichteten Butylgummi-Septen verschlossen wurden, durchgeführt. Die verwendeten Bördelkappen waren zudem mit Perforationen versehen, die bei einem

Überdruck von mehr als 0.5 bar ausreißen und auf diese Weise eine Explosion der Gefäße verhindern.

Zur Temperierung der Gefäße wurden 8 cm hohe zylindrische Aluminiumblöcke genutzt, die in ihrem Durchmesser genau dem der Heizplatten von Labormagnetrühren entsprechen. Diese Aluminiumblöcke besitzen zehn 7 cm tiefen Bohrungen vom Durchmesser der Reaktionsgefäße und einer Bohrung zur Aufnahme eines Temperaturfühlers. Zum Evakuieren und Rückfüllen von jeweils zehn Gefäßen gleichzeitig wurden Vakuumverteiler zum Anschluss an die Vakuumlinie genutzt. Dazu wurden jeweils zehn vakuumfeste 3 mm Teflonschläuche an einem Ende mit Adaptern zur Aufnahme von Luer-Lock-Spritzennadeln verbunden und mit dem anderen Ende an ein Stahlrohr angeschlossen, das über einen Vakuumschlauch mit der Vakuumlinie verbunden wurde.

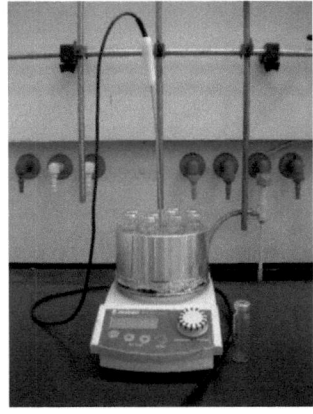 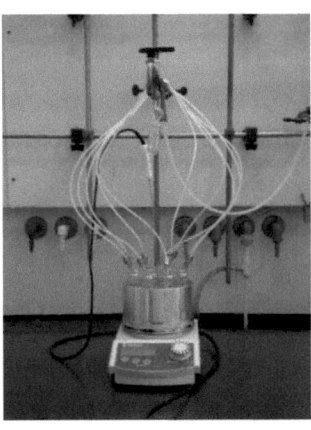

Schema 62: Aluminiumblock und Magnetrührer.   Schema 63: Verteiler für Reihenversuche.

Zur Durchführung von Reihenversuchen wurden die festen Einsatzstoffe an der Luft in die Reaktionsgefäße eingewogen, 20 mm Magnetrührstäbe zugesetzt und die Gefäße mittels einer Bördelzange mit Septenkappen luftdicht verschlossen. Der obere Teil des Reaktionsgefäßes, der aus der Bohrung des Reaktionsblockes herausragte, wurde mit der Reaktionsnummer beschriftet. Jeweils zehn Reaktionsgefäße wurden in die Bohrungen eines Aluminiumblocks gesteckt und über Hohlnadeln, die durch die Septenkappen gesteckt wurden, mit dem Vakuumverteiler verbunden.

Die Reaktionsgefäße wurden danach gemeinsam dreimal hintereinander evakuiert und mit Stickstoff rückgefüllt. Nachdem die Reaktionsgefäße auf diese Weise mit einer

Inertgasatmosphäre versehen waren, wurde an der Vakuumlinie über ein Nadelventil ein Druckausgleich mit der Außenatmosphäre hergestellt. Mit Hilfe von Spritzen wurden flüssige Reagenzien bzw. Lösungsmittel durch die Septenkappen hindurch zugesetzt. Danach wurde der Aluminiumblock auf Reaktionstemperatur gebracht und die Nadeln des Vakuumverteilers unter einem schwachen Inertgasüberdruck entfernt. Alle Temperaturangaben beziehen sich auf die Temperaturen der Heizblöcke. Alle Reaktionen wurden in Gegenwart eines internen Standards, in der Regel n-Tetradecan durchgeführt.

Nach Ablauf der Reaktionszeit und Abkühlen auf Raumtemperatur wurden die Gefäße vorsichtig geöffnet und mit Hilfe von Einwegpipetten 0.25 mL Proben entnommen. Dabei wurde stets auf die Homogenität des Reaktionsgemisches geachtet. Die Proben wurden in 6 ml Rollrandgefäße verbracht, die 3 mL eines geeigneten Lösungsmittels, in der Regel Essigsäureethylester und 2 mL 1 N Salzsäure, Wasser oder 10%-ige Na_2(EDTA)-Lösung enthielten. Die beiden Phasen wurden mit Hilfe der Pipette zunächst gut durchmischt. Anschließend wurden jeweils 2 mL der organischen Phase durch eine Filterpipette gefüllt mit Natriumhydrogencarbonat im Falle von 1 N Salzsäure, sowie Magnesiumsulfat in 2 mL GC-Probengläschen hinein filtriert. Mittels Gaschromatographie wurden die Umsätze der Reaktionen relativ zum internen Standard ermittelt.

Mit Hilfe der neu entwickelten Versuchsapparaturen ließen sich Reihenversuche in einem Bruchteil der Zeit durchführen, die bei der Verwendung von Standardtechniken erforderlich wäre. Nur durch die Anwendung dieser Parallelisierungstechniken und durch die Nutzung eines elektronischen Laborjournals war es möglich, eine große Zahl an Experimenten innerhalb von so kurzer Zeit durchzuführen und auszuwerten.

Durchführung von mikrowellenunterstützten Reaktionen

Mikrowellenunterstützte Reaktionen wurden mit zwei verschiedenen Mono-Mode-Labormikrowellen durchgeführt. Es kamen die Labormikrowellen Discover™ LabMate der Firma *CEM* und Initiator™ 2.5 EXP der Firma *Biotage* zum Einsatz. Die Reaktionen wurden mit den entsprechenden Steuerungssoftwares *CEM's* ChemDriver™ und *Biotage's* Initiator™ verfolgt und gesteuert.[132] Die präzise Heizreglung wird durch ein leistungsstarkes 300 W (CEM) oder 400 W (Biotage) Magnetron erzielt.

Die Reaktionsführung lässt sich in beiden Systemen reproduzierbar realisieren, bedarf aber einiger Modifikationen in den Reaktionsparametern der Initiator™ 2.5 EXP. Die

Reaktionsgefäße in der Discover™ LabMate werden kontinuierlich mit einem Druckluftstrom, der nicht abstellbar ist, gegengekühlt. Dies ist nicht der voreingestellte Parametersatz der Initiator™ 2.5 EXP und muss daher gesondert aktiviert werden. Diese Einstellung führt zu einer kontinuierlichen Mikrowelleneinstrahlung im gesamten Reaktionsverlauf und identischen Ergebnissen auf beiden Systemen.

Die Reaktionen können in vier unterschiedlich großen Reaktionsgefäßen jederzeit ohne Systemmodifikationen durchgeführt werden. Dies ermöglicht größere Flexibilität und eine direkte Maßstabsübertragung vom Milligramm in den Gramm-Maßstab. Alle mikrowellenunterstützten Reaktionen wurden in dafür geeigneten Überdruck-Reaktionsgefäßen, die mit Aluminiumbördelkappen mit Teflon beschichteten Septen verschlossen wurden, durchgeführt. Zum Evakuieren und Rückfüllen von jeweils zehn Gefäßen gleichzeitig kamen die bereits beschriebenen Vakuumverteiler zum Einsatz. Zur Durchführung von Versuchen in der Labormikrowelle wurden die festen Einsatzstoffe an der Luft in die Reaktionsgefäße eingewogen, entsprechenden Magnetrührstäbe zugesetzt und die Gefäße mittels einer Bördelzange mit Septenkappen luftdicht verschlossen. Die Reaktionsgefäße wurden danach gemeinsam dreimal hintereinander evakuiert und mit Stickstoff rückgefüllt. Nachdem die Reaktionsgefäße auf diese Weise mit einer Inertgasatmosphäre versehen waren, wurde an der Vakuumlinie über ein Nadelventil ein Druckausgleich mit der Außenatmosphäre hergestellt. Mit Hilfe von Spritzen wurden flüssige Reagenzien bzw. Lösungsmittel durch die Septenkappen hindurch zugesetzt. Danach wurden die Nadeln des Vakuumverteilers entfernt und die Septenkappen durch unperforierte Septenkappen schnellstmöglich ersetzt. Ein Verlust der Inertatmosphäre auf diesem Wege hatte keinen Einfluß auf die Ergebnisse der Experimente. Danach wurden die Reaktionsgefäße der Mikrowellenstrahlung ausgesetzt während die unmittelbare Umgebung des Gefäßes durch einen permanenten Druckluftstrom gegengekühlt wurde. Die angegebenen Temperaturen beziehen sich auf die durch den Temperaturfühler gemessenen Temperaturen. Alle Reaktionen wurden in Gegenwart eines internen Standards, in der Regel *n*-Tetradecan durchgeführt.

Nach Ablauf der Reaktionszeit und Abkühlen auf Raumtemperatur wurden die Gefäße vorsichtig geöffnet und mit Hilfe von Einwegpipetten 0.25 mL Proben entnommen. Dabei wurde stets auf die Homogenität des Reaktionsgemisches geachtet. Die Proben wurden in 6 ml Rollrandgefäße verbracht, die 3 mL eines geeigneten Lösungsmittels, in der Regel

Essigsäureethylester und 2 mL 1 N Salzsäure oder Wasser enthielten. Die beiden Phasen wurden mit Hilfe der Pipette zunächst gut durchmischt. Anschließend wurden jeweils 2 mL der organischen Phase durch eine Filterpipette gefüllt mit Natriumhydrogencarbonat im Falle von 1 N Salzsäure, sowie Magnesiumsulfat in 2 mL GC-Probengläschen hinein filtriert. Mittels Gaschromatographie wurden die Umsätze der Reaktionen relativ zum internen Standard ermittelt.

Tabelle 18: Technische Daten der genutzten Mikrowellensysteme.

Gerät:	CEM Discover™ LabMate	Biotage Initiator™ 2.5 EXP
Temperaturbereich:	-80-300 °C	40-250 °C
Druckbereich:	0-21 bar	0-20 bar
Leistungsbereich:	0-300 W bei 2.45 GHz	0-400 W bei 2.45 GHz
Reaktionsvolumen:	0.2-125 mL	0.2-20 mL
Durchmischung:	Magnetrührer (900 U/min)	Magnetrührer (900 U/min)
Kühlung:	Druckluftversorgung, >60 L/min, 2.5-4 bar	Druckluftversorgung, >60 L/min, 2.5-4 bar

Durchführung von Versuchen im Durchflussreaktor

Die Experimente im Durchflussreaktor wurden mit einem Reaktor der Firma *Vapourtec* durchgeführt.[133] Der zweiteilige Reaktor besteht aus der R2+-Pumpeinheit und einer R4-Heizeinheit. Die Pumpeinheit ermöglicht mit insgesamt vier HPLC-Pumpen, die Reaktionsführung im kontinuierlichen Fluss durch Aspiration aus zwei Stammlösungsreservoirs (vor den Pumpen) oder die Durchführung von Einzelreaktionen über zwei Probenschleifen (2 mL, nach der Pumpe). Es können Flussraten von 0.05-10.0 mL/min über eine Digitalanzeige direkt am Gerät eingestellt werden. Die beiden Lösungsflüsse sind über ein T-Stück, indem die Mischung kurz vor Reaktoreintritt stattfindet miteinander verbunden. Die Heizeinheit ist mit vier Steckplätzen für handelsübliche Spulenreaktoren ausgestattet. Die Reaktortemperierung erfolgt über einen beheizten Luftstrom. Es können Reaktionstemperaturen von 25-250 °C erreicht werden. Für alle Reaktionen wurden Spulreaktoren aus Edelstahl (10 mL) oder Kupfer (10 mL) verwendet.

Über eine Digitalanzeige werden alle gewünschten Reaktionsparameter direkt am Reaktor eingestellt und gestartet. Per Knopfdruck kann zwischen den einzelnen HPLC-Pumpen auch im laufenden Betrieb gewechselt werden. Die Durchführung einzelner Reaktionen erfolgt dann über die Bestückung der Probenschleife mit einer Spritze über den Luer-Lock-Adapter, gefolgt von einer 1 cm langen Luftblase, die Dispersion im Verlauf des Durchflusses vermeidet. Über ein 3/3-Wege-Ventil wird die Flussrichtung umgekehrt und die Reaktionslösung durch den vorgeheizten Reaktor gepumpt. Nach dem Spulreaktor befindet sich eine weitere Edelstahlspule, die für eine Abkühlung der Reaktionslösung auf Raumtemperatur sorgt bevor die Lösung aus dem Reaktor austritt. Das anschließende Rückstoßventil (100 psi, ~7 bar) erlaubt eine kontrollierte Reaktionsführung unter Gasentwicklung.

Nach entsprechender Vorlaufzeit gemäß der Flussrate und damit verbundenen Verweildauer wird die Reaktionlösung in einem 12 mL Einweggefäß gesammelt. Proben (0.25 mL) wurden in 6 ml Rollrandgefäße verbracht, die 3 mL eines geeigneten Lösungsmittels, in der Regel Essigsäureethylester und 2 mL 1 N Salzsäure oder Wasser enthielten. Die beiden Phasen wurden mit Hilfe der Pipette zunächst gut durchmischt. Anschließend wurden jeweils 2 mL der organischen Phase durch eine Filterpipette gefüllt mit Natriumhydrogencarbonat im Falle von 1 N Salzsäure, sowie Magnesiumsulfat in 2 mL GC-Probengläschen hinein filtriert. Mittels Gaschromatographie wurden die Umsätze der Reaktionen relativ zum internen Standard ermittelt.

Durchführung von präparativen Versuchen

Präparative Versuche wurden in 20 mL bzw. 60 mL Einweggefäßen durchgeführt. Im Experimentalteil sind alle Versuche beschrieben, die zur Darstellung und Isolierung der in den Tabellen des Theorieteils enthaltenen Verbindungen führten. Bei den angegebenen Ausbeuten handelt es sich, wenn nicht anders vermerkt, um isolierte Ausbeuten. Alle Verbindungen wurden mit Hilfe von ^{1}H- und ^{13}C{^{1}H}-NMR, GC bzw. GC-MS, sowie CHN-Analyse charakterisiert. Die erhaltenen Daten sind für alle Verbindungen im Anhang explizit angegeben.

7 EXPERIMENTELLER TEIL

7.2 Synthese von Kaliumcarboxylaten

Allgemeine Versuchsvorschrift

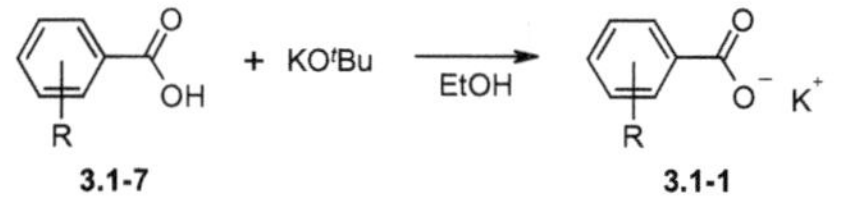

Schema 64: Synthese von Kaliumcarboxylaten.

Zu einer Lösung der aromatischen Carbonsäure (**3.1-6**) (20.0 mmol) in Ethanol (20 mL) wurde eine Lösung von Kalium-*tert*-butoxid (2.24 g, 20.0 mmol) tropfenweise über einen Zeitraum von 2 h hinzugegeben. Nach vollständiger Zugabe wurde die Reaktionslösung noch 1 h bei 25 °C gerührt. Der entstandene Niederschlag wurde abfiltriert und mit Ethanol (2 x 10.0 mL) und Diethylether (10.0 mL) gewaschen. Das Lösungsmittel wurde im Hochvakuum (2 x 10^{-3} mbar) entfernt und die Kaliumcarboxylate (**3.1-1**) erhalten.

Synthese von Kalium-2-nitrobenzoat (3.1-1a)

Kalium-2-nitrobenzoat wurde nach der allgemeinen Versuchsvorschrift aus 2-Nitrobenzoesäure (3.34 g, 20.0 mmol) dargestellt und als ein weißer Feststoff erhalten (4.01 g, 98%). Die analytischen Daten (NMR, CHN-Analyse) stimmen mit den literaturbekannten Daten von Kalium-2-nitrobenzoat überein [CAS: 15163-59-4].

Synthese von Kalium-3-nitrobenzoat (3.1-1b)

Kalium-3-nitrobenzoat wurde nach der allgemeinen Versuchsvorschrift aus 3-Nitrobenzoesäure (3.34 g, 20.0 mmol) dargestellt und als ein weißer Feststoff erhalten (3.77 g, 92%). Die analytischen Daten (NMR, CHN-Analyse) stimmen mit den literaturbekannten Daten von Kalium-3-nitrobenzoat überein [CAS: 18312-48-6].

Synthese von Kalium-4-nitrobenzoat (3.1-1c)

Kalium-4-nitrobenzoat wurde nach der allgemeinen Versuchsvorschrift aus 4-Nitrobenzoesäure (3.34 g, 20.0 mmol) dargestellt und als ein weißer Feststoff erhalten (3.92 g, 95%). The analytischen Daten (NMR, CHN-Analyse) stimmen mit den literaturbekannten Daten von Kalium-4-nitrobenzoat überein [CAS: 15922-01-7].

Synthese von Kalium-3-cyanobenzoat (3.1-1d)

Kalium-3-cyanobenzoat wurde nach der allgemeinen Versuchsvorschrift aus 3-Cyanobenzoesäure (2.94 g, 20.0 mmol) dargestellt und als ein weißer Feststoff erhalten

(3.47 g, 94%). Die analytischen Daten (NMR, CHN-Analyse) stimmen mit den literaturbekannten Daten von Kalium-3-cyanobenzoat überein [CAS: 1086406-19-0].

Synthese von Kalium-4-cyanobenzoat (3.1-1e)

Kalium-4-cyanobenzoat wurde nach der allgemeinen Versuchsvorschrift aus 4-Cyanobenzoesäure (2.94 g, 20.0 mmol) dargestellt und als ein weißer Feststoff erhalten (3.58 g, 97%). Die analytischen Daten (NMR, CHN-Analyse) stimmen mit den literaturbekannten Daten von Kalium-4-cyanobenzoat überein [CAS: 120543-33-1].

Synthese von Kalium-4-trifluormethylbenzoat (3.1-1f)

Kalium-4-trifluormethylbenzoat wurde nach der allgemeinen Versuchsvorschrift aus 4-Trifluormethylbenzoesäure (3.80 g, 20.0 mmol) dargestellt und als ein weißer Feststoff erhalten (4.41 g, 98%). Die analytischen Daten (NMR, CHN-Analyse) stimmen mit den literaturbekannten Daten von Kalium-4-trifluormethylbenzoat überein [CAS: 1195761-03-5].

Synthese von Kalium-1-naphthoat (3.1-1g)

Kalium-1-naphthoat wurde nach der allgemeinen Versuchsvorschrift aus 1-Naphthalincarbonsäure (3.44 g, 20.0 mmol) dargestellt und als ein weißer Feststoff erhalten (3.62 g, 86%). Die analytischen Daten (NMR, CHN-Analyse) stimmen mit den literaturbekannten Daten von Kalium-1-naphthoat überein [CAS: 16518-19-7].

Synthese von Kalium-3-methyl-4-nitrobenzoat (3.1-1h)

Kalium-3-methyl-4-nitrobenzoat wurde nach der allgemeinen Versuchsvorschrift aus 3-Methyl-4-nitrobenzoesäure (3.62 g, 20.0 mmol) dargestellt und als ein weißer Feststoff erhalten (4.17 g, 95%). Die analytischen Daten (NMR, CHN-Analyse) stimmen mit den literaturbekannten Daten von Kalium-3-methyl-4-nitrobenzoat überein [CAS: 1086406-21-4].

Synthese von Kalium-4-acetamidobenzoat (3.1-1i)

Kalium-4-acetamidobenzoat wurde nach der allgemeinen Versuchsvorschrift aus 4-Acetamidobenzoesäure (3.58 g, 20.0 mmol) dargestellt und als ein weißer Feststoff erhalten (4.21 g, 97%). Die analytischen Daten (NMR, CHN-Analyse) stimmen mit den literaturbekannten Daten von Kalium-4-acetamidobenzoat überein [CAS: 1086406-22-5].

Synthese von Kalium-3-chlorbenzoat (3.1-1j)

Kalium-3-chlorbenzoat wurde nach der allgemeinen Versuchsvorschrift aus 3-Chlorbenzoesäure (3.13 g, 20.0 mmol) dargestellt und als ein weißer Feststoff erhalten

(3.61 g, 93%). Die analytischen Daten (NMR, CHN-Analyse) stimmen mit den literaturbekannten Daten von Kalium-3-chlorbenzoat überein [CAS: 16518-11-9].

Synthese von Kalium-3-methoxybenzoat (3.1-1k)

Kalium-3-methoxybenzoat wurde nach der allgemeinen Versuchsvorschrift aus 3-Methoxybenzoesäure (3.04 g, 20.0 mmol) dargestellt und als ein weißer Feststoff erhalten (2.89 g, 76%). Die analytischen Daten (NMR, CHN-Analyse) stimmen mit den literaturbekannten Daten von Kalium-3-methoxybenzoat überein [CAS: 74525-40-9].

Synthese von Kaliumnicotinat (3.1-1l)

Kaliumnicotinat wurde nach der allgemeinen Versuchsvorschrift aus Nicotinsäure (2.46 g, 20.0 mmol) dargestellt und als ein weißer Feststoff erhalten (3.15 g, 98%). Die analytischen Daten (NMR, CHN-Analyse) stimmen mit den literaturbekannten Daten von Kaliumnicotinat überein [CAS: 16518-17-5].

Synthese von Kaliumthiophen-3-carboxylat (3.1-1m)

Kaliumthiophen-3-carboxylat wurde nach der allgemeinen Versuchsvorschrift aus 3-Thiophencarbonsäure (2.56 g, 20.0 mmol) dargestellt und als ein weißer Feststoff erhalten (3.02 g, 91%). Die analytischen Daten (NMR, CHN-Analyse) stimmen mit den literaturbekannten Daten von Kaliumthiophen-3-carboxylat überein [CAS: 1195761-04-6].

Synthese von Kalium-2-fluorbenzoat (3.1-1n)

Kalium-2-fluorbenzoat wurde nach der allgemeinen Versuchsvorschrift aus 2-Fluorbenzoesäure (2.80 g, 20.0 mmol) dargestellt und als ein weißer Feststoff erhalten (3.39 g, 95%). Die analytischen Daten (NMR, CHN-Analyse) stimmen mit den literaturbekannten Daten von Kalium-2-fluorbenzoat überein [CAS: 16463-37-9].

Synthese von Kalium-5-methyl-2-nitrobenzoat (3.1-1o)

Kalium-5-methyl-2-nitrobenzoat wurde nach der allgemeinen Versuchsvorschrift aus 5-Methyl-2-nitrobenzoesäure (3.62 g, 20.0 mmol) dargestellt und als ein weißer Feststoff erhalten (4.27 g, 97%). Die analytischen Daten (NMR, CHN-Analyse) stimmen mit den literaturbekannten Daten von Kalium-5-methyl-2-nitrobenzoat überein [CAS: 59639-92-8].

Synthese von Kalium-2-isopropyloxycarbonylbenzoat (3.1-1p)

Kalium-2-isopropyloxycarbonylbenzoat wurde nach der allgemeinen Versuchsvorschrift aus Phthalsäureanhydrid (2.96 g, 20.0 mmol) in 2-Propanol anstelle von Ethanol dargestellt und als ein weißer Feststoff erhalten (3.95 g, 80%). Die analytischen Daten (NMR, CHN-Analyse) stimmen mit den literaturbekannten Daten von Kalium-2-isopropyloxycarbonylbenzoat überein [CAS: 1071850-03-7].

Synthese von Kalium-2-formylbenzoat (3.1-1q)

Kalium-2-formylbenzoat wurde nach der allgemeinen Versuchsvorschrift aus 2-Formylbenzoesäure (3.00 g, 20.0 mmol) dargestellt und als ein weißer Feststoff erhalten (3.05 g, 81%). Die analytischen Daten (NMR, CHN-Analyse) stimmen mit den literaturbekannten Daten von Kalium-2-formylbenzoat überein [CAS: 97051-59-7].

Synthese von Kalium-2-cyanobenzoat (3.1-1r)

Kalium-2-cyanobenzoat wurde nach der allgemeinen Versuchsvorschrift aus 2-Cyanobenzoesäure (2.94 g, 20.0 mmol) dargestellt und als ein weißer Feststoff erhalten (3.58 g, 97%). Die analytischen Daten (NMR, CHN-Analyse) stimmen mit den literaturbekannten Daten von Kalium-2-cyanobenzoat überein [CAS: 1071849-95-0].

Synthese von Kalium-2-methoxybenzoat (3.1-1s)

Kalium-2-methoxybenzoat wurde nach der allgemeinen Versuchsvorschrift aus 2-Methoxybenzoesäure (3.04 g, 20.0 mmol) dargestellt und als ein weißer Feststoff erhalten (3.72 g, 98%). Die analytischen Daten (NMR, CHN-Analyse) stimmen mit den literaturbekannten Daten von Kalium-2-methoxybenzoat überein [CAS: 16463-34-6].

Synthese von Kaliumthiophen-2-carboxylat (3.1-1t)

Kaliumthiophen-2-carboxylat wurde nach der allgemeinen Versuchsvorschrift aus 2-Thiophencarbonsäure (2.56 g, 20.0 mmol) dargestellt und als ein weißer Feststoff erhalten (3.13 g, 94%). Die analytischen Daten (NMR, CHN-Analyse) stimmen mit den literaturbekannten Daten von Kaliumthiophen-2-carboxylat überein [CAS: 33311-43-2].

Synthese von Kaliumfuran-2-carboxylat (3.1-1u)

Kaliumfuran-2-carboxylat wurde nach der allgemeinen Versuchsvorschrift aus 2-Furancarbonsäure (2.24 g, 20.0 mmol) dargestellt und als ein weißer Feststoff erhalten (2.82 g, 94%). Die analytischen Daten (NMR, CHN-Analyse) stimmen mit den literaturbekannten Daten von Kaliumfuran-2-carboxylat überein [CAS: 20842-02-8].

Synthese von Kalium-oxo-(4-tolyl)acetat (3.1-4a)

Kalium-oxo-(4-tolyl)acetat wurde nach der allgemeinen Versuchsvorschrift aus α-Oxo-(4-tolyl)essigsäureethylester (3.84 g, 20.0 mmol) dargestellt und als ein weißer Feststoff erhalten (3.25 g, 80%). Die analytischen Daten (NMR, CHN-Analyse) stimmen mit den literaturbekannten Daten von Kalium-oxo-(4-tolyl)acetat überein [CAS: 1033133-17-3].

Synthese von Kalium-3,3,3-trimethylpyruvat (3.1-4b)

Kalium-3,3,3-trimethylpyruvat wurde nach der allgemeinen Versuchsvorschrift aus Trimethylpyruvatsäure (2.60 g, 20.0 mmol) dargestellt und als ein weißer Feststoff erhalten (2.76 g, 82%). Die analytischen Daten (NMR, CHN-Analyse) stimmen mit den literaturbekannten Daten von Kalium-3,3,3-trimethylpyruvat überein [CAS: 41394-66-5].

Synthese von Kalium-3-methyl-2-nitrobenzoat (3.2-17j)

Kalium-3-methyl-2-nitrobenzoat wurde nach der allgemeinen Versuchsvorschrift aus 3-Methyl-2-nitrobenzoesäure (3.62 g, 20.0 mmol) dargestellt und als ein weißer Feststoff erhalten (4.27 g, 97%). Die analytischen Daten (NMR, CHN-Analyse) stimmen mit den literaturbekannten Daten von Kalium-3-methyl-2-nitrobenzoat überein [CAS: 80841-44-7].

Synthese von Kalium-5-methoxy-2-nitrobenzoat (3.2-17l)

Kalium-5-methoxy-2-nitrobenzoat wurde nach der allgemeinen Versuchsvorschrift aus 5-Methoxy-2-nitrobenzoesäure (3.94 g, 20.0 mmol) dargestellt und als ein weißer Feststoff erhalten (3.45 g, 73%). Die analytischen Daten (NMR, CHN-Analyse) stimmen mit den literaturbekannten Daten von Kalium-5-methoxy-2-nitrobenzoat überein [CAS: 1071850-00-4].

Synthese von Kalium-2,6-dimethoxybenzoat (3.3-16b)

Kalium-2,6-dimethoxybenzoat wurde nach der allgemeinen Versuchsvorschrift aus 2,6-Dimethoxybenzoesäure (3.64 g, 20.0 mmol) dargestellt und als ein weißer Feststoff erhalten (3.12 g, 71%). Die analytischen Daten (NMR, CHN-Analyse) stimmen mit den literaturbekannten Daten von Kalium-2,6-dimethoxybenzoat überein [CAS: 16463-42-6].

Synthese von Kalium-2,6-dichlorbenzoat (3.3-16d)

Kalium-2,6-dichlorbenzoat wurde nach der allgemeinen Versuchsvorschrift aus 2,6-Dichlorbenzoesäure (3.82 g, 20.0 mmol) dargestellt und als ein weißer Feststoff erhalten

(3.82 g, 83%). Die analytischen Daten (NMR, CHN-Analyse) stimmen mit den literaturbekannten Daten von Kalium-2,6-dichlorbenzoat überein [CAS: 10056-98-1].

Synthese von Kalium-5-fluor-2-nitrobenzoat (3.3-16f)

Kalium-5-fluor-2-nitrobenzoat wurde nach der allgemeinen Versuchsvorschrift aus 5-Fluor-2-nitrobenzoesäure (3.72 g, 20.0 mmol) dargestellt und als ein blass gelber Feststoff erhalten (4.29 g, 96%). Die analytischen Daten (NMR, CHN-Analyse) stimmen mit den literaturbekannten Daten von Kalium-5-fluor-2-nitrobenzoat überein [CAS: 92449-40-6].

Synthese von Kalium-6-methyl-2-nitrobenzoat (3.3-16g)

Kalium-6-methyl-2-nitrobenzoat wurde nach der allgemeinen Versuchsvorschrift aus 6-Methyl-2-nitrobenzoesäure (3.62 g, 20.0 mmol) dargestellt und als ein hellbrauner Feststoff erhalten (3.96 g, 91%). Die analytischen Daten (NMR, CHN-Analyse) stimmen mit den literaturbekannten Daten von Kalium-6-methyl-2-nitrobenzoat überein [CAS: 1227469-81-9].

Synthese von Kalium-3-methylthiophen-2-carboxylat (3.3-16i)

Kalium-3-methylthiophen-2-carboxylat wurde nach der allgemeinen Versuchsvorschrift aus 3-Methylthiophen-2-carbonsäure (2.84 g, 20.0 mmol) dargestellt und als ein weißer Feststoff erhalten (1.82 g, 51%). Die analytischen Daten (NMR, CHN-Analyse) stimmen mit den literaturbekannten Daten von Kalium-3-methylthiophen-2-carboxylat überein [CAS: 1227469-82-0].

Synthese von Kalium-1-methyl-*1H*-pyrazol-5-carboxylat (3.3-16j)

Kalium-1-methyl-*1H*-pyrazol-5-carboxylat wurde nach der allgemeinen Versuchsvorschrift aus 1-Methyl-*1H*-pyrazol-5-carbonsäure (631 mg, 5.00 mmol) dargestellt und als ein weißer Feststoff erhalten (588 mg, 72%). Die analytischen Daten (NMR, CHN-Analyse) stimmen mit den literaturbekannten Daten von Kalium-1-methyl-*1H*-pyrazol-5-carboxylat überein [CAS: 1227469-83-1].

Synthese von Kalium-4-methyl-1,3-oxazol-5-carboxylat (3.3-16k)

Kalium-4-methyl-1,3-oxazol-5-carboxylat wurde nach der allgemeinen Versuchsvorschrift aus 4-Methyl-1,3-oxazol-5-carbonsäure (635 mg, 5.00 mmol) dargestellt und als ein weißer Feststoff erhalten (741 mg, 90%). Die analytischen Daten (NMR, CHN-Analyse) stimmen mit den literaturbekannten Daten von Kalium-4-methyl-1,3-oxazol-5-carboxylat überein [CAS: 1227469-84-2].

Synthese von Kalium-2,4-dimethyl-1,3-thiazol-5-carboxylat (3.3-16l)

Kalium-2,4-dimethyl-1,3-thiazol-5-carboxylat wurde nach der allgemeinen Versuchsvorschrift aus 2,4-Dimethyl-1,3-thiazol-5-carbonsäure (1.57 g, 10.0 mmol) dargestellt und als ein weißer Feststoff erhalten (1.74 g, 89%). Die analytischen Daten (NMR, CHN-Analyse) stimmen mit den literaturbekannten Daten von Kalium-2,4-dimethyl-1,3-thiazol-5-carboxylat überein [CAS: 1227469-85-3].

7.3 Synthese von Tetraethylammoniumcarboxylaten

Allgemeine Versuchsvorschrift

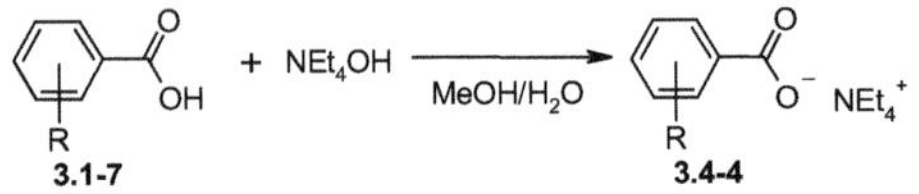

Schema 65: Synthese von Tetraethylammoniumcarboxylaten.

Zu einer Lösung der aromatischen Carbonsäure **3.1-7** (10.0 mmol) in Methanol (20 mL) wurde eine wässrige Lösung von Tetraethylammoniumhydroxid (35% in H_2O, 4.11 mL, 10.0 mmol) tropfenweise hinzugegeben. Nach vollständiger Zugabe wurde die Reaktionslösung noch 1 h bei 25 °C gerührt. Bei einer Wasserbadtemperatur von 60 °C wurde die flüssigen Bestandteile restlos unter vermindertem Druck entfernt. Der Rückstand (Öl oder Feststoff) wurde mit *tert*-Butylmethylether (25.0 mL) und Ethylacetat (25.0 mL) trituiert und durch Abdenkantieren der flüssigen Phase und anschließender Verdampfung der Lösungsmittelreste bei 10 mbar die Tetraethylammoniumcarboxylate **3.4-4** erhalten, welche äußerst hygroskopische Feststoffe sind. Für eine kurzfristige Lagerung kann auf Schlenkgefäße und Schutzgasatmosphäre verzichtet und ein geschlossenes Gefäß genutzt werden. Aufgrund dieser Eigenschaften sind alle eingesetzten Tetraethylammoniumcarboxylate **3.4-4** lediglich mittels NMR-Spektroskopie analysiert worden.

Synthese von Tetraethylammonium-2-nitrobenzoat (3.4-4a)

Tetraethylammonium-2-nitrobenzoat wurde nach der allgemeinen Versuchsvorschrift aus 2-Nitrobenzoesäure (1.76 g, 10.0 mmol) dargestellt und als ein weißer Feststoff erhalten (3.00 g, 95%). Die analytischen Daten (NMR) stimmen mit den literaturbekannten Daten von Tetraethylammonium-2-nitrobenzoat überein [CAS: 111754-46-2].

Synthese von Tetraethylammoniumbenzothiophen-2-carboxylat (3.4-4c)

Tetraethylammoniumbenzothiophen-2-carboxylat wurde nach der allgemeinen Versuchsvorschrift aus Benzothiophen-2-carbonsäure (1.78 g, 10.0 mmol) dargestellt und als ein weißer Feststoff erhalten (3.39 g, 99%). Tetraethylammoniumbenzothiophen-2-carboxylat ist unbekannt. Die erhaltenen analytischen Daten sind im Appendix explizit aufgeführt.

Synthese von Tetraethylammonium-4,5-dimethoxy-2-nitrobenzoat (3.4-4d)

Tetraethylammonium-4,5-dimethoxy-2-nitrobenzoat wurde nach der allgemeinen Versuchsvorschrift aus 4,5-Dimethoxy-2-nitrobenzoesäure (2.27 g, 10.0 mmol) dargestellt und als ein gelber Feststoff erhalten (3.05 g, 86%). Tetraethylammonium-4,5-dimethoxy-2-nitrobenzoat ist unbekannt. Die erhaltenen analytischen Daten sind im Appendix explizit aufgeführt.

Synthese von Tetraethylammonium-2-methylsulfonylbenzoat (3.4-4f)

Tetraethylammonium-2-methylsulfonylbenzoat wurde nach der allgemeinen Versuchsvorschrift aus 2-Methylsulfonylbenzoesäure (1.00 g, 5.00 mmol) dargestellt und als ein weißer Feststoff erhalten (1.29 g, 78%). Tetraethylammonium-2-methylsulfonylbenzoat ist unbekannt. Die erhaltenen analytischen Daten sind im Appendix explizit aufgeführt.

Synthese von Tetraethylammoniumbenzofuran-2-carboxylat (3.4-4h)

Tetraethylammoniumbenzofuran-2-carboxylat wurde nach der allgemeinen Versuchsvorschrift aus Benzofuran-2-carbonsäure (1.62 g, 10.0 mmol) dargestellt und als ein weißer Feststoff erhalten (3.29 g, 99%). Tetraethylammoniumbenzofuran-2-carboxylat ist unbekannt. Die erhaltenen analytischen Daten sind im Appendix explizit aufgeführt.

Synthese von Tetraethylammonium-2,4-dimethyl-1,3-thiazol-5-carboxylat (3.4-4i)

Tetraethylammonium-2,4-dimethyl-1,3-thiazol-5-carboxylat wurde nach der allgemeinen Versuchsvorschrift aus 2,4-Dimethyl-1,3-thiazol-5-carbonsäure (1.57 g, 10.0 mmol) dargestellt und als ein weißer Feststoff erhalten (2.32 g, 81%). Tetraethylammonium-2,4-dimethyl-1,3-thiazol-5-carboxylat ist unbekannt. Die erhaltenen analytischen Daten sind im Appendix explizit aufgeführt.

Synthese von Tetraethylammonium-5-methoxy-2-nitrobenzoat (3.4-3j)

Tetraethylammonium-5-methoxy-2-nitrobenzoat wurde nach der allgemeinen Versuchsvorschrift aus 5-Methoxy-2-nitrobenzoesäure (1.97 g, 10.0 mmol) dargestellt und als ein gelber Feststoff erhalten (3.11 g, 95%). Tetraethylammonium-5-methoxy-2-nitrobenzoat ist unbekannt. Die erhaltenen analytischen Daten sind im Appendix explizit aufgeführt.

Synthese von Tetraethylammonium-4-methylbenzoylformiat (3.4-6a)

Tetraethylammonium-4-methylbenzoylformiat wurde nach der allgemeinen Versuchsvorschrift 4-Methylbenzoylameisensäure (1.64 g, 10.0 mmol) dargestellt und als ein blass gelber Feststoff erhalten (2.51 g, 86%). Tetraethylammonium-4-methylbenzoylformiat ist unbekannt. Die erhaltenen analytischen Daten sind im Appendix explizit aufgeführt.

7.4 Synthese von Aryltriflaten

Allgemeine Versuchsvorschrift

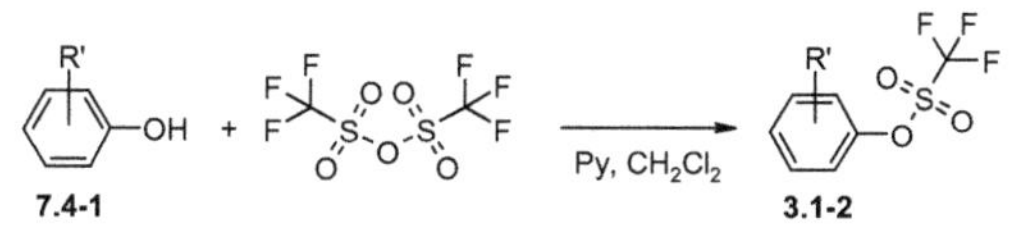

Schema 66: Synthese von Aryltriflaten.

Zu einer gekühlten (0 °C) Lösung des Phenols (**7.4-1**) (20.0 mmol) und Pyridin (3.23 mL, 40.0 mmol) in Dichlormethan (20.0 mL) wurde Trifluormethansulfonsäureanhydrid (4.00 mL, 24.0 mmol) in Dichlormethan (10.0 mL) langsam tropfenweise hinzugegeben. Nach vollständiger Zugabe wurde das Eisbad entfernt und die Reaktionslösung bei 25 °C für 1 h gerührt. Die Reaktionslösung wurde mit Diethylether (30.0 mL) verdünnt und mit 1 N HCl (2 x 25 mL), wässriger Natriumhydrogencarbonatlösung (25 mL) und gesättigter Natriumchloridlösung (25 mL) gewaschen. Die organische Phase wurde über Magnesiumsulfat getrocket, filtriert und die flüchtigen Lösungsmittel unter vermindertem Druck abgedampft. Der ölige Rückstand wurde in einer Kugelrohrdestillation im Hochvakuum (2 x 10^{-3} mbar) aufgereinigt und die Aryltriflate (**3.1-2**) erhalten.

Synthese von 4-Tolyltriflat (3.1-2a)

4-Tolyltriflat wurde nach der allgemeinen Versuchsvorschrift aus 4-Kresol (2.09 mL, 20.0 mmol) dargestellt und als ein farbloses Öl erhalten (4.70 g, 97%). Die analytischen Daten (NMR, GC-MS, CHN-Analyse) stimmen mit den literaturbekannten Daten von 4-Tolyltriflat überein [CAS: 29540-83-8].

Synthese von 2-Naphthyltriflat (3.1-2b)

2-Naphthyltriflat wurde nach der allgemeinen Versuchsvorschrift aus 2-Naphthol (2.88 g, 20.0 mmol) dargestellt und als ein weißer Feststoff erhalten (5.24 g, 95%, Smp.: 30-32 °C). Die analytischen Daten (NMR, GC-MS, CHN-Analyse) stimmen mit den literaturbekannten Daten von 2-Naphthyltriflat überein [CAS: 3857-83-8].

Synthese von 2-Tolyltriflat (3.1-2c)

2-Tolyltriflat wurde nach der allgemeinen Versuchsvorschrift aus 2-Kresol (2.07 mL, 20.0 mmol) dargestellt und als ein farbloses Öl erhalten (4.00 g, 83%). Die analytischen

7 Experimenteller Teil

Daten (NMR, GC-MS, CHN-Analyse) stimmen mit den literaturbekannten Daten von 2-Tolyltriflat überein [CAS: 66107-34-4].

Synthese von Ethyl-2-(trifluormethylsulfonyloxy)benzoat (3.1-2d)

Ethyl-2-(trifluormethylsulfonyloxy)benzoat wurde nach der allgemeinen Versuchsvorschrift aus Ethyl-2-hydroxybenzoat (2.94 mL, 20.0 mmol) dargestellt und als ein farbloses Öl erhalten (5.65 g, 95%). Die analytischen Daten (NMR, GC-MS, CHN-Analyse) stimmen mit den literaturbekannten Daten von Ethyl-2-(trifluormethylsulfonyloxy)benzoat überein [CAS: 179538-97-7].

Synthese von 3,5-Dimethylphenyltriflat (3.1-2e)

3,5-Dimethylphenyltriflat wurde nach der allgemeinen Versuchsvorschrift aus 3,5-Dimethylphenol (2.44 g, 20.0 mmol) dargestellt und als ein farbloses Öl erhalten (4.59 g, 90%). Die analytischen Daten (NMR, GC-MS, CHN-Analyse) stimmen mit den literaturbekannten Daten von 3,5-Dimethylphenyltriflat überein [CAS: 219667-41-1].

Synthese von Ethyl-3-(trifluormethylsulfonyloxy)benzoat (3.1-2f)

Ethyl-3-(trifluormethylsulfonyloxy)benzoat wurde nach der allgemeinen Versuchsvorschrift aus Ethyl-3-hydroxybenzoat (3.32 g, 20.0 mmol) dargestellt und als ein farbloses Öl erhalten (5.47 g, 92%). Die analytischen Daten (NMR, GC-MS, CHN-Analyse) stimmen mit den literaturbekannten Daten von Ethyl-3-(trifluormethylsulfonyloxy)benzoat überein [CAS: 1006714-38-0].

Synthese von 3-Acetylphenyltriflat (3.1-2g)

3-Acetylphenyltriflat wurde nach der allgemeinen Versuchsvorschrift aus 3-Acetylphenol (2.72 g, 20.0 mmol) dargestellt und als ein farbloses Öl erhalten (5.14 g, 96%). Die analytischen Daten (NMR, GC-MS, CHN-Analyse) stimmen mit den literaturbekannten Daten von 3-Acetylphenyltriflat überein [CAS: 138313-22-1].

Synthese von 4-Fluorphenyltriflat (3.1-2h)

4-Fluorphenyltriflat wurde nach der allgemeinen Versuchsvorschrift aus 4-Fluorphenol (2.24 g, 20.0 mmol) dargestellt und als ein farbloses Öl erhalten (4.10 g, 84%). Die analytischen Daten (NMR, GC-MS, CHN-Analyse) stimmen mit den literaturbekannten Daten von 4-Fluorphenyltriflat überein [CAS: 132993-23-8].

Synthese von 3-Methoxyphenyltriflat (3.1-2i)

3-Methoxyphenyltriflat wurde nach der allgemeinen Versuchsvorschrift aus 3-Methoxyphenol (2.16 mL, 20.0 mmol) dargestellt und als ein farbloses Öl erhalten (4.77 g, 93%). Die analytischen Daten (NMR, GC-MS, CHN-Analyse) stimmen mit den literaturbekannten Daten von 3-Methoxyphenyltriflat überein [CAS: 66107-33-3].

Synthese von 4-Methoxyphenyltriflat (3.1-2j)

4-Methoxyphenyltriflat wurde nach der allgemeinen Versuchsvorschrift aus 4-Methoxyphenol (2.48 g, 20.0 mmol) dargestellt und als ein farbloses Öl erhalten (4.80 g, 94%). Die analytischen Daten (NMR, GC-MS, CHN-Analyse) stimmen mit den literaturbekannten Daten von 4-Methoxyphenyltriflat überein [CAS: 66107-29-7].

Synthese von 4-Propionylphenyltriflat (3.1-2k)

4-Propionylphenyltriflat wurde nach der allgemeinen Versuchsvorschrift aus 4-Propionylphenol (2.91 mL, 20.0 mmol) dargestellt und als ein farbloses Öl erhalten (4.99 g, 88%). Die analytischen Daten (NMR, GC-MS, CHN-Analyse) stimmen mit den literaturbekannten Daten von 4-Propionylphenyltriflat überein [CAS: 87241-55-2].

Synthese von 4-Acetylphenyltriflat (3.1-2l)

4-Acetylphenyltriflat wurde nach der allgemeinen Versuchsvorschrift aus 4-Acetylphenol (2.65 mL, 20.0 mmol) dargestellt und als ein farbloses Öl erhalten (4.72 g, 88%). Die analytischen Daten (NMR, GC-MS, CHN-Analyse) stimmen mit den literaturbekannten Daten von 4-Acetylphenyltriflat überein [CAS: 109613-00-5].

Synthese von 4-Nitrophenyltriflat (3.1-2m)

4-Nitrophenyltriflat wurde nach der allgemeinen Versuchsvorschrift aus 4-Nitrophenol (2.72 g, 20.0 mmol) dargestellt und als ein gelber Feststoff erhalten (5.21 g, 96%). Die analytischen Daten (NMR, GC-MS, CHN-Analyse) stimmen mit den literaturbekannten Daten von 4-Nitrophenyltriflat überein [CAS: 17763-80-3].

Synthese von 3-Formylphenyltriflat (3.1-2n)

3-Formylphenyltriflat wurde nach der allgemeinen Versuchsvorschrift aus 3-Formylphenol (2.44 g, 20.0 mmol) dargestellt und als ein farbloses Öl erhalten (4.03 g, 79%). Die analytischen Daten (NMR, GC-MS, CHN-Analyse) stimmen mit den literaturbekannten Daten von 3-Formylphenyltriflat überein [CAS: 17763-68-7].

Synthese von 4-Chlorphenyltriflat (3.1-2o)

4-Chlorphenyltriflat wurde nach der allgemeinen Versuchsvorschrift aus 4-Chlorphenol (2.57 g, 20.0 mmol) dargestellt und als ein farbloses Öl erhalten (4.99 g, 96%). Die analytischen Daten (NMR, GC-MS, CHN-Analyse) stimmen mit den literaturbekannten Daten von 4-Chlorphenyltriflat überein [CAS: 29540-84-9].

Synthese von Phenyltriflat (3.1-2p)

Phenyltriflat wurde nach der allgemeinen Versuchsvorschrift aus Phenol (1.86 g, 20.0 mmol) dargestellt und als ein farbloses Öl erhalten (3.90 g, 86%). Die analytischen Daten (NMR, GC-MS, CHN-Analyse) stimmen mit den literaturbekannten Daten von Phenyltriflat überein [CAS: 17763-67-6].

Synthese von 8-Chinolinyltriflat (3.1-2q)

8-Chinolinyltriflat wurde nach der allgemeinen Versuchsvorschrift aus 8-Hydroxychinolin (2.90 g, 20.0 mmol) dargestellt und als ein weißer Feststoff erhalten (5.23 g, 97%, Smp.: 64-66 °C). Die analytischen Daten (NMR, GC-MS, CHN-Analyse) stimmen mit den literaturbekannten Daten von 8-Chinolinyltriflat überein [CAS: 108530-08-1].

Synthese von 2-Methyl-8-chinolinyltriflat (3.1-2r)

2-Methyl-8-chinolinyltriflat wurde nach der allgemeinen Versuchsvorschrift aus 8-Hydroxychinaldin (3.18 g, 20.0 mmol) dargestellt und als ein weißer Feststoff erhalten (5.21 g, 89%, Smp.: 60-62 °C). Die analytischen Daten (NMR, GC-MS, CHN-Analyse) stimmen mit den literaturbekannten Daten von 2-Methyl-8-chinolinyltriflat überein [CAS: 256652-07-0].

Synthese von 3-Chlorphenyltriflat (3.3-17g)

3-Chlorphenyltriflat wurde nach der allgemeinen Versuchsvorschrift aus 3-Chlorphenol (2.18 mL, 20.0 mmol) dargestellt und als ein farbloses Öl erhalten (5.04 g, 97%). Die analytischen Daten (NMR, GC-MS, CHN-Analyse) stimmen mit den literaturbekannten Daten von 3-Chlorphenyltriflat überein [CAS: 86364-03-6].

Synthese von 2-Chlorphenyltriflat (3.3-17i)

2-Chlorphenyltriflat wurde nach der allgemeinen Versuchsvorschrift aus 2-Chlorphenol (2.04 mL, 20.0 mmol) dargestellt und als ein farbloses Öl erhalten (4.85 g, 93%). Die analytischen Daten (NMR, GC-MS, CHN-Analyse) stimmen mit den literaturbekannten Daten von 2-Chlorphenyltriflat überein [CAS: 66107-36-6].

7.5 Synthese von Aryltosylaten

Allgemeine Versuchsvorschrift

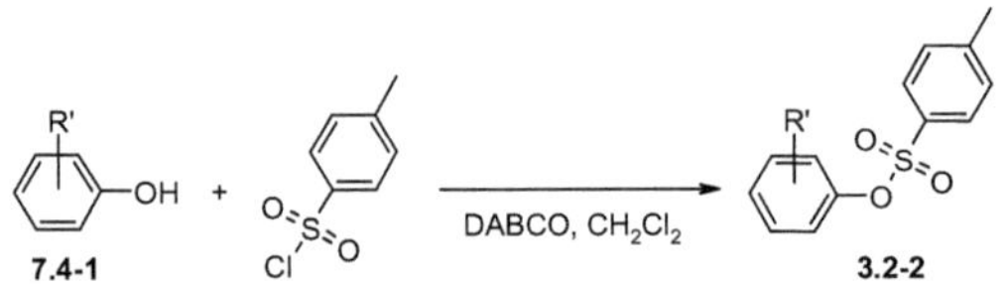

Schema 67: Synthese von Aryltosylaten.

Zu einer gekühlten (0 °C) Lösung des Phenols (**7.4-1**) (20.0 mmol) und DABCO (4.48 g, 40.0 mmol) in Dichlormethan (20.0 mL) wurde Tosylchlorid (2.29 g, 24.0 mmol) in Dichlormethan (10.0 mL) langsam tropfenweise hinzugegeben. Nach vollständiger Zugabe wurde das Eisbad entfernt und die Reaktionslösung bei 25 °C für 1 h gerührt. Die Reaktionslösung wurde mit Diethylether (30.0 mL) verdünnt und mit 1 N HCl (2 x 25 mL), wässriger Natriumhydrogencarbonatlösung (25 mL) und gesättigter Natriumchloridlösung (25 mL) gewaschen. Die organische Phase wurde über Magnesiumsulfat getrocket, filtriert und die flüchtigen Lösungsmittel unter vermindertem Druck abgedampft. Der Rückstand wurde aus Dichlormethan/Hexan umkristallisiert und die Aryltosylate (**3.2-2**) erhalten.

Synthese von 4-Tolyltosylat (3.2-2a)

4-Tolyltosylat wurde nach der allgemeinen Versuchsvorschrift aus 4-Kresol (2.09 mL, 20.0 mmol) dargestellt und als ein weißer Feststoff erhalten (5.20 g, 99%, Smp.: 68-69 °C). Die analytischen Daten (NMR, GC-MS, CHN-Analyse) stimmen mit den literaturbekannten Daten von 4-Tolyltosylat überein [CAS: 3899-96-5].

Synthese von 3,5-Dimethyltosylat (3.2-2b)

3,5-Dimethyltosylat wurde nach der allgemeinen Versuchsvorschrift aus 3,5-Dimethylphenol (2.44 g, 20.0 mmol) dargestellt und als ein weißer Feststoff erhalten (5.33 g, 96%, Smp.: 81-83 °C). Die analytischen Daten (NMR, GC-MS, CHN-Analyse) stimmen mit den literaturbekannten Daten von 3,5-Dimethyltosylat überein [CAS: 95127-25-6].

Synthese von Phenyltosylat (3.2-2c)

Phenyltosylat wurde nach der allgemeinen Versuchsvorschrift aus Phenol (1.88 g, 20.0 mmol) dargestellt und als ein weißer Feststoff erhalten (4.28 g, 86%, Smp.: 96-98 °C).

Die analytischen Daten (NMR, GC-MS, CHN-Analyse) stimmen mit den literaturbekannten Daten von Phenyltosylat überein [CAS: 640-60-8].

Synthese von 3-Formylphenyltosylat (3.2-2d)

3-Formylphenyltosylat wurde nach der allgemeinen Versuchsvorschrift aus 3-Formylphenol (2.44 g, 20.0 mmol) dargestellt und als ein weißer Feststoff erhalten (4.26 g, 77%, Smp.: 67-68 °C). Die analytischen Daten (NMR, GC-MS, CHN-Analyse) stimmen mit den literaturbekannten Daten von 3-Formylphenyltosylat überein [CAS: 80459-46-7].

Synthese von 4-Methoxyphenyltosylat (3.2-2e)

4-Methoxyphenyltosylat wurde nach der allgemeinen Versuchsvorschrift aus 4-Methoxyphenol (2.48 g, 20.0 mmol) dargestellt und als ein weißer Feststoff erhalten (5.12 g, 92%, Smp.: 70-72 °C). Die analytischen Daten (NMR, GC-MS, CHN-Analyse) stimmen mit den literaturbekannten Daten von 4-Methoxyphenyltosylat überein [CAS: 3899-91-0].

Synthese von 3-*N,N*-Dimethylaminophenyltosylat (3.2-2f)

3-*N,N*-Dimethylaminophenyltosylat wurde nach der allgemeinen Versuchsvorschrift aus 3-*N,N*-Dimethylaminophenol (2.83 g, 20.0 mmol) dargestellt und als ein violetter Feststoff erhalten (4.94 g, 85%, Smp.: 79-81 °C). Die analytischen Daten (NMR, GC-MS, CHN-Analyse) stimmen mit den literaturbekannten Daten von 3-*N,N*-Dimethylaminophenyltosylat überein [CAS: 27640-10-4].

Synthese von Ethyl-3-(tolylsulfonyloxy)benzoat (3.2-2g)

Ethyl-3-(tolylsulfonyloxy)benzoat wurde nach der allgemeinen Versuchsvorschrift aus Ethyl-3-hydroxybenzoat (3.32 g, 20.0 mmol) dargestellt und als ein weißer Feststoff erhalten (5.17 g, 81%, Smp.: 44-45 °C). Die analytischen Daten (NMR, GC-MS, CHN-Analyse) stimmen mit den literaturbekannten Daten von Ethyl-3-(tolylsulfonyloxy)benzoat überein [CAS: 443296-77-3].

Synthese von 3-Acetylphenyltosylat (3.2-2h)

3-Acetylphenyltosylat wurde nach der allgemeinen Versuchsvorschrift aus 3-Acetylphenol (2.72 g, 20.0 mmol) dargestellt und als ein weißer Feststoff erhalten (5.30 g, 91%, Smp.: 48-49 °C). Die analytischen Daten (NMR, GC-MS, CHN-Analyse) stimmen mit den literaturbekannten Daten von 3-Acetylphenyltosylat überein [CAS: 58297-34-0].

Synthese von 3-Methoxyphenyltosylat (3.2-2i)

3-Methoxyphenyltosylat wurde nach der allgemeinen Versuchsvorschrift aus 3-Methoxyphenol (2.16 mL, 20.0 mmol) dargestellt und als ein gelber Feststoff erhalten (3.92 g, 70%, Smp.: 53-55 °C). Die analytischen Daten (NMR, GC-MS, CHN-Analyse) stimmen mit den literaturbekannten Daten von 3-Methoxyphenyltosylat überein [CAS: 3899-92-1].

Synthese von 2-Pyridyltosylat (3.2-2j)

2-Pyridyltosylat wurde nach der allgemeinen Versuchsvorschrift aus 2-Hydroxypyridin (1.90 g, 20.0 mmol) dargestellt und als ein weißer Feststoff erhalten (3.74 g, 75%, Smp.: 80-81 °C). Die analytischen Daten (NMR, GC-MS, CHN-Analyse) stimmen mit den literaturbekannten Daten von 2-Pyridyltosylat überein [CAS: 57785-86-1].

Synthese von 4-Fluorphenyltosylat (3.2-2k)

4-Fluorphenyltosylat wurde nach der allgemeinen Versuchsvorschrift aus 4-Fluorphenol (2.24 g, 20.0 mmol) dargestellt und als ein blass gelber Feststoff erhalten (4.98 g, 94%, Smp.: 59-60 °C). Die analytischen Daten (NMR, GC-MS, CHN-Analyse) stimmen mit den literaturbekannten Daten von 4-Fluorphenyltosylat überein [CAS: 1582-01-2].

Synthese von 2-Naphthyltosylat (3.2-2l)

2-Naphthyltosylat wurde nach der allgemeinen Versuchsvorschrift aus 2-Naphthol (2.88 g, 20.0 mmol) dargestellt und als ein weißer Feststoff erhalten (5.73 g, 96%, Smp.: 126-127 °C). Die analytischen Daten (NMR, GC-MS, CHN-Analyse) stimmen mit den literaturbekannten Daten von 2-Naphthyltosylat überein [CAS: 7385-85-5].

7.6 Synthese von Biarylen ausgehend von Aryltriflaten mit Cu

Für die Cu/Pd-katalysierte Synthese der Biphenyle aus Kaliumcarboxylaten und Aryltriflaten wurden zwei thermische und drei mikrowellenunterstützte Verfahren entwickelt. Diese werden in allgemeiner Form detailliert beschrieben und nummeriert. Für die Synthese der jeweiligen Biphenyle werden alle genutzten Methoden genannt.

Allgemeine Versuchsvorschriften für die Biarylsynthese unter thermischen Bedingungen

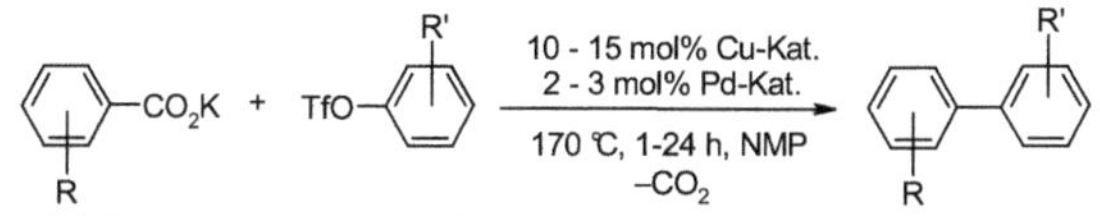

Schema 68: Cu/Pd-katalysierte Biarylsynthese unter thermischen Bedingungen.

Methode A: Ein trockenes 20 mL Einweggefäß wurde mit Kaliumcarboxylat (**3.1-1**) (1.00 mmol), Kupfer(I)oxid (7.20 mg, 0.05 mmol), Palladium(II)iodid (7.20 mg, 0.02 mmol), 1,10-Phenanthrolin (18.0 mg, 0.10 mmol) und P(p-Tol)$_3$ (18.2 mg, 0.06 mmol) bestückt. Durch dreimaliges Evakuieren und Rückbefüllen mit Stickstoff wurde eine Inertgasatmosphäre hergestellt. Eine Stammlösung von Aryltriflat (**3.1-2**) (2.00 mmol) in NMP (4 mL) wurde mit einer Spritze hinzugegeben und die Reaktionslösung bei 170 °C für 1-16h gerührt. Nach Abkühlen auf Raumtemperatur wurde die Reaktionslösung in einen Scheidetrichter überführt, mit 1 N Salzsäure (10 mL) versetzt und mit Ethylacetat (3 x 20 mL) extrahiert. Die vereinigten organischen Phasen wurden mit wässriger Natriumhydrogencarbonatlösung (10 mL) und gesättigter Kochsalzlösung (10 mL) gewaschen, mit Magnesiumsulfat getrocknet, filtriert und die flüchtigen Bestandteile unter vermindertem Druck abgedampft. Der Rückstand wurde säulenchromatographisch (Si$_2$O, Ethylacetat/Hexan Gradient) aufgereinigt und das Biaryl erhalten.

Methode B: Methode B wurde analog zu Methode A mit einer höheren Katalysatorbeladung mit anderem Phosphinliganden und einer Reaktionszeit von 24 durchgeführt. Es wurden Kaliumcarboxylat (**3.1-1**) (1.00 mmol), Kupfer(I)oxid (10.7 mg, 0.075 mmol), Palladium(II)iodid (10.8 mg, 0.03 mmol), 1,10-Phenanthrolin (27.0 mg, 0.15 mmol), Tol-BINAP (30.5 mg, 0.045 mmol) und Aryltriflat (**3.1-2**) (2.00 mmol) in NMP (4 mL) zur Reaktion gebracht.

7 Experimenteller Teil

Allgemeine Versuchsvorschriften für die Biarylsynthese unter mikrowellenunterstützten Bedingungen (CEM)

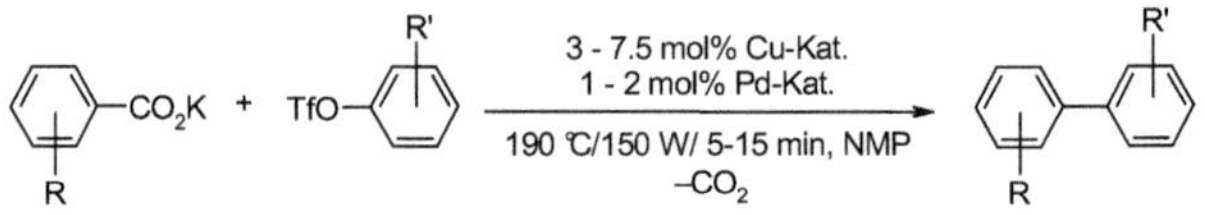

Schema 69: Cu/Pd-katalysierte Biarylsynthese unter mikrowellenunterstützten Bedingungen.

Methode C: Ein trockenes 10 mL Mikrowellengefäß wurde mit Kaliumcarboxylat (**3.1-1**) (1.00 mmol), Kupfer(I)oxid (1.10 mg, 0.015 mmol), Palladium(II)acetylacetonat (6.10 mg, 0.02 mmol), 1,10-Phenanthrolin (5.40 mg, 0.03 mmol) und Tol-BINAP (20.4 mg, 0.03 mmol) bestückt. Durch dreimaliges Evakuieren und Rückbefüllen mit Stickstoff wurde eine Inertgasatmosphäre hergestellt. Eine Stammlösung von Aryltriflat (**3.1-2**) (2.00 mmol) in NMP (1 mL) wurde mit einer Spritze hinzugegeben und die Reaktionslösung bei 50 °C für 5 min gerührt. Dann wurde die homogenisierte Lösung unter Mikrowellenbestrahlung bei 190 °C für 5 min bei einer Maximalleistung von 150 W und permanenter Luftkühlung erhitzt. Es wurde ein Druckanstieg von 4-5 bar beobachtet. Nach Abkühlen auf Raumtemperatur wurde die Reaktionslösung in einen Scheidetrichter überführt, mit 1 N Salzsäure (10 mL) versetzt und mit Ethylacetat (3 x 20 mL) extrahiert. Die vereinigten organischen Phasen wurden mit wässriger Natriumhydrogencarbonatlösung (10 mL) und gesättigter Kochsalzlösung (10 mL) gewaschen, mit Magnesiumsulfat getrocknet, filtriert und die flüchtigen Bestandteile unter vermindertem Druck abgedampft. Der Rückstand wurde säulenchromatographisch (Si_2O, Ethylacetat/Hexan Gradient) aufgereinigt und das Biaryl (**3.1-3**) erhalten.

Methode C': Methode C' wurde analog zu Methode C mit einer höheren Kupferkatalysatorbeladung durchgeführt. Es wurden Kaliumcarboxylat (**3.1-1**) (1.00 mmol), Kupfer(I)oxid (3.60 mg, 0.025 mmol), Palladium(II)acetylacetonat (6.10 mg, 0.02 mmol), 1,10-Phenanthrolin (9.00 mg, 0.05 mmol), Tol-BINAP (20.4 mg, 0.03 mmol) und Aryltriflat (**3.1-2**) (2.00 mmol) in NMP (1 mL) zur Reaktion gebracht.

Methode D: Methode D wurde analog zu Methode C mit einer höheren Kupferkatalysatorbeladung, anderer Palladiumquelle, größerem Lösemittelvolumen und längerer Reaktionszeit durchgeführt. Es wurden Kaliumcarboxylat (**3.1-1**) (0.50 mmol), Kupfer(I)oxid (5.37 mg, 0.0375 mmol), Palladium(II)bromid (6.10 mg, 0.01 mmol), 1,10-

Phenanthrolin (13.5 mg, 0.075 mmol), Tol-BINAP (10.2 mg, 0.015 mmol) und Aryltriflat (**3.1-2**) (1.00 mmol) in NMP (3 mL) zur Reaktion gebracht. Die Lösung wurde bei 50 °C für 5 min gerührt und dann unter Mikrowellenbestrahlung bei 190 °C für 10 min bei einer Maximalleistung von 150 W unter permanenter Luftkühlung erhitzt. Nach Abkühlen auf Raumtemperatur wurde die Reaktionslösung in einen Scheidetrichter überführt, mit 1 N Salzsäure (10 mL) versetzt und mit Ethylacetat (3 x 20 mL) extrahiert. Die vereinigten organischen Phasen wurden mit wässriger Natriumhydrogencarbonatlösung (10 mL) und gesättigter Kochsalzlösung (10 mL) gewaschen, mit Magnesiumsulfat getrocknet, filtriert und die flüchtigen Bestandteile unter vermindertem Druck abgedampft. Der Rückstand wurde säulenchromatographisch (Si_2O, Ethylacetat/Hexan Gradient) aufgereinigt und das Biaryl (**3.1-3**) erhalten. Die isolierte Ausbeute wurde durch die Kombination und Aufreinigung zweier identischer 0.5 millimolarer Reaktionsansätze bestimmt.

Synthese von 4'-Methyl-2-nitrobiphenyl (3.1-3aa)

4'-Methyl-2-nitrobiphenyl wurde nach Methode A aus Kalium-2-nitrobenzoat (205 mg, 1.00 mmol) und 4-Tolyltriflat (480 mg, 2.00 mmol) nach 1 h Reaktionszeit dargestellt und als ein gelbes Öl erhalten (193 mg, 91%). Die analytischen Daten (NMR, GC-MS, CHN-Analyse) stimmen mit den literaturbekannten Daten von 4'-Methyl-2-nitrobiphenyl überein [CAS: 70680-21-6]. 4'-Methyl-2-nitrobiphenyl wurde ebenfalls in 84% Ausbeute (178 mg) nach Methode C dargestellt.

Synthese von 4'-Methyl-3-nitrobiphenyl (3.1-3ba)

4'-Methyl-3-nitrobiphenyl wurde nach Methode B aus Kalium-3-nitrobenzoat (205 mg, 1.00 mmol) und 4-Tolyltriflat (480 mg, 2.00 mmol) in 8 mL NMP dargestellt und als ein blass gelber Feststoff erhalten (153 mg, 72%, Smp.: 65-67 °C). Die analytischen Daten (NMR, GC-MS, CHN-Analyse) stimmen mit den literaturbekannten Daten von 4'-Methyl-3-nitrobiphenyl überein [CAS: 53812-68-3]. 4'-Methyl-3-nitrobiphenyl wurde ebenfalls in 84% Ausbeute (179 mg) nach Methode D dargestellt.

Synthese von 4'-Methyl-4-nitrobiphenyl (3.1-3ca)

4'-Methyl-4-nitrobiphenyl wurde nach Methode B aus Kalium-4-nitrobenzoat (205 mg, 1.00 mmol) und 4-Tolyltriflat (480 mg, 2.00 mmol) dargestellt und als ein weißer Feststoff erhalten (146 mg, 68%, Smp.: 116-117 °C). Die analytischen Daten (NMR, GC-MS, CHN-Analyse) stimmen mit den literaturbekannten Daten von 4'-Methyl-4-nitrobiphenyl überein

[CAS: 2143-88-6]. 4'-Methyl-4-nitrobiphenyl wurde ebenfalls in 81% Ausbeute (174 mg) nach Methode D dargestellt.

Synthese von 3-Cyano-4'-methylbiphenyl (3.1-3da)

3-Cyano-4'-methylbiphenyl wurde nach Methode B aus Kalium-3-cyanobenzoat (185 mg, 1.00 mmol) und 4-Tolyltriflat (480 mg, 2.00 mmol) dargestellt und als ein blass gelber Feststoff erhalten (100 mg, 52%, Smp.: 50-51 °C). Die analytischen Daten (NMR, GC-MS, CHN-Analyse) stimmen mit den literaturbekannten Daten von 3-Cyano-4'-methylbiphenyl überein [CAS: 133909-96-3]. 3-Cyano-4'-methylbiphenyl wurde ebenfalls in 83% Ausbeute (160 mg) nach Methode D dargestellt.

Synthese von 4-Cyano-4'-methylbiphenyl (3.1-3ea)

4-Cyano-4'-methylbiphenyl wurde nach Methode B aus Kalium-4-cyanobenzoat (185 mg, 1.00 mmol) und 4-Tolyltriflat (480 mg, 2.00 mmol) dargestellt und als ein gelber Feststoff erhalten (112 mg, 58%, Smp.: 89-91 °C). Die analytischen Daten (NMR, GC-MS, CHN-Analyse) stimmen mit den literaturbekannten Daten von 4-Cyano-4'-methylbiphenyl überein [CAS: 50670-50-3]. 4-Cyano-4'-methylbiphenyl wurde ebenfalls in 76% Ausbeute (147 mg) nach Methode D dargestellt.

Synthese von 4-Trifluormethyl-4'-methylbiphenyl (3.1-3fa)

4-Trifluormethyl-4'-methylbiphenyl wurde nach Methode B aus Kalium-4-trifluormethylbenzoat (228 mg, 1.00 mmol) und 4-Tolyltriflat (480 mg, 2.00 mmol) dargestellt und als ein weißer Feststoff erhalten (80.0 mg, 44%, Smp.: 122-124 °C). Die analytischen Daten (NMR, GC-MS, CHN-Analyse) stimmen mit den literaturbekannten Daten von 4-Trifluormethyl-4'-methylbiphenyl überein [CAS: 97067-18-0]. 4-Trifluormethyl-4'-methylbiphenyl wurde ebenfalls in 74% Ausbeute (135 mg) nach Methode D dargestellt.

Synthese von 1-(4-Tolyl)naphthalin (3.1-3ga)

1-(4-Tolyl)naphthalin wurde nach Methode B aus Kalium-1-naphthoat (210 mg, 1.00 mmol) und 4-Tolyltriflat (480 mg, 2.00 mmol) dargestellt und als ein farbloses Öl erhalten (107 mg, 49%). Die analytischen Daten (NMR, GC-MS, CHN-Analyse) stimmen mit den literaturbekannten Daten von 1-(4-Tolyl)naphthalin überein [CAS: 24423-07-2]. 1-(4-Tolyl)naphthalin wurde ebenfalls in 71% Ausbeute (155 mg) nach Methode D dargestellt.

Synthese von 3,4'-Dimethyl-4-nitrobiphenyl (3.1-3ha)

3,4'-Dimethyl-4-nitrobiphenyl wurde nach Methode B aus Kalium-3-methyl-4-nitrobenzoat (197 mg, 1.00 mmol) und 4-Tolyltriflat (480 mg, 2.00 mmol) dargestellt und als ein gelber Feststoff erhalten (142 mg, 62%, Smp.: 56-57 °C). Die analytischen Daten (NMR, GC-MS, CHN-Analyse) stimmen mit den literaturbekannten Daten von 3,4'-Dimethyl-4-nitrobiphenyl überein [CAS: 1086406-08-7]. 3,4'-Dimethyl-4-nitrobiphenyl wurde ebenfalls in 69% Ausbeute (158 mg) nach Methode D dargestellt.

Synthese von 4-Acetamido-4'-methylbiphenyl (3.1-3ia)

4-Acetamido-4'-methylbiphenyl wurde nach Methode B aus Kalium-4-acetamidobenzoat (217 mg, 1.00 mmol) und 4-Tolyltriflat (480 mg, 2.00 mmol) dargestellt und als ein weißer Feststoff erhalten (119 mg, 53%, Smp.: 165-168 °C). Die analytischen Daten (NMR, GC-MS, CHN-Analyse) stimmen mit den literaturbekannten Daten von 4-Acetamido-4'-methylbiphenyl überein [CAS: 1215-21-0]. 4-Acetamido-4'-methylbiphenyl wurde ebenfalls in 59% Ausbeute (132 mg) nach Methode D dargestellt.

Synthese von 3-Chlor-4'-methylbiphenyl (3.1-3ja)

3-Chlor-4'-methylbiphenyl wurde nach Methode B aus Kalium-3-chlorbenzoat (228 mg, 1.00 mmol) und 4-Tolyltriflat (480 mg, 2.00 mmol) dargestellt und als ein farbloses Öl erhalten (80.0 mg, 40%). Die analytischen Daten (NMR, GC-MS, CHN-Analyse) stimmen mit den literaturbekannten Daten von 3-Chlor-4'-methylbiphenyl überein [CAS: 19482-19-0]. 3-Chlor-4'-methylbiphenyl wurde ebenfalls in 59% Ausbeute (118 mg) nach Methode D dargestellt.

Synthese von 3-Methoxy-4'-methylbiphenyl (3.1-3ka)

3-Methoxy-4'-methylbiphenyl wurde nach Methode D aus Kalium-3-methoxybenzoat (95.0 mg, 0.50 mmol) und 4-Tolyltriflat (240 mg, 1.00 mmol) dargestellt. Nach dem Vereinigen von zwei identischen 0.5 millimolaren Ansätzen und anschließender Aufreinigung wurde ein blass gelber Feststoff erhalten (107 mg, 54%, Smp.: 74-76 °C). Die analytischen Daten (NMR, GC-MS, CHN-Analyse) stimmen mit den literaturbekannten Daten von 3-Methoxy-4'-methylbiphenyl überein [CAS: 24423-07-2].

Synthese von 3-(4-Tolyl)pyridin (3.1-3la)

3-(4-Tolyl)pyridin wurde nach Methode B aus Kaliumnicotinat (161 mg, 1.00 mmol) und 4-Tolyltriflat (480 mg, 2.00 mmol) dargestellt und als ein farbloses Öl erhalten (69.1 mg, 41%).

Die analytischen Daten (NMR, GC-MS, CHN-Analyse) stimmen mit den literaturbekannten Daten von 3-(4-Tolyl)pyridine überein [CAS: 4423-09-0]. 3-(4-Tolyl)pyridin wurde ebenfalls in 50% Ausbeute (84.2 mg) nach Methode D dargestellt.

Synthese von 3-(4-Tolyl)thiophen (3.1-3ma)
3-(4-Tolyl)thiophen wurde nach Methode B aus Kaliumthiophen-3-carboxylat (166 mg, 1.00 mmol) und 4-Tolyltriflat (480 mg, 2.00 mmol) dargestellt und als ein weißer Feststoff erhalten (94.0 mg, 54%, Smp.: 70-72 °C). Die analytischen Daten (NMR, GC-MS, CHN-Analyse) stimmen mit den literaturbekannten Daten von 3-(4-Tolyl)thiophen überein [CAS: 16939-05-2]. 3-(4-Tolyl)thiophen wurde ebenfalls in 65% Ausbeute (113 mg) nach Methode D dargestellt.

Synthese von 2-Fluor-4'-methylbiphenyl (3.1-3na)
2-Fluor-4'-methylbiphenyl wurde nach Methode A aus Kalium-2-fluorbenzoat (178 mg, 1.00 mmol) und 4-Tolyltriflat (480 mg, 2.00 mmol) nach 16 h Reaktionszeit dargestellt und als ein farbloses Öl erhalten (141 mg, 76%). Die analytischen Daten (NMR, GC-MS, CHN-Analyse) stimmen mit den literaturbekannten Daten von 2-Fluor-4'-methylbiphenyl überein [CAS: 72093-41-5]. 2-Fluor-4'-methylbiphenyl wurde ebenfalls in 73% Ausbeute (135 mg) nach Methode C' dargestellt.

Synthese von 4',5-Dimethyl-2-nitrobiphenyl (3.1-3oa)
4',5-Dimethyl-2-nitrobiphenyl wurde nach Methode A aus Kalium-5-methyl-2-nitrobenzoat (219 mg, 1.00 mmol) und 4-Tolyltriflat (480 mg, 2.00 mmol) nach 16 h Reaktionszeit dargestellt und als ein blass gelber Feststoff erhalten (164 mg, 72%, Smp.: 60-62 °C). Die analytischen Daten (NMR, GC-MS, CHN-Analyse) stimmen mit den literaturbekannten Daten von 4',5-Dimethyl-2-nitrobiphenyl überein [CAS: 70689-98-4]. 4',5-Dimethyl-2-nitrobiphenyl wurde ebenfalls in 73% Ausbeute (166 mg) nach Methode C' dargestellt.

Synthese von Isopropyl-4'-methylbiphenyl-2-carboxylat (3.1-3pa)
Isopropyl-4'-methylbiphenyl-2-carboxylat wurde nach Methode A aus Kalium-2-(isopropoxycarbonyl)benzoat (246 mg, 1.00 mmol) und 4-Tolyltriflat (480 mg, 2.00 mmol) nach 16 h Reaktionszeit dargestellt und als ein weißer Feststoff erhalten (76.1 mg, 30%, Smp.: 130-131 °C). Die analytischen Daten (NMR, GC-MS, CHN-Analyse) stimmen mit den literaturbekannten Daten von Isopropyl-4'-methylbiphenyl-2-carboxylat überein [CAS:

937166-54-6]. Isopropyl-4'-methylbiphenyl-2-carboxylat wurde ebenfalls in 58% Ausbeute (147 mg) nach Methode C' dargestellt.

Synthese von 2-Formyl-4'-methylbiphenyl (3.1-3qa)

2-Formyl-4'-methylbiphenyl wurde nach Methode A aus Kalium-2-formylbenzoat (188 mg, 1.00 mmol) und 4-Tolyltriflat (480 mg, 2.00 mmol) nach 16 h Reaktionszeit dargestellt und als ein gelbes Öl erhalten (88.3 mg, 45%). Die analytischen Daten (NMR, GC-MS, CHN-Analyse) stimmen mit den literaturbekannten Daten von 2-Formyl-4'-methylbiphenyl überein [CAS: 16191-28-9]. 2-Formyl-4'-methylbiphenyl wurde ebenfalls in 54% Ausbeute (106 mg) nach Methode C' dargestellt.

Synthese von 2-Cyano-4'-methylbiphenyl (3.1-3ra)

2-Cyano-4'-methylbiphenyl wurde nach Methode A aus Kalium-2-cyanobenzoat (185 mg, 1.00 mmol) und 4-Tolyltriflat (480 mg, 2.00 mmol) nach 16 h Reaktionszeit dargestellt und als ein weißer Feststoff erhalten (85.4 mg, 44%, Smp.: 43-48 °C). Die analytischen Daten (NMR, GC-MS, CHN-Analyse) stimmen mit den literaturbekannten Daten von 2-Cyano-4'-methylbiphenyl überein [CAS: 114772-53-1]. 2-Cyano-4'-methylbiphenyl wurde ebenfalls in 50% Ausbeute (97.0 mg) nach Methode C' dargestellt.

Synthese von 2-Methoxy-4'-methylbiphenyl (3.1-3sa)

2-Methoxy-4'-methylbiphenyl wurde nach Methode A aus Kalium-2-methoxybenzoat (190 mg, 1.00 mmol) und 4-Tolyltriflat (480 mg, 2.00 mmol) nach 16 h Reaktionszeit dargestellt und als ein blass gelber Feststoff erhalten (80.5 mg, 40%, Smp.: 81-83 °C). Die analytischen Daten (NMR, GC-MS, CHN-Analyse) stimmen mit den literaturbekannten Daten von 2-Methoxy-4'-methylbiphenyl überein [CAS: 92495-53-9]. 2-Methoxy-4'-methylbiphenyl wurde ebenfalls in 40% Ausbeute (80.5 mg) nach Methode C' dargestellt.

Synthese von 2-(4-Tolyl)thiophen (3.1-3ta)

2-(4-Tolyl)thiophen wurde nach Methode A aus Kaliumthiophen-2-carboxylat (166 mg, 1.00 mmol) und 4-Tolyltriflat (480 mg, 2.00 mmol) nach 16 h Reaktionszeit dargestellt und als ein weißer Feststoff erhalten (131 mg, 75%, Smp.: 60-62 °C). Die analytischen Daten (NMR, GC-MS, CHN-Analyse) stimmen mit den literaturbekannten Daten von 2-(4-Tolyl)thiophene überein [CAS: 16939-04-1]. 2-(4-Tolyl)thiophen wurde ebenfalls in 82% Ausbeute (143 mg) nach Methode C' dargestellt.

7 EXPERIMENTELLER TEIL

Synthese von 2-(4-Tolyl)furan (3.1-3ua)

2-(4-Tolyl)furan wurde nach Methode A aus Kaliumfuran-2-carboxylat (150 mg, 1.00 mmol) und 4-Tolyltriflat (480 mg, 2.00 mmol) nach 16 h Reaktionszeit dargestellt und als ein gelbes Öl erhalten (119 mg, 75%). Die analytischen Daten (NMR, GC-MS, CHN-Analyse) stimmen mit den literaturbekannten Daten von 2-(4-Tolyl)furan überein [CAS: 17113-32-5]. 2-(4-Tolyl)furan wurde ebenfalls in 75% Ausbeute (119 mg) nach Methode C' dargestellt.

Synthese von 4,4'-Dimethylbenzophenon (3.1-4aa)

4,4'-Dimethylbenzophenon wurde nach Methode A aus Kalium-oxo-(4-tolyl)acetat (203 mg, 1.00 mmol) und 4-Tolyltriflat (480 mg, 2.00 mmol) nach 16 h Reaktionszeit dargestellt und als ein blass gelber Feststoff erhalten (179 mg, 85%, Smp.: 67-68 °C). Die analytischen Daten (NMR, GC-MS, CHN-Analyse) stimmen mit den literaturbekannten Daten von 4,4'-Dimethylbenzophenon überein [CAS: 611-97-2]. 4,4'-Dimethylbenzophenon wurde ebenfalls in 89% Ausbeute (187 mg) nach Methode C' dargestellt.

Synthese von 4',2,2-Trimethylpropiophenon (3.1-4ba)

4',2,2-Trimethylpropiophenon wurde nach Methode A aus Kalium-3,3,3-trimethylpyruvat (168 mg, 1.00 mmol) und 4-Tolyltriflat (480 mg, 2.00 mmol) nach 16 h Reaktionszeit dargestellt und als ein farbloses Öl erhalten (136 mg, 77%). Die analytischen Daten (NMR, GC-MS, CHN-Analyse) stimmen mit den literaturbekannten Daten von 4',2,2-Trimethylpropiophenon überein [CAS: 30314-44-4]. 4',2,2-Trimethylpropiophenon wurde ebenfalls in 51% Ausbeute (88.0 mg) nach Methode C' dargestellt.

Synthese von 2-(3'-Nitrophenyl)naphthalin (3.1-3bb)

2-(3-Nitrophenyl)naphthalin wurde nach Methode B aus Kalium-3-nitrobenzoat (205 mg, 1.00 mmol) und 2-Naphthyltriflat (552 mg, 2.00 mmol) in 8 mL NMP dargestellt und als ein gelber Feststoff erhalten (154 mg, 62%, Smp.: 110-112 °C). Die analytischen Daten (NMR, GC-MS, CHN-Analyse) stimmen mit den literaturbekannten Daten von 2-(3-Nitrophenyl)naphthalin überein [CAS: 94064-82-1]. 2-(3-Nitrophenyl)naphthalin wurde ebenfalls in 74% Ausbeute (184 mg) nach Methode D dargestellt.

Synthese von 2'-Methyl-3-nitrobiphenyl (3.1-3bc)

2'-Methyl-3-nitrobiphenyl wurde nach Methode B aus Kalium-3-nitrobenzoat (205 mg, 1.00 mmol) und 2-Tolyltriflat (480 mg, 2.00 mmol) in 8 mL NMP dargestellt und als ein orangefarbenes Öl erhalten (87.0 mg, 41%). Die analytischen Daten (NMR, GC-MS, CHN-

Analyse) stimmen mit den literaturbekannten Daten von 2'-Methyl-3-nitrobiphenyl überein [CAS: 51264-60-9]. 2'-Methyl-3-nitrobiphenyl wurde ebenfalls in 61% Ausbeute (129 mg) nach Methode D dargestellt.

Synthese von Ethyl-3'-nitrobiphenyl-2-carboxylat (3.1-3bd)

Ethyl-3'-nitrobiphenyl-2-carboxylat wurde nach Methode D aus Kalium-3-nitrobenzoat (103 mg, 0.50 mmol) und Ethyl-2-(trifluormethylsulfonyloxy)benzoat (298 mg, 1.00 mmol) dargestellt. Nach dem Vereinigen von zwei identischen 0.5 millimolaren Ansätzen und anschließender Aufreinigung wurde ein farbloses Öl erhalten (92.1 mg, 34%). Die analytischen Daten (NMR, GC-MS, CHN-Analyse) stimmen mit den literaturbekannten Daten von Ethyl-3'-nitrobiphenyl-2-carboxylat überein [CAS: 236102-71-9].

Synthese von 3',5'-Dimethyl-3-nitrobiphenyl (3.1-3be)

3',5'-Dimethyl-3-nitrobiphenyl wurde nach Methode D aus Kalium-3-nitrobenzoat (103 mg, 0.50 mmol) und 3,5-Dimethylphenyltriflat (254 mg, 1.00 mmol) dargestellt. Nach dem Vereinigen von zwei identischen 0.5 millimolaren Ansätzen und anschließender Aufreinigung wurde ein gelber Feststoff erhalten (157 mg, 69%, Smp.: 65-66 °C). Die analytischen Daten (NMR, GC-MS, CHN-Analyse) stimmen mit den literaturbekannten Daten von 3',5'-Dimethyl-3-nitrobiphenyl überein [CAS: 337973-04-3].

Synthese von Ethyl-3'-nitrobiphenyl-3-carboxylat (3.1-3bf)

Ethyl-3'-nitrobiphenyl-3-carboxylat wurde nach Methode D aus Kalium-3-nitrobenzoat (103 mg, 0.50 mmol) und Ethyl-3-(trifluormethylsulfonyloxy)benzoat (298 mg, 1.00 mmol) dargestellt. Nach dem Vereinigen von zwei identischen 0.5 millimolaren Ansätzen und anschließender Aufreinigung wurde ein gelbes Öl erhalten (92.1 mg, 34%). Die analytischen Daten (NMR, GC-MS, CHN-Analyse) stimmen mit den literaturbekannten Daten von Ethyl-3'-nitrobiphenyl-3-carboxylat überein [CAS: 942232-55-5].

Synthese von 3'-Acetyl-3-nitrobiphenyl (3.1-3bg)

3'-Acetyl-3-nitrobiphenyl wurde nach Methode B aus Kalium-3-nitrobenzoat (205 mg, 1.00 mmol) und 3-Acetylphenyltriflat (536 mg, 2.00 mmol) in 8 mL NMP dargestellt und als ein weißer Feststoff erhalten (135 mg, 58%, Smp.: 85-86 °C). Die analytischen Daten (NMR, GC-MS, CHN-Analyse) stimmen mit den literaturbekannten Daten von 3'-Acetyl-3-nitrobiphenyl überein [CAS: 371157-19-6]. 3'-Acetyl-3-nitrobiphenyl wurde ebenfalls in 49% Ausbeute (114 mg) nach Methode D dargestellt.

7 EXPERIMENTELLER TEIL

Synthese von 4'-Fluor-3-nitrobiphenyl (3.1-3bh)

4'-Fluor-3-nitrobiphenyl wurde nach Methode D aus Kalium-3-nitrobenzoat (103 mg, 0.50 mmol) und 4-Fluorphenyltriflat (244 mg, 1.00 mmol) dargestellt. Nach dem Vereinigen von zwei identischen 0.5 millimolaren Ansätzen und anschließender Aufreinigung wurde ein gelber Feststoff erhalten (139 mg, 64%, Smp.: 81-84 °C). Die analytischen Daten (NMR, GC-MS, CHN-Analyse) stimmen mit den literaturbekannten Daten von 4'-Fluor-3-nitrobiphenyl überein [CAS: 10540-32-6].

Synthese von 3'-Methoxy-3-nitrobiphenyl (3.1-3bi)

3'-Methoxy-3-nitrobiphenyl wurde nach Methode D aus Kalium-3-nitrobenzoat (103 mg, 0.50 mmol) und 3-Methoxyphenyltriflat (256 mg, 1.00 mmol) dargestellt. Nach dem Vereinigen von zwei identischen 0.5 millimolaren Ansätzen und anschließender Aufreinigung wurde ein gelbes Öl erhalten (91.6 mg, 40%). Die analytischen Daten (NMR, GC-MS, CHN-Analyse) stimmen mit den literaturbekannten Daten von 3'-Methoxy-3-nitrobiphenyl überein [CAS: 128923-93-3].

Synthese von 2-(2'-Nitrophenyl)naphthalin (3.1-3ab)

2-(2-Nitrophenyl)naphthalin wurde nach Methode A aus Kalium-2-nitrobenzoat (205 mg, 1.00 mmol) und 2-Naphthyltriflat (552 mg, 2.00 mmol) nach 1 h Reaktionszeit dargestellt und als ein gelber Feststoff erhalten (243 mg, 98%, Smp.: 98-100 °C). Die analytischen Daten (NMR, GC-MS, CHN-Analyse) stimmen mit den literaturbekannten Daten von 2-(2-Nitrophenyl)naphthalin überein [CAS: 94064-83-2]. 2-(2-Nitrophenyl)naphthalin wurde ebenfalls in 99% Ausbeute (245 mg) nach Methode C dargestellt.

Synthese von 4'-Methoxy-2-nitrobiphenyl (3.1-3aj)

4'-Methoxy-2-nitrobiphenyl wurde nach Methode A aus Kalium-2-nitrobenzoat (205 mg, 1.00 mmol) und 4-Methoxyphenyltriflat (512 mg, 2.00 mmol) nach 1 h Reaktionszeit dargestellt und als ein gelber Feststoff erhalten (189 mg, 83%, Smp.: 60-61 °C). Die analytischen Daten (NMR, GC-MS, CHN-Analyse) stimmen mit den literaturbekannten Daten von 4'-Methoxy-2-nitrobiphenyl überein [CAS: 20013-55-2]. 4'-Methoxy-2-nitrobiphenyl wurde ebenfalls in 87% Ausbeute (198 mg) nach Methode C dargestellt.

Synthese von 2'-Methyl-2-nitrobiphenyl (3.1-3ac)

2'-Methyl-2-nitrobiphenyl wurde nach Methode A aus Kalium-2-nitrobenzoat (205 mg, 1.00 mmol) und 2-Tolyltriflat (480 mg, 2.00 mmol) nach 1 h Reaktionszeit dargestellt und als ein gelber Feststoff erhalten (166 mg, 79%, Smp.: 66-67 °C). Die analytischen Daten (NMR, GC-MS, CHN-Analyse) stimmen mit den literaturbekannten Daten von 2'-Methyl-2-nitrobiphenyl überein [CAS: 67992-12-5]. 2'-Methyl-2-nitrobiphenyl wurde ebenfalls in 93% Ausbeute (198 mg) nach Methode C dargestellt.

Synthese von 4'-Propionyl-2-nitrobiphenyl (3.1-3ak)

4'-Propionyl-2-nitrobiphenyl wurde nach Methode A aus Kalium-2-nitrobenzoat (205 mg, 1.00 mmol) und 4-Propionylphenyltriflat (564 mg, 2.00 mmol) nach 1 h Reaktionszeit dargestellt und als ein gelber Feststoff erhalten (116 mg, 45%, Smp.: 83-84 °C). Die analytischen Daten (NMR, GC-MS, CHN-Analyse) stimmen mit den literaturbekannten Daten von 4'-Propionyl-2-nitrobiphenyl überein [CAS: 1086406-16-7]. 4'-Propionyl-2-nitrobiphenyl wurde ebenfalls in 54% Ausbeute (139 mg) nach Methode C dargestellt.

Synthese von 4'-Acetyl-2-nitrobiphenyl (3.1-3al)

4'-Acetyl-2-nitrobiphenyl wurde nach Methode A aus Kalium-2-nitrobenzoat (205 mg, 1.00 mmol) und 4-Acetylphenyltriflat (536 mg, 2.00 mmol) nach 1 h Reaktionszeit dargestellt und als ein gelber Feststoff erhalten (72.0 mg, 30%, Smp.: 100-102 °C). Die analytischen Daten (NMR, GC-MS, CHN-Analyse) stimmen mit den literaturbekannten Daten von 4'-Acetyl-2-nitrobiphenyl überein [CAS: 5730-96-1]. 4'-Acetyl-2-nitrobiphenyl wurde ebenfalls in 23% Ausbeute (56 mg) nach Methode C dargestellt.

Synthese von Ethyl-2'-nitrobiphenyl-2-carboxylat (3.1-3ad)

Ethyl-2'-nitrobiphenyl-2-carboxylat wurde nach Methode A aus Kalium-2-nitrobenzoat (205 mg, 1.00 mmol) und Ethyl-2-(trifluormethylsulfonyloxy)benzoat (596 mg, 2.00 mmol) nach 1 h Reaktionszeit dargestellt und als ein gelbes Öl erhalten (100 mg, 37%). Die analytischen Daten (NMR, GC-MS, CHN-Analyse) stimmen mit den literaturbekannten Daten von Ethyl-2'-nitrobiphenyl-2-carboxylat überein [CAS: 72256-33-8]. Ethyl-2'-nitrobiphenyl-2-carboxylat wurde ebenfalls in 23% Ausbeute (63 mg) nach Methode C dargestellt.

Synthese von 4',2-Dinitrobiphenyl (3.1-3am)

4',2-Dinitrobiphenyl wurde nach Methode C aus Kalium-2-nitrobenzoat (205 mg, 1.00 mmol) und 4-Nitrophenyltriflat (546 mg, 2.00 mmol) nach 1 h Reaktionszeit dargestellt und als ein orangefarbener Feststoff erhalten (76.0 mg, 31%, Smp.: 87-89 °C). Die analytischen Daten (NMR, GC-MS, CHN-Analyse) stimmen mit den literaturbekannten Daten von 4',2-Dinitrobiphenyl überein [CAS: 606-81-5].

Synthese von 3′,5′-Dimethyl-2-nitrobiphenyl (3.1-3ae)

3′,5′-Dimethyl-2-nitrobiphenyl wurde nach Methode A aus Kalium-2-nitrobenzoat (205 mg, 1.00 mmol) und 3,5-Dimethylphenyltriflat (508 mg, 2.00 mmol) nach 1 h Reaktionszeit dargestellt und als ein gelbes Öl erhalten (225 mg, 99%). Die analytischen Daten (NMR, GC-MS, CHN-Analyse) stimmen mit den literaturbekannten Daten von 3′,5′-Dimethyl-2-nitrobiphenyl überein [CAS: 51839-09-9].

Synthese von 3′-Formyl-2-nitrobiphenyl (3.1-3an)

3′-Formyl-2-nitrobiphenyl wurde nach Methode A aus Kalium-2-nitrobenzoat (205 mg, 1.00 mmol) und 3-Formylphenyltriflat (508 mg, 2.00 mmol) nach 1 h Reaktionszeit dargestellt und als ein farbloses Öl erhalten (145 mg, 64%). Die analytischen Daten (NMR, GC-MS, CHN-Analyse) stimmen mit den literaturbekannten Daten von 3′-Formyl-2-nitrobiphenyl überein [CAS: 1181294-97-2].

Synthese von 4′-Chlor-2-nitrobiphenyl (3.1-3ao)

4′-Chlor-2-nitrobiphenyl wurde nach Methode A aus Kalium-2-nitrobenzoat (205 mg, 1.00 mmol) und 4-Chlorphenyltriflat (521 mg, 2.00 mmol) nach 1 h Reaktionszeit dargestellt und als ein gelber Feststoff erhalten (211 mg, 91%, Smp.: 60-62 °C). Die analytischen Daten (NMR, GC-MS, CHN-Analyse) stimmen mit den literaturbekannten Daten von 4′-Chlor-2-nitrobiphenyl überein [CAS: 6271-80-3].

Synthese von 2-Nitrobiphenyl (3.1-3ap)

2-Nitrobiphenyl wurde nach Methode A aus Kalium-2-nitrobenzoat (205 mg, 1.00 mmol) und Phenyltriflat (452 mg, 2.00 mmol) nach 1 h Reaktionszeit dargestellt und als ein gelbes Öl erhalten (181 mg, 91%). Die analytischen Daten (NMR, GC-MS, CHN-Analyse) stimmen mit den literaturbekannten Daten von 2-Nitrobiphenyl überein [CAS: 86-00-0].

Synthese von Ethyl-2′-nitrobiphenyl-3-carboxylat (3.1-3af)

Ethyl-2′-nitrobiphenyl-3-carboxylat wurde nach Methode A aus Kalium-2-nitrobenzoat (205 mg, 1.00 mmol) und Ethyl-3-(trifluormethylsulfonyloxy)benzoat (596 mg, 2.00 mmol) nach 1 h Reaktionszeit dargestellt und als ein gelbes Öl erhalten (214 mg, 79%). Die analytischen Daten (NMR, GC-MS, CHN-Analyse) stimmen mit den literaturbekannten Daten von Ethyl-2′-nitrobiphenyl-3-carboxylat überein [CAS: 236102-71-9].

Synthese von 3'-Acetyl-2-nitrobiphenyl (3.1-3ag)

3'-Acetyl-2-nitrobiphenyl wurde nach Methode A aus Kalium-2-nitrobenzoat (205 mg, 1.00 mmol) und 3-Acetylphenyltriflat (536 mg, 2.00 mmol) nach 1 h Reaktionszeit dargestellt und als ein gelber Feststoff erhalten (183 mg, 76%, Smp.: 95-98 °C). Die analytischen Daten (NMR, GC-MS, CHN-Analyse) stimmen mit den literaturbekannten Daten von 3'-Acetyl-2-nitrobiphenyl überein [CAS: 1195761-01-3].

Synthese von 4'-Fluor-2-nitrobiphenyl (3.1-3ah)

4'-Fluor-2-nitrobiphenyl wurde nach Methode A aus Kalium-2-nitrobenzoat (205 mg, 1.00 mmol) und 4-Fluorphenyltriflat (488 mg, 2.00 mmol) nach 1 h Reaktionszeit dargestellt und als ein gelbes Öl erhalten (163 mg, 75%). Die analytischen Daten (NMR, GC-MS, CHN-Analyse) stimmen mit den literaturbekannten Daten von 4'-Fluor-2-nitrobiphenyl überein [CAS: 390-38-5].

Synthese von 3'-Methoxy-2-nitrobiphenyl (3.1-3ai)

3'-Methoxy-2-nitrobiphenyl wurde nach Methode A aus Kalium-2-nitrobenzoat (205 mg, 1.00 mmol) und 3-Methoxyphenyltriflat (512 mg, 2.00 mmol) nach 1 h Reaktionszeit dargestellt und als ein gelbes Öl erhalten (170 mg, 74%). Die analytischen Daten (NMR, GC-MS, CHN-Analyse) stimmen mit den literaturbekannten Daten von 3'-Methoxy-2-nitrobiphenyl überein [CAS: 92017-95-3].

Synthese von 8-(2'-Nitrophenyl)chinolin (3.1-3aq)

8-(2'-Nitrophenyl)chinolin wurde nach Methode A aus Kalium-2-nitrobenzoat (205 mg, 1.00 mmol) und 8-Chinolinyltriflat (554 mg, 2.00 mmol) nach 1 h Reaktionszeit dargestellt und als ein gelber Feststoff erhalten (200 mg, 80%, Smp.: 129-131 °C). Die analytischen Daten (NMR, GC-MS, CHN-Analyse) stimmen mit den literaturbekannten Daten von 8-(2'-Nitrophenyl)chinolin überein [CAS: 123730-15-4].

Synthese von 8-(2'-nitrophenyl)chinaldin (3.1-3ar)

8-(2'-nitrophenyl)chinaldin wurde nach Methode A aus Kalium-2-nitrobenzoat (205 mg, 1.00 mmol) und 8-Chinaldinyltriflat (582 mg, 2.00 mmol) nach 1 h Reaktionszeit dargestellt und als ein gelber Feststoff erhalten (167 mg, 63%, Smp.: 155-157 °C). Die analytischen Daten (NMR, GC-MS, CHN-Analyse) stimmen mit den literaturbekannten Daten von 8-(2'-nitrophenyl)chinaldin überein [CAS: 1195761-02-4].

Allgemeine Versuchsvorschrift zur Untersuchung der Protodecarboxylierung

Methode A: Ein trockenes 20 mL Einweggefäß wurde mit Benzoesäure (1.00 mmol), Kupfer(I)oxid (10.7 mg, 0.075 mmol) und den entsprechenden Mengen Palladium(II)iodid (0 oder 0.03 mmol), 1,10-Phenanthrolin (0 oder 0.15 mmol) und Tol-BINAP (0 oder 0.045 mmol) bestückt. Durch dreimaliges Evakuieren und Rückbefüllen mit Stickstoff wurde eine Inertgasatmosphäre hergestellt. Eine Stammlösung von *n*-Tetradecan (50 µL) in NMP (2 mL) wurde mit einer Spritze hinzugegeben und die Reaktionslösung bei 170 °C für 16h gerührt. Nach Abkühlen auf Raumtemperatur wurde die Reaktionslösung mit Ethylacetat verdünnt (2 mL). Eine Probe der homogenisierten Lösung (0.25 mL) wurde in Ethylacetat (2 mL) gelöst und mit 5 n Salzsäure (2 mL) gewaschen. Die organische Phase wurde über Natriumhydrogencarbonat und Magnesiumsulfat in einer Filterpipette filtriert und mittels Gaschromatographie analysiert.

Methode B: Ein trockenes 10 mL Mikrowellengefäß wurde mit Benzoesäure (1.00 mmol), Kupfer(I)oxid (10.7 mg, 0.075 mmol) und den entsprechenden Mengen Palladium(II)iodid (0 oder 0.03 mmol), 1,10-Phenanthrolin (0 oder 0.15 mmol) und Tol-BINAP (0 oder 0.045 mmol) bestückt. Durch dreimaliges Evakuieren und Rückbefüllen mit Stickstoff wurde eine Inertgasatmosphäre hergestellt. Eine Stammlösung von *n*-Tetradecan (50 µL) in NMP (2 mL) wurde mit einer Spritze hinzugegeben und die Reaktionslösung bei 190 °C für 15. Nach Abkühlen auf Raumtemperatur wurde die Reaktionslösung mit Ethylacetat verdünnt (2 mL). Eine Probe der homogenisierten Lösung (0.25 mL) wurde in Ethylacetat (2 mL) gelöst und mit 5 n Salzsäure (2 mL) gewaschen. Die organische Phase wurde über Natriumhydrogencarbonat und Magnesiumsulfat in einer Filterpipette filtriert und mittels Gaschromatographie analysiert.

7.7 Synthese von Biarylen ausgehend von Aryltosylaten mit Cu

Für die Cu/Pd-katalysierte Synthese der Biphenyle aus Kaliumcarboxylaten und Aryltosylaten wurden ein thermisches und zwei mikrowellenunterstützte Verfahren entwickelt. Diese werden in allgemeiner Form detailliert beschrieben und nummeriert. Für die Synthese der jeweiligen Baryle werden alle genutzten Methoden genannt.

Allgemeine Versuchsvorschrift für die Biarylsynthese unter thermischen Bedingungen

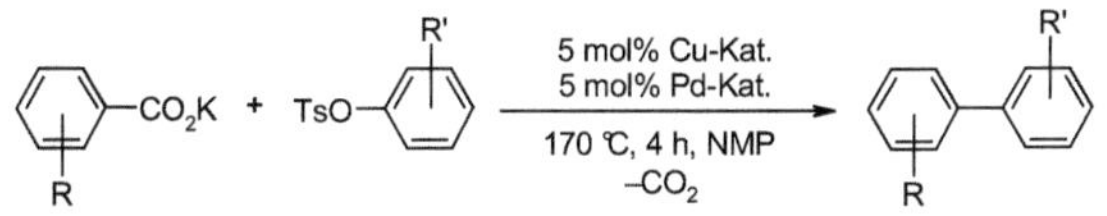

<chemical reaction scheme>

R-C₆H₄-CO₂K (3.2-17) + TsO-C₆H₄-R' (3.2-2) → R-C₆H₄-C₆H₄-R' (3.2-3)

5 mol% Cu-Kat.
5 mol% Pd-Kat.
170 °C, 4 h, NMP
−CO₂

Schema 70: Cu/Pd-katalysierte Biarylsynthese unter thermischen Bedingungen.

Methode A: Ein trockenes 20 mL Einweggefäß wurde mit Kaliumcarboxylat (**3.2-17**) (1.00 mmol), Kupfer(I)oxid (3.60 mg, 0.025 mmol), Palladium(II)acetylacetonat (15.2 mg, 0.05 mmol), 1,10-Phenanthrolin (9.00 mg, 0.10 mmol) und XPhos (35.8 mg, 0.075 mmol) bestückt. Durch dreimaliges Evakuieren und Rückbefüllen mit Stickstoff wurde eine Inertgasatmosphäre hergestellt. Eine Stammlösung von Aryltosylat (**3.2-2**) (2.00 mmol) in NMP (4 mL) wurde mit einer Spritze hinzugegeben und die Reaktionslösung bei 170 °C für 4h gerührt. Nach Abkühlen auf Raumtemperatur wurde die Reaktionslösung in einen Scheidetrichter überführt, mit 1 N Salzsäure (10 mL) versetzt und mit Ethylacetat (3 x 20 mL) extrahiert. Die vereinigten organischen Phasen wurden mit wässriger Natriumhydrogencarbonatlösung (10 mL) und gesättigter Kochsalzlösung (10 mL) gewaschen, mit Magnesiumsulfat getrocknet, filtriert und die flüchtigen Bestandteile unter vermindertem Druck abgedampft. Der Rückstand wurde säulenchromatographisch (Si$_2$O, Ethylacetat/Hexan Gradient) aufgereinigt und das Biaryl (**3.2-3**) erhalten.

Allgemeine Versuchsvorschriften für die Biarylsynthese unter mikrowellenunterstützten Bedingungen (Biotage)

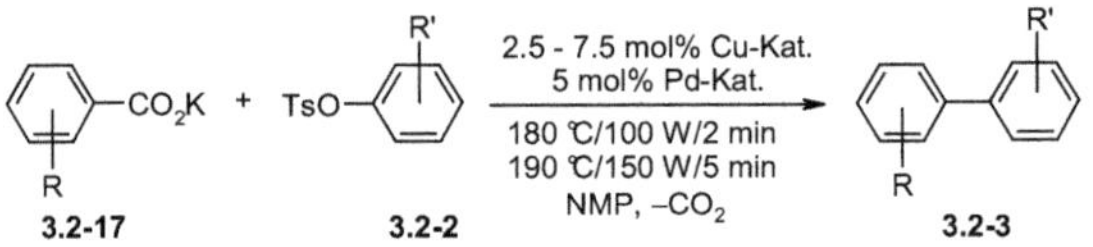

Schema 71: Cu/Pd-katalysierte Biarylsynthese unter mikrowellenunterstützten Bedingungen.

Methode B: Ein trockenes 10 mL Mikrowellengefäß wurde mit Kaliumcarboxylat (**3.2-17**) (0.50 mmol), Kupfer(I)oxid (1.79 mg, 0.0125 mmol), Palladium(II)acetylacetonat (7.62 mg, 0.025 mmol), 1,10-Phenanthrolin (4.51 mg, 0.025 mmol) und XPhos (17.9 mg, 0.0375 mmol) bestückt. Durch dreimaliges Evakuieren und Rückbefüllen mit Stickstoff wurde eine Inertgasatmosphäre hergestellt. Eine Stammlösung von Aryltosylat (**3.2-2**) (1.00 mmol) in NMP (3 mL) wurde mit einer Spritze hinzugegeben und die Reaktionslösung bei 50 °C für 5 min gerührt. Dann wurde die homogenisierte Lösung unter Mikrowellenbestrahlung bei 180 °C für 2 min bei einer Maximalleistung von 100 W und permanenter Luftkühlung erhitzt. Es wurde ein Druckanstieg von 2 bar beobachtet. Nach Abkühlen auf Raumtemperatur wurde die Reaktionslösung in einen Scheidetrichter überführt, mit 1 N Salzsäure (10 mL) versetzt und mit Ethylacetat (3 x 20 mL) extrahiert. Die vereinigten organischen Phasen wurden mit wässriger Natriumhydrogencarbonatlösung (10 mL) und gesättigter Kochsalzlösung (10 mL) gewaschen, mit Magnesiumsulfat getrocknet, filtriert und die flüchtigen Bestandteile unter vermindertem Druck abgedampft. Der Rückstand wurde säulenchromatographisch (Si_2O, Ethylacetat/Hexan Gradient) aufgereinigt und das Biaryl (**3.2-3**) erhalten. Die isolierte Ausbeute wurde durch die Kombination und Aufreinigung zweier identischer 0.5 millimolarer Reaktionsansätze bestimmt.

Methode C: Ein trockenes 10 mL Mikrowellengefäß wurde mit Kaliumcarboxylat (**3.2-17**) (0.50 mmol), Kupfer(I)oxid (5.37 mg, 0.0375 mmol), Palladium(II)acetylacetonat (7.62 mg, 0.025 mmol), 1,10-Phenanthrolin (13.5 mg, 0.075 mmol) und XPhos (17.9 mg, 0.0375 mmol) bestückt. Durch dreimaliges Evakuieren und Rückbefüllen mit Stickstoff wurde eine Inertgasatmosphäre hergestellt. Eine Stammlösung von Aryltosylat (**3.2-2**) (1.00 mmol) in NMP (5 mL) wurde mit einer Spritze hinzugegeben und die Reaktionslösung bei 50 °C für 5 min gerührt. Dann wurde die homogenisierte Lösung unter Mikrowellenbestrahlung bei 190 °C für 5 min bei einer Maximalleistung von 150 W und permanenter Luftkühlung erhitzt. Es wurde ein Druckanstieg von 2 bar beobachtet. Nach Abkühlen auf Raumtemperatur wurde die Reaktionslösung in einen Scheidetrichter überführt, mit 1 N Salzsäure (10 mL) versetzt und mit Ethylacetat (3 x 20 mL) extrahiert. Die vereinigten organischen Phasen wurden mit wässriger Natriumhydrogencarbonatlösung (10 mL) und gesättigter Kochsalzlösung (10 mL) gewaschen, mit Magnesiumsulfat getrocknet, filtriert und die flüchtigen Bestandteile unter vermindertem Druck abgedampft. Der Rückstand wurde säulenchromatographisch (Si_2O, Ethylacetat/Hexan Gradient) aufgereinigt und das Biaryl (**3.2-3**) erhalten. Die isolierte Ausbeute wurde durch die Kombination und Aufreinigung zweier identischer 0.5 millimolarer Reaktionsansätze bestimmt.

Synthese von 4'-Methyl-2-nitrobiphenyl (3.2-3aa)

4'-Methyl-2-nitrobiphenyl wurde nach Methode A aus Kalium-2-nitrobenzoat (205 mg, 1.00 mmol) und 4-Tolyltosylat (524 mg, 2.00 mmol) in 4 mL NMP dargestellt und als ein gelbes Öl erhalten (156 mg, 73%). Die analytischen Daten (NMR, GC-MS, CHN-Analyse) stimmen mit den literaturbekannten Daten von 4'-Methyl-2-nitrobiphenyl überein [CAS: 70680-21-6]. 4'-Methyl-2-nitrobiphenyl wurde ebenfalls in 59% Ausbeute (126 mg) nach Methode B dargestellt.

Synthese von 4'-Methyl-3-nitrobiphenyl (3.3-3ba)

4'-Methyl-3-nitrobiphenyl wurde nach Methode C aus Kalium-3-nitrobenzoat (103 mg, 0.50 mmol) und 4-Tolyltosylat (262 mg, 1.00 mmol) in 5 mL NMP dargestellt. Nach dem Vereinigen von zwei identischen 0.5 millimolaren Ansätzen und anschließender Aufreinigung wurde ein gelber Feststoff erhalten (126 mg, 59%, Smp.: 65-67 °C). Die analytischen Daten (NMR, GC-MS, CHN-Analyse) stimmen mit den literaturbekannten Daten von 4'-Methyl-3-nitrobiphenyl überein [CAS: 53812-68-3].

Synthese von 3',5'-Dimethyl-2-nitrobiphenyl (3.2-3ab)

3',5'-Dimethyl-2-nitrobiphenyl wurde nach Methode A aus Kalium-2-nitrobenzoat (205 mg, 1.00 mmol) und 3,5-Dimethylphenyltosylat (552 mg, 2.00 mmol) in 4 mL NMP dargestellt und als ein gelbes Öl erhalten (207 mg, 91%). Die analytischen Daten (NMR, GC-MS, CHN-Analyse) stimmen mit den literaturbekannten Daten von 3',5'-Dimethyl-2-nitrobiphenyl überein [CAS: 51839-09-9]. 3',5'-Dimethyl-2-nitrobiphenyl wurde ebenfalls in 70% Ausbeute (159 mg) nach Methode B dargestellt.

Synthese von 2-Nitrobiphenyl (3.2-3ac)

2-Nitrobiphenyl wurde nach Methode A aus Kalium-2-nitrobenzoat (205 mg, 1.00 mmol) und Phenyltosylat (496 mg, 2.00 mmol) in 4 mL NMP dargestellt und als ein gelbes Öl erhalten (142 mg, 71%). Die analytischen Daten (NMR, GC-MS, CHN-Analyse) stimmen mit den literaturbekannten Daten von 2-Nitrobiphenyl überein [CAS: 86-00-0]. 2-Nitrobiphenyl wurde ebenfalls in 64% Ausbeute (127 mg) nach Methode B dargestellt.

Synthese von 3'-Formyl-2-nitrobiphenyl (3.2-3ad)

3'-Formyl-2-nitrobiphenyl wurde nach Methode A aus Kalium-2-nitrobenzoat (205 mg, 1.00 mmol) und 4-Formylphenyltosylat (552 mg, 2.00 mmol) in 4 mL NMP dargestellt und als ein farbloses Öl erhalten (87.1 mg, 39%). Die analytischen Daten (NMR, GC-MS, CHN-Analyse) stimmen mit den literaturbekannten Daten von 3'-Formyl-2-nitrobiphenyl überein [CAS: 1181294-97-2]. 3'-Formyl-2-nitrobiphenyl wurde ebenfalls in 85% Ausbeute (193 mg) nach Methode B dargestellt.

Synthese von 4'-Methoxy-2-nitrobiphenyl (3.2-3ae)

4'-Methoxy-2-nitrobiphenyl wurde nach Methode A aus Kalium-2-nitrobenzoat (205 mg, 1.00 mmol) und 4-Methoxyphenyltosylat (556 mg, 2.00 mmol) in 4 mL NMP dargestellt und als ein gelber Feststoff erhalten (121 mg, 53%, Smp.: 59-61 °C). Die analytischen Daten (NMR, GC-MS, CHN-Analyse) stimmen mit den literaturbekannten Daten von 4'-Methoxy-2-nitrobiphenyl überein [CAS: 20013-55-2]. 4'-Methoxy-2-nitrobiphenyl wurde ebenfalls in 40% Ausbeute (91.0 mg) nach Methode B dargestellt.

Synthese von 3'-N,N-Dimethylamino-2-nitrobiphenyl (3.2-3af)

3'-N,N-Dimethylamino-2-nitrobiphenyl wurde nach Methode A aus Kalium-2-nitrobenzoat (205 mg, 1.00 mmol) und 3-N,N-Dimethylaminophenyltosylat (582 mg, 2.00 mmol) in 4 mL NMP dargestellt und als ein braunes Öl erhalten (202 mg, 83%). Die analytischen Daten (NMR, GC-MS, CHN-Analyse) stimmen mit den literaturbekannten Daten von 3'-N,N-Dimethylamino-2-nitrobiphenyl überein [CAS: 1218992-98-3]. 3'-N,N-Dimethylamino-2-nitrobiphenyl wurde ebenfalls in 76% Ausbeute (183 mg) nach Methode B dargestellt.

Synthese von Ethyl-2'-nitrobiphenyl-3-carboxylate (3.2-3ag)

Ethyl-2'-nitrobiphenyl-3-carboxylate wurde nach Methode A aus Kalium-2-nitrobenzoat (205 mg, 1.00 mmol) und Ethyl-3-(tolylsulfonyloxy)benzoat (640 mg, 2.00 mmol) in 4 mL NMP dargestellt und als ein gelbes Öl erhalten (242 mg, 75%). Die analytischen Daten (NMR,

GC-MS, CHN-Analyse) stimmen mit den literaturbekannten Daten von Ethyl-2'-nitrobiphenyl-3-carboxylate überein [CAS: 236102-71-9]. Ethyl-2'-nitrobiphenyl-3-carboxylate wurde ebenfalls in 69% Ausbeute (185 mg) nach Methode B dargestellt.

Synthese von 3'-Acetyl-2-nitrobiphenyl (3.2-3ah)

3'-Acetyl-2-nitrobiphenyl wurde nach Methode A aus Kalium-2-nitrobenzoat (205 mg, 1.00 mmol) und 3-Acetylphenyltosylat (580 mg, 2.00 mmol) in 4 mL NMP dargestellt und als ein gelber Feststoff erhalten (160 mg, 66%, Smp.: 97-99 °C). Die analytischen Daten (NMR, GC-MS, CHN-Analyse) stimmen mit den literaturbekannten Daten von 3'-Acetyl-2-nitrobiphenyl überein [CAS: 1195761-01-3]. 3'-Acetyl-2-nitrobiphenyl wurde ebenfalls in 62% Ausbeute (149 mg) nach Methode B dargestellt.

Synthese von 3'-Methoxy-2-nitrobiphenyl (3.2-3ai)

3'-Methoxy-2-nitrobiphenyl wurde nach Methode A aus Kalium-2-nitrobenzoat (205 mg, 1.00 mmol) und 3-Methoxyphenyltosylat (556 mg, 2.00 mmol) in 4 mL NMP dargestellt und als ein gelbes Öl erhalten (174 mg, 76%). Die analytischen Daten (NMR, GC-MS, CHN-Analyse) stimmen mit den literaturbekannten Daten von 3'-Methoxy-2-nitrobiphenyl überein [CAS: 92017-95-3]. 3'-Methoxy-2-nitrobiphenyl wurde ebenfalls in 59% Ausbeute (136 mg) nach Methode B dargestellt.

Synthese von 2-(2'-Nitrophenyl)pyridin (3.2-3aj)

2-(2'-Nitrophenyl)pyridin wurde nach Methode A aus Kalium-2-nitrobenzoat (205 mg, 1.00 mmol) und 2-Pyridyltosylat (498 mg, 2.00 mmol) in 4 mL NMP dargestellt und als ein gelbes Öl erhalten (66.0 mg, 33%). Die analytischen Daten (NMR, GC-MS, CHN-Analyse) stimmen mit den literaturbekannten Daten von 2-(2'-Nitrophenyl)pyridin überein [CAS: 4253-81-0]. 2-(2'-Nitrophenyl)pyridin wurde ebenfalls in 46% Ausbeute (92.0 mg) nach Methode B dargestellt.

Synthese von 4'-Fluor-2-nitrobiphenyl (3.2-3ak)

4'-Fluor-2-nitrobiphenyl wurde nach Methode A aus Kalium-2-nitrobenzoat (205 mg, 1.00 mmol) und 4-Fluorphenyltosylat (532 mg, 2.00 mmol) in 4 mL NMP dargestellt und als ein gelbes Öl erhalten (106 mg, 49%). Die analytischen Daten (NMR, GC-MS, CHN-Analyse) stimmen mit den literaturbekannten Daten von 4'-Fluor-2-nitrobiphenyl überein [CAS: 390-38-5]. 4'-Fluor-2-nitrobiphenyl wurde ebenfalls in 44% Ausbeute (96.0 mg) nach Methode B dargestellt.

Synthese von 3',5'-Dimethyl-3-nitrobiphenyl (3.2-3bb)

3',5'-Dimethyl-3-nitrobiphenyl wurde nach Methode C aus Kalium-3-nitrobenzoat (103 mg, 0.50 mmol) und 3,5-Dimethylphenyltosylat (276 mg, 1.00 mmol) in 5 mL NMP dargestellt. Nach dem Vereinigen von zwei identischen 0.5 millimolaren Ansätzen und anschließender Aufreinigung wurde ein gelber Feststoff erhalten (118 mg, 52%, Smp.: 65-66 °C). Die analytischen Daten (NMR, GC-MS, CHN-Analyse) stimmen mit den literaturbekannten Daten von 3',5'-Dimethyl-3-nitrobiphenyl überein [CAS: 337973-04-3].

Synthese von Ethyl-3'-nitrobiphenyl-3-carboxylat (3.2-3bg)

Ethyl-3'-nitrobiphenyl-3-carboxylat wurde nach Methode C aus Kalium-3-nitrobenzoat (103 mg, 0.50 mmol) und Ethyl-3-(tolylsulfonyloxy)benzoat (320 mg, 1.00 mmol) in 5 mL NMP dargestellt. Nach dem Vereinigen von zwei identischen 0.5 millimolaren Ansätzen und anschließender Aufreinigung wurde ein gelbes Öl erhalten (139 mg, 51%). Die analytischen Daten (NMR, GC-MS, CHN-Analyse) stimmen mit den literaturbekannten Daten von Ethyl-3'-nitrobiphenyl-3-carboxylat überein [CAS: 942232-55-5].

Synthese von 2-(3'-Nitrophenyl)naphthalin (3.2-3bl)

2-(3'-Nitrophenyl)naphthalin wurde nach Methode C aus Kalium-3-nitrobenzoat (103 mg, 0.50 mmol) und 2-Naphthyltosylat (298 mg, 1.00 mmol) in 5 mL NMP dargestellt Nach dem Vereinigen von zwei identischen 0.5 millimolaren Ansätzen und anschließender Aufreinigung wurde ein wurde ein gelber Feststoff erhalten (149 mg, 60%, Smp.: 110-112 °C). Die analytischen Daten (NMR, GC-MS, CHN-Analyse) stimmen mit den literaturbekannten Daten von 2-(3'-Nitrophenyl)naphthalin überein [CAS: 94064-82-1].

Synthese von 2-(4'-Nitrophenyl)naphthalin (3.2-3cl)

2-(4'-Nitrophenyl)naphthalin wurde nach Methode C aus Kalium-4-nitrobenzoat (103 mg, 0.50 mmol) und 2-Naphthyltosylat (298 mg, 1.00 mmol) in 5 mL NMP dargestellt Nach dem Vereinigen von zwei identischen 0.5 millimolaren Ansätzen und anschließender Aufreinigung wurde ein wurde ein gelber Feststoff erhalten (129 mg, 53%, Smp.: 161-163 °C). Die analytischen Daten (NMR, GC-MS, CHN-Analyse) stimmen mit den literaturbekannten Daten von 2-(4'-Nitrophenyl)naphthalin überein [CAS: 2765-24-4].

Synthese von 2-(3'-Cyanophenyl)naphthalin (3.2-3dl)

2-(3'-Cyanophenyl)naphthalin wurde nach Methode C aus Kalium-3-cyanobenzoat (92.6 mg, 0.50 mmol) und 2-Naphthyltosylat (298 mg, 1.00 mmol) in 5 mL NMP dargestellt Nach dem

Vereinigen von zwei identischen 0.5 millimolaren Ansätzen und anschließender Aufreinigung wurde ein wurde ein weißer Feststoff erhalten (169 mg, 74%, Smp.: 123-125 °C). Die analytischen Daten (NMR, GC-MS, CHN-Analyse) stimmen mit den literaturbekannten Daten von 2-(3'-Cyanophenyl)naphthalin überein [CAS: 1218993-00-0].

Synthese von 2-(4'-Cyanophenyl)naphthalin (3.2-3e1)

2-(4'-Cyanophenyl)naphthalin wurde nach Methode C aus Kalium-4-cyanobenzoat (92.6 mg, 0.50 mmol) und 2-Naphthyltosylat (298 mg, 1.00 mmol) in 5 mL NMP dargestellt Nach dem Vereinigen von zwei identischen 0.5 millimolaren Ansätzen und anschließender Aufreinigung wurde ein wurde ein weißer Feststoff erhalten (207 mg, 90%, Smp.: 127-129 °C). Die analytischen Daten (NMR, GC-MS, CHN-Analyse) stimmen mit den literaturbekannten Daten von 2-(4'-Cyanophenyl)naphthalin überein [CAS: 93328-79-1].

Synthese von 2-(4'-Trifluormethylphenyl)naphthalin (3.2-3f1)

2-(4'-Trifluormethylphenyl)naphthalin wurde nach Methode C aus Kalium-4-trifluormethylbenzoat (114 mg, 0.50 mmol) und 2-Naphthyltosylat (298 mg, 1.00 mmol) in 5 mL NMP dargestellt Nach dem Vereinigen von zwei identischen 0.5 millimolaren Ansätzen und anschließender Aufreinigung wurde ein wurde ein weißer Feststoff erhalten (100 mg, 37%, Smp.: 131-132 °C). Die analytischen Daten (NMR, GC-MS, CHN-Analyse) stimmen mit den literaturbekannten Daten von 2-(4'-Trifluormethylphenyl)naphthalin überein [CAS: 460743-71-9].

Synthese von 2-(3'-Methoxyphenyl)naphthalin (3.2-3g1)

2-(3'-Methoxyphenyl)naphthalin wurde nach Methode C aus Kalium-3-methoxybenzoat (95.1 mg, 0.50 mmol) und 2-Naphthyltosylat (298 mg, 1.00 mmol) in 5 mL NMP dargestellt Nach dem Vereinigen von zwei identischen 0.5 millimolaren Ansätzen und anschließender Aufreinigung wurde ein wurde ein farbloses Öl erhalten (108 mg, 46%). Die analytischen Daten (NMR, GC-MS, CHN-Analyse) stimmen mit den literaturbekannten Daten von 2-(3'-Methoxyphenyl)naphthalin überein [CAS: 33104-31-3].

Synthese von 3-(Naphth-2-yl)pyridin (3.2-3h1)

3-(Naphth-2-yl)pyridin wurde nach Methode C aus Kaliumnicotinat (80.6 mg, 0.50 mmol) und 2-Naphthyltosylat (298 mg, 1.00 mmol) in 5 mL NMP dargestellt. Nach dem Vereinigen von zwei identischen 0.5 millimolaren Ansätzen und anschließender Aufreinigung wurde ein wurde ein weißer Feststoff erhalten (107 mg, 53%, Smp.: 92-93 °C). Die analytischen Daten

7 Experimenteller Teil

(NMR, GC-MS, CHN-Analyse) stimmen mit den literaturbekannten Daten von 3-(Naphth-2-yl)pyridin überein [CAS: 92497-48-8].

Synthese von 2-(2'-Fluorphenyl)naphthalin (3.2-3il)

2-(2'-Fluorphenyl)naphthalin wurde nach Methode A aus Kalium-2-fluorbenzoat (178 mg, 1.00 mmol) und 2-Naphthyltosylat (596 mg, 2.00 mmol) in 4 mL NMP dargestellt und als ein weißer Feststoff erhalten (53.0 mg, 24%, Smp.: 79-80 °C). Die analytischen Daten (NMR, GC-MS, CHN-Analyse) stimmen mit den literaturbekannten Daten von 2-(2'-Fluorphenyl)naphthalin überein [CAS: 22082-95-7]. 2-(2'-Fluorphenyl)naphthalin wurde ebenfalls in 99% Ausbeute (220 mg) nach Methode B dargestellt.

Synthese von 2-(2'-Nitrophenyl)naphthalin (3.2-3al)

2-(2'-Nitrophenyl)naphthalin wurde nach Methode A aus Kalium-2-nitrobenzoat (205 mg, 1.00 mmol) und 2-Naphthyltosylat (596 mg, 2.00 mmol) in 4 mL NMP dargestellt und als ein gelber Feststoff erhalten (208 mg, 84%, Smp.: 98-100 °C). Die analytischen Daten (NMR, GC-MS, CHN-Analyse) stimmen mit den literaturbekannten Daten von 2-(2'-Nitrophenyl)naphthalin überein [CAS: 94064-83-2]. 2-(2'-Nitrophenyl)naphthalin wurde ebenfalls in 97% Ausbeute (242 mg) nach Methode B dargestellt.

Synthese von 2-(3'-Methyl-2'-nitrophenyl)naphthalin (3.2-3jl)

2-(3'-Methyl-2'-nitrophenyl)naphthalin wurde nach Methode A aus Kalium-2-methyl-3-nitrobenzoat (219 mg, 1.00 mmol) und 2-Naphthyltosylat (596 mg, 2.00 mmol) in 4 mL NMP dargestellt und als ein gelber Feststoff erhalten (201 mg, 76%, Smp.: 90-91 °C). Die analytischen Daten (NMR, GC-MS, CHN-Analyse) stimmen mit den literaturbekannten Daten von 2-(3'-Methyl-2'-nitrophenyl)naphthalin überein [CAS: 1218993-01-1]. 2-(3'-Methyl-2'-nitrophenyl)naphthalin wurde ebenfalls in 79% Ausbeute (207 mg) nach Methode B dargestellt.

Synthese von 2-(5'-Methyl-2'-nitrophenyl)naphthalin (3.2-3kl)

2-(5'-Methyl-2'-nitrophenyl)naphthalin wurde nach Methode A aus Kalium-5-methyl-3-nitrobenzoat (219 mg, 1.00 mmol) und 2-Naphthyltosylat (596 mg, 2.00 mmol) in 4 mL NMP dargestellt und als ein gelber Feststoff erhalten (201 mg, 76%, Smp.: 108-110 °C). Die analytischen Daten (NMR, GC-MS, CHN-Analyse) stimmen mit den literaturbekannten Daten von 2-(5'-Methyl-2'-nitrophenyl)naphthalin überein [CAS: 1218992-99-4]. 2-(5'-Methyl-2'-

nitrophenyl)naphthalin wurde ebenfalls in 80% Ausbeute (209 mg) nach Methode B dargestellt.

Synthese von 2-(5'-Methoxy-2'-nitrophenyl)naphthalin (3.2-3ll)

2-(5'-Methoxy-2'-nitrophenyl)naphthalin wurde nach Methode A aus Kalium-5-methoxy-3-nitrobenzoat (235 mg, 1.00 mmol) und 2-Naphthyltosylat (596 mg, 2.00 mmol) in 4 mL NMP dargestellt und als ein gelber Feststoff erhalten (268 mg, 96%, Smp.: 60-61 °C). Die analytischen Daten (NMR, GC-MS, CHN-Analyse) stimmen mit den literaturbekannten Daten von 2-(5'-Methoxy-2'-nitrophenyl)naphthalin überein [CAS: 1218993-02-2]. 2-(5'-Methoxy-2'-nitrophenyl)naphthalin wurde ebenfalls in 99% Ausbeute (277 mg) nach Methode B dargestellt.

Synthese von 2-(Naphth-2-yl)thiophen (3.2-3ml)

2-(Naphth-2-yl)thiophen wurde nach Methode A aus Kaliumthiophen-2-carboxylat (166 mg, 1.00 mmol) und 2-Naphthyltosylat (596 mg, 2.00 mmol) in 4 mL NMP dargestellt und als ein weißer Feststoff erhalten (129 mg, 62%, Smp.: 104-105 °C). Die analytischen Daten (NMR, GC-MS, CHN-Analyse) stimmen mit den literaturbekannten Daten von 2-(Naphth-2-yl)thiophen überein [CAS: 16939-09-6]. 2-(Naphth-2-yl)thiophen wurde ebenfalls in 78% Ausbeute (164 mg) nach Methode B dargestellt.

Synthese von 2-(Naphth-2-yl)furan (3.2-3nl)

2-(Naphth-2-yl)furan wurde nach Methode B aus Kaliumfuran-2-carboxylat (75.0 mg, 0.50 mmol) und 2-Naphthyltosylat (298 mg, 1.00 mmol) in 3 mL NMP dargestellt. Nach dem Vereinigen von zwei identischen 0.5 millimolaren Ansätzen und anschließender Aufreinigung wurde ein wurde ein weißer Feststoff erhalten (151 mg, 78%, Smp.: 72-73 °C). Die analytischen Daten (NMR, GC-MS, CHN-Analyse) stimmen mit den literaturbekannten Daten von 2-(Naphth-2-yl)furan überein [CAS: 51792-33-7].

Allgemeine Versuchsvorschrift für die präparative Darstellung von Biarylen aus Kaliumcarboxylaten und Aryltosylaten

Ein trockenes 60 mL Einweggefäß wurde mit Kaliumcarboxylat (10.0 mmol), Kupfer(I)oxid (36.9 mg, 0.25 mmol), Palladium(II)acetylacetonat (152 mg, 0.5 mmol), 1,10-Phenanthrolin (90.1 mg, 0.50 mmol) und XPhos (358 mg, 0.75 mmol) bestückt. Durch dreimaliges Evakuieren und Rückbefüllen mit Stickstoff wurde eine Inertgasatmosphäre hergestellt. Eine Stammlösung von Aryltosylat (20.0 mmol) in NMP (30 mL) wurde mit einer Spritze hinzugegeben und die Reaktionslösung bei 170 °C für 4h gerührt. Nach Abkühlen auf Raumtemperatur wurde die Reaktionslösung in einen Scheidetrichter überführt, mit 1 N Salzsäure (100 mL) versetzt und mit Ethylacetat (3 x 100 mL) extrahiert. Die vereinigten organischen Phasen wurden mit wässriger Natriumhydrogencarbonatlösung (100 mL) und gesättigter Kochsalzlösung (100 mL) gewaschen, mit Magnesiumsulfat getrocknet, filtriert und die flüchtigen Bestandteile unter vermindertem Druck abgedampft. Der Rückstand wurde säulenchromatographisch (Si$_2$O, Ethylacetat/Hexan 1:20) aufgereinigt und das Biphenyl erhalten. Auf diese Weise konnten 4'-Methyl-2-nitrobiphenyl [CAS 70680-21-6] in einer Ausbeute von 72% (1.54 g) und 2-(2'-Nitrophenyl)naphthalin [CAS 94064-83-2] in einer Ausbeute von 80% (1.98 g) dargestellt werden.

Allgemeine Versuchsvorschrift zur Untersuchung der Protodecarboxylierung

Ein trockenes 20 mL Einweggefäß wurde mit 3-Nitrobenzoesäure (167 mg, 1.00 mmol), Kupfer(I)oxid (10.7 mg, 0.075 mmol), 1,10-Phenanthrolin (27.0 mg, 0.15 mmol) und dem entsprechenden Phosphin (0 oder 0.075 mmol) bestückt. Durch dreimaliges Evakuieren und Rückbefüllen mit Stickstoff wurde eine Inertgasatmosphäre hergestellt. Eine Stammlösung von *n*-Tetradecan (50 µL) in NMP (2 mL) wurde mit einer Spritze hinzugegeben und die Reaktionslösung bei 170 °C für 16h gerührt. Nach Abkühlen auf Raumtemperatur wurde die Reaktionslösung mit Ethylacetat verdünnt (2 mL). Eine Probe der homogenisierten Lösung (0.25 mL) wurde in Ethylacetat (2 mL) gelöst und mit 5 n Salzsäure (2 mL) gewaschen. Die organische Phase wurde über Natriumhydrogencarbonat und Magnesiumsulfat in einer Filterpipette filtriert und mittels Gaschromatographie analysiert.

7.8 Silberkatalysierte Protodecarboxylierungen bei 120 °C

Allgemeine Versuchsvorschrift für die silberkatalysierte Protodecarboxylierung bei 120 °C

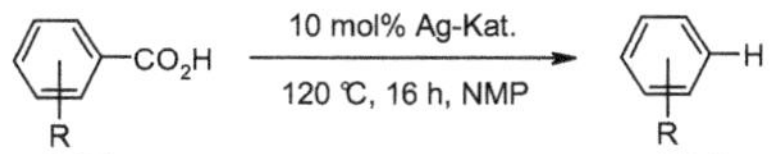

Schema 72: Ag-katalysierte Protodecarboxylierung bei 120 °C.

Methode A: Ein trockenes 20 mL Einweggefäß wurde mit aromatischer Carbonsäure **3.3-3** (2.00 mmol), Silber(I)acetat (33.7 mg, 0.20 mmol) und Kaliumcarbonat (41.5 mg, 0.30 mmol) bestückt. Durch dreimaliges Evakuieren und Rückbefüllen mit Stickstoff wurde eine Inertgasatmosphäre hergestellt. NMP (4 mL) wurde mit einer Spritze hinzugegeben und die Reaktionslösung bei 120 °C für 16h gerührt. Nach Abkühlen auf Raumtemperatur wurde die Reaktionslösung in einen Scheidetrichter überführt, mit 1 N Salzsäure (10 mL) versetzt und mit Diethylether (3 x 2 mL) extrahiert. Die vereinigten organischen Phasen wurden mit wässriger Natriumhydrogencarbonatlösung (4 mL) und gesättigter Kochsalzlösung (4 mL) gewaschen, mit Magnesiumsulfat getrocknet und filtriert. Das decarboxylierte Aren **3.3-4** wurde durch Abdestillieren des Diethylethers über eine Vigreuxkolonne erhalten.

Synthese von Nitrobenzol (3.3-4a)

Nitrobenzol wurde aus 2-Nitrobenzoesäure (334 mg, 2.00 mmol) dargestellt und als eine gelbe Flüssigkeit erhalten (225 mg, 92%). Die analytischen Daten (NMR, GC-MS) stimmen mit den literaturbekannten Daten von Nitrobenzol überein [CAS: 98-95-3].

Synthese von Anisol (3.3-4c)

Anisol wurde aus 2-Methoxybenzoesäure (304 mg, 2.00 mmol) dargestellt und als eine farblose Flüssigkeit erhalten (178 mg, 83%). Die analytischen Daten (NMR, GC-MS) stimmen mit den literaturbekannten Daten von Anisol überein [CAS: 100-66-3]. Anisol wurde ebenfalls aus 3-Methoxybenzoesäure (304 mg, 2.00 mmol) und 4-Methoxybenzoesäure (304 mg, 2.00 mmol) bei einer Reaktionstemperatur von 160 °C dargestellt. Die entsprechenden Ausbeuten von 38% und 14% wurden durch quantitative GC-Analyse mit *n*-Tetradecan als internem Standard bestimmt.

7 EXPERIMENTELLER TEIL

Synthese von 2-Chlorpyridin (3.3-4d)

2-Chlorpyridin wurde aus 2-Chlornicotinsäure (158 mg, 1.00 mmol) mit Silbercarbonat (13.8 mg, 0.05 mmol) dargestellt. Die Ausbeute von 98% wurde durch quantitative GC-Analyse mit *n*-Tetradecan als internem Standard bestimmt.

Synthese von Brombenzol (3.3-4e)

Brombenzol wurde aus 2-Brombenzoesäure (402 mg, 2.00 mmol) dargestellt und als eine farblose Flüssigkeit erhalten (237 mg, 76%). Die analytischen Daten (NMR, GC-MS) stimmen mit den literaturbekannten Daten von Brombenzol überein [CAS: 108-86-1].

Synthese von 4-Nitroanisol (3.3-4f)

4-Nitroanisol wurde aus 5-Methoxy-2-nitrobenzoesäure (394 mg, 2.00 mmol) dargestellt und als ein gelber Feststoff erhalten (270 mg, 88%, Smp.: 51-53 °C). Die analytischen Daten (NMR, GC-MS) stimmen mit den literaturbekannten Daten von 4-Nitroanisol überein [CAS: 100-17-4].

Synthese von 1,2,4-Trimethoxybenzol (3.3-4g)

1,2,4-Trimethoxyanisol wurde aus 2,4,5-Trimethoxybenzoesäure (424 mg, 2.00 mmol) dargestellt und als eine farblose Flüssigkeit erhalten (145 mg, 43%). Die analytischen Daten (NMR, GC-MS) stimmen mit den literaturbekannten Daten von 1,2,4-Trimethoxyanisol überein [CAS: 135-77-3].

Synthese von 1,3-Dimethoxybenzol (3.3-4h)

1,3-Dimethoxybenzol wurde aus 2,4-Dimethoxybenzoesäure (364 mg, 2.00 mmol) dargestellt und als eine farblose Flüssigkeit erhalten (246 mg, 89%). Die analytischen Daten (NMR, GC-MS) stimmen mit den literaturbekannten Daten von 1,3-Dimethoxybenzol überein [CAS: 151-10-0]. 1,3-Dimethoxybenzol wurde ebenfalls aus 2,6-Dimethoxybenzoesäure (364 mg, 2.00 mmol) in einer Ausbeute von 87% (239 mg) dargestellt.

Synthese von 4-Bromveratrol (3.3-4k)

4-Bromveratrol wurde aus 2-Brom-4,5-dimethoxybenzoesäure (522 mg, 2.00 mmol) dargestellt und als eine farblose Flüssigkeit erhalten (412 mg, 95%). Die analytischen Daten (NMR, GC-MS) stimmen mit den literaturbekannten Daten von 4-Bromveratrol überein [CAS: 2859-78-1].

Synthese von 1,3-Dichlorbenzol (3.3-4l)

1,3-Dichlorbenzol wurde aus 2,4-Dichlorbenzoesäure (382 mg, 2.00 mmol) dargestellt und als eine farblose Flüssigkeit erhalten (218 mg, 74%). Die analytischen Daten (NMR, GC-MS) stimmen mit den literaturbekannten Daten von 1,3-Dichlorbenzol überein [CAS: 541-73-1]. 1,3-Dichlorbenzol wurde ebenfalls aus 2,6-Dichlorbenzoesäure (382 mg, 2.00 mmol) in einer Ausbeute von 76% (223 mg) dargestellt.

Synthese von 1-Chlor-4-nitrobenzol (3.3-4m)

1-Chlor-4-nitrobenzol wurde aus 2-Chlor-5-nitrobenzoesäure (403 mg, 2.00 mmol) dargestellt und als eine gelber Feststoff erhalten (268 mg, 85%, Smp.: 82-83 °C). Die analytischen Daten (NMR, GC-MS) stimmen mit den literaturbekannten Daten von 1-Chlor-4-nitrobenzol überein [CAS: 100-00-5].

Synthese von α,α,α-Trifluortoluol (3.3-4n)

α,α,α-Trifluortoluol wurde aus 2-α,α,α-Trifluormethylbenzoesäure (190 mg, 1.00 mmol) dargestellt. Die Ausbeute von 91% wurde durch quantitative GC-Analyse mit *n*-Tetradecan als internem Standard bestimmt.

Synthese von Isopopylbenzoat (3.3-4o)

Isopopylbenzoat wurde aus 2-(Isopropyloxycarbonyl)benzoesäure (416 mg, 2.00 mmol) dargestellt und als eine farblose Flüssigkeit erhalten (234 mg, 71%). Die analytischen Daten (NMR, GC-MS) stimmen mit den literaturbekannten Daten von Isopopylbenzoat überein [CAS: 939-48-0].

Synthese von Methylsulfonylbenzol (3.3-4p)

Methylsulfonylbenzol wurde aus 2-Methylsulfonylbenzoesäure (400 mg, 2.00 mmol) dargestellt und als ein weißer Feststoff erhalten (280 mg, 90%, Smp.: 87-88 °C). Die analytischen Daten (NMR, GC-MS) stimmen mit den literaturbekannten Daten von Methylsulfonylbenzol überein [CAS: 3112-85-4].

Synthese von Acetophenon (3.3-4q)

Acetophenon wurde aus 2-Acetylbenzoesäure (328 mg, 2.00 mmol) dargestellt und als eine farblose Flüssigkeit erhalten (139 mg, 58%). Die analytischen Daten (NMR, GC-MS) stimmen mit den literaturbekannten Daten von Acetophenon überein [CAS: 98-86-2].

Synthese von Fluorbenzol (3.3-4r)

Fluorbenzol wurde aus 2-Fluorbenzoesäure (140 mg, 1.00 mmol) dargestellt. Die Ausbeute von 74% wurde durch quantitative GC-Analyse mit *n*-Tetradecan als internem Standard bestimmt.

Synthese von Phenol (3.3-4s)

Phenol wurde aus 4-Hydroxybenzoesäure (276 mg, 2.00 mmol) dargestellt und als ein weißer Feststoff erhalten (32.0 mg, 17%, Smp.: 40-42 °C). Die analytischen Daten (NMR, GC-MS) stimmen mit den literaturbekannten Daten von Phenol überein [CAS: 108-95-2].

Synthese von Thiophen (3.3-4z)

Thiophen wurde aus Thiophen-2-carbonsäure (128 mg, 1.00 mmol) dargestellt. Die Ausbeute von 80% wurde durch quantitative GC-Analyse mit *n*-Tetradecan als internem Standard bestimmt. Thiophen wurde ebenfalls aus Thiophen-3-carbonsäure (128 mg, 1.00 mmol) dargestellt. Die Ausbeute von 36% wurde durch quantitative GC-Analyse mit *n*-Tetradecan als internem Standard bestimmt.

Synthese von 2,4-Dimethyl-1,3-thiazol (3.3-4d')

2,4-Dimethyl-1,3-thiazol wurde aus 2,4-Dimethyl-1,3-thiazol-5-carbonsäure (157 mg, 1.00 mmol) mit Silbercarbonat (13.8 mg, 0.05 mmol) dargestellt. Die Ausbeute von 98% wurde durch quantitative GC-Analyse mit *n*-Tetradecan als internem Standard bestimmt.

Synthese von 2-Bromthiophen (3.3-4e')

2-Bromthiophen wurde aus 5-Bromthiophen-2-carbonsäure (207 mg, 1.00 mmol) mit Silbercarbonat (13.8 mg, 0.05 mmol) dargestellt. Die Ausbeute von 95% wurde durch quantitative GC-Analyse mit *n*-Tetradecan als internem Standard bestimmt.

Synthese von Isochinolin (3.3-4f')

Isochinolin wurde aus Isochinolin-1-carbonsäure (173 mg, 1.00 mmol) dargestellt. Die Ausbeute von 54% wurde durch quantitative GC-Analyse mit *n*-Tetradecan als internem Standard bestimmt.

Synthese von 3-Methylthiophen (3.3-4g')

3-Methylthiophen wurde aus 3-Methylthiophen-2-carbonsäure (142 mg, 1.00 mmol) dargestellt. Die Ausbeute von 78% wurde durch quantitative GC-Analyse mit *n*-Tetradecan als internem Standard bestimmt.

Synthese von 1-Methyl-*1H*-pyrrol (3.3-4h')

1-Methyl-*1H*-pyrrol wurde aus 1-Methyl-*1H*-pyrrol-2-carbonsäure (125 mg, 1.00 mmol) dargestellt. Die Ausbeute von 77% wurde durch quantitative GC-Analyse mit *n*-Tetradecan als internem Standard bestimmt.

Synthese von 1,5-Dimethyl-1H-pyrazol (3.3-4i')

1,5-Dimethyl-1H-pyrazol wurde aus 1,5-Dimethyl-1H-pyrazol-3-carbonsäure (140 mg, 1.00 mmol) mit Silbercarbonat (13.8 mg, 0.05 mmol) dargestellt. Die Ausbeute von 2% wurde durch quantitative GC-Analyse mit *n*-Tetradecan als internem Standard bestimmt.

Synthese von 1-Methyl-1H-pyrazol (3.3-4j')

1-Methyl-1H-pyrazol wurde aus 1-Methyl-1H-pyrazol-4-carbonsäure (140 mg, 1.00 mmol) mit Silbercarbonat (13.8 mg, 0.05 mmol) dargestellt. Die Ausbeute von 10% wurde durch quantitative GC-Analyse mit *n*-Tetradecan als internem Standard bestimmt.

7.9 Synthese von Biarylen ausgehend von Aryltriflaten bei 130 °C

Für die Ag/Pd-katalysierte Synthese der Biaryle aus Kaliumcarboxylaten und Aryltriflaten wurden ein thermisches und ein mikrowellenunterstütztes Verfahren entwickelt. Diese werden in allgemeiner Form detailliert beschrieben und nummeriert. Für die Synthese der jeweiligen Biaryle werden alle genutzten Methoden genannt.

Allgemeine Versuchsvorschrift für die Biarylsynthese unter thermischen Bedingungen

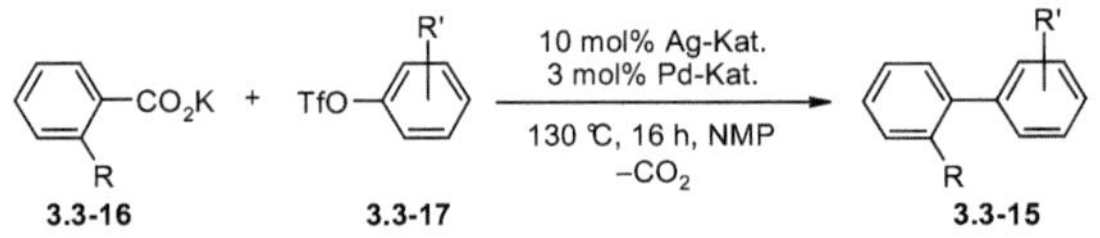

Schema 73: Ag/Pd-katalysierte Biarylsynthese unter thermischen Bedingungen.

Methode A: Ein trockenes 20 mL Einweggefäß wurde mit Kaliumcarboxylat **3.3-16** (1.00 mmol), Silberkatalysator (10 mol%), Palladium(II)chlorid (5.38 mg, 0.03 mmol) und PPh$_3$ (23.6 mg, 0.09 mmol) bestückt. Durch dreimaliges Evakuieren und Rückbefüllen mit Stickstoff wurde eine Inertgasatmosphäre hergestellt. Eine Stammlösung von Aryltriflat **3.3-17** (2.00 mmol) und 2,6-Lutidin (21.4 mg, 0.20 mmol) in NMP (4 mL) wurde mit einer Spritze hinzugegeben und die Reaktionslösung bei 130 °C für 16h gerührt. Nach Abkühlen auf Raumtemperatur wurde die Reaktionslösung in einen Scheidetrichter überführt, mit 1 N Salzsäure (10 mL) versetzt und mit Ethylacetat (3 x 20 mL) extrahiert. Die vereinigten organischen Phasen wurden mit wässriger Natriumhydrogencarbonatlösung (10 mL) und gesättigter Kochsalzlösung (10 mL) gewaschen, mit Magnesiumsulfat getrocknet, filtriert und die flüchtigen Bestandteile unter vermindertem Druck abgedampft. Der Rückstand wurde säulenchromatographisch (Si$_2$O, Ethylacetat/Hexan Gradient) aufgereinigt und das Biaryl **3.3-15** erhalten.

Allgemeine Versuchsvorschrift für die Biarylsynthese unter mikrowellenunterstützten Bedingungen (Biotage)

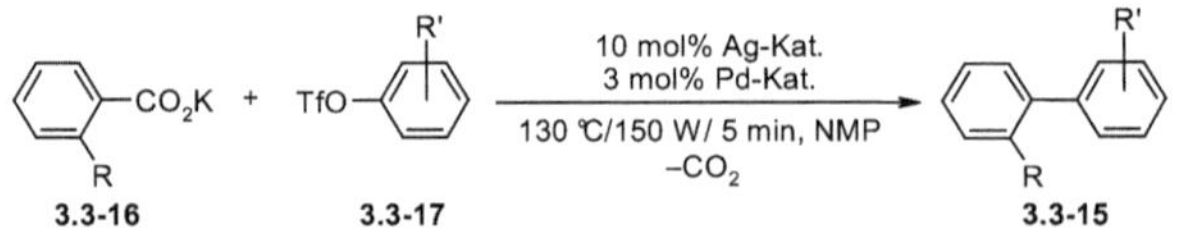

Schema 74: Ag/Pd-katalysierte Biarylsynthese unter mikrowellenunterstützten Bedingungen.

Methode B: Ein trockenes 10 mL Mikrowellengefäß wurde mit Kaliumcarboxylat **3.3-16** (0.50 mmol), Silbercarbonat (6.89 mg, 0.025 mmol), Palladium(II)chlorid (2.69 mg, 0.015 mmol) und PPh$_3$ (11.8 mg, 0.045 mmol) bestückt. Durch dreimaliges Evakuieren und Rückbefüllen mit Stickstoff wurde eine Inertgasatmosphäre hergestellt. Eine Stammlösung von Aryltriflat **3.3-17** (1.00 mmol) und 2,6-Lutidin (10.7 mg, 0.10 mmol) in NMP (2 mL) wurde mit einer Spritze hinzugegeben und die Reaktionslösung bei 50 °C für 5 min gerührt. Dann wurde die homogenisierte Lösung unter Mikrowellenbestrahlung bei 130 °C für 5 min bei einer Maximalleistung von 150 W und permanenter Luftkühlung erhitzt. Es wurde ein Druckanstieg von 2 bar beobachtet. Nach Abkühlen auf Raumtemperatur wurde die Reaktionslösung in einen Scheidetrichter überführt, mit 1 N Salzsäure (10 mL) versetzt und mit Ethylacetat (3 x 20 mL) extrahiert. Die vereinigten organischen Phasen wurden mit wässriger Natriumhydrogencarbonatlösung (10 mL) und gesättigter Kochsalzlösung (10 mL) gewaschen, mit Magnesiumsulfat getrocknet, filtriert und die flüchtigen Bestandteile unter vermindertem Druck abgedampft. Der Rückstand wurde säulenchromatographisch (Si$_2$O, Ethylacetat/Hexan Gradient) aufgereinigt und das Biaryl **3.3-15** erhalten. Die isolierte Ausbeute wurde durch die Kombination und Aufreinigung zweier identischer 0.5 millimolarer Reaktionsansätze bestimmt.

Synthese von 4'-Chlor-2-nitrobiphenyl (3.3-15aa)

4'-Chlor-2-nitrobiphenyl wurde nach Methode A aus Kalium-2-nitrobenzoat (205 mg, 1.00 mmol) und 4-Chlorphenyltriflat (522 mg, 2.00 mmol) mit Silbercarbonat (13.8 mg, 0.05 mmol) in 4 mL NMP dargestellt und als ein gelber Feststoff erhalten (203 mg, 87%, Smp.: 60-62 °C). Die analytischen Daten (NMR, GC-MS, CHN-Analyse) stimmen mit den literaturbekannten Daten von 4'-Chlor-2-nitrobiphenyl überein [CAS: 6271-80-3].

Synthese von 4'-Chlor-2,6-dimethoxybiphenyl (3.3-15ba)

4'-Chlor-2,6-dimethoxybiphenyl wurde nach Methode A aus Kalium-2,6-dimethoxybenzoat (220 mg, 1.00 mmol) und 4-Chlorphenyltriflat (522 mg, 2.00 mmol) mit Silbercarbonat (13.8 mg, 0.05 mmol) in 4 mL NMP dargestellt und als ein weißer Feststoff erhalten (185 mg, 74%, Smp.: 125-127 °C). Die analytischen Daten (NMR, GC-MS, CHN-Analyse) stimmen mit den literaturbekannten Daten von 4'-Chlor-2,6-dimethoxybiphenyl überein [CAS: 938764-37-5].

7 EXPERIMENTELLER TEIL

Synthese von 4'-Chlor-5-methoxy-2-nitrobiphenyl (3.3-15ca)

4'-Chlor-5-methoxy-2-nitrobiphenyl wurde nach Methode A aus Kalium-5-methoxy-2-nitrobenzoat (235 mg, 1.00 mmol) und 4-Chlorphenyltriflat (522 mg, 2.00 mmol) mit Silbercarbonat (13.8 mg, 0.05 mmol) in 4 mL NMP dargestellt und als ein blass gelber Feststoff erhalten (195 mg, 74%, Smp.: 95-97 °C). Die analytischen Daten (NMR, GC-MS, CHN-Analyse) stimmen mit den literaturbekannten Daten von 4'-Chlor-5-methoxy-2-nitrobiphenyl überein [CAS: 911217-07-7].

Synthese von 2,4',6-Trichlorbiphenyl (3.3-15da)

2,4',6-Trichlorbiphenyl wurde nach Methode A aus Kalium-2,6-dichlorbenzoat (230 mg, 1.00 mmol) und 4-Chlorphenyltriflat (522 mg, 2.00 mmol) mit Silbertriflat (26.0 mg, 0.10 mmol) in 4 mL NMP dargestellt und als ein farbloses Öl erhalten (196 mg, 76%). Die analytischen Daten (NMR, GC-MS, CHN-Analyse) stimmen mit den literaturbekannten Daten von 2,4',6-Trichlorbiphenyl überein [CAS: 38444-77-8].

Synthese von 4'-Chlor-3-methyl-2-nitrobiphenyl (3.3-15ea)

4'-Chlor-3-methyl-2-nitrobiphenyl wurde nach Methode A aus Kalium-3-methyl-2-nitrobenzoat (230 mg, 1.00 mmol) und 4-Chlorphenyltriflat (522 mg, 2.00 mmol) mit Silbertriflat (26.0 mg, 0.10 mmol) in 4 mL NMP dargestellt und als ein gelbes Öl erhalten (161 mg, 65%). Die analytischen Daten (NMR, GC-MS, CHN-Analyse) stimmen mit den literaturbekannten Daten von 4'-Chlor-3-methyl-2-nitrobiphenyl überein [CAS: 911217-06-6].

Synthese von 4'-Chlor-5-fluor-2-nitrobiphenyl (3.3-15fa)

4'-Chlor-5-fluor-2-nitrobiphenyl wurde nach Methode A aus Kalium-5-fluor-2-nitrobenzoat (223 mg, 1.00 mmol) und 4-Chlorphenyltriflat (522 mg, 2.00 mmol) mit Silbercarbonat (13.8 mg, 0.05 mmol) in 4 mL NMP dargestellt und als ein gelber Feststoff erhalten (229 mg, 91%, Smp.: 78-88 °C). Die analytischen Daten (NMR, GC-MS, CHN-Analyse) stimmen mit den literaturbekannten Daten von 4'-Chlor-5-fluor-2-nitrobiphenyl überein [CAS: 1227469-86-4].

Synthese von 4'-Chlor-6-methyl-2-nitrobiphenyl (3.3-15ga)

4'-Chlor-6-methyl-2-nitrobiphenyl wurde nach Methode B aus Kalium-6-methyl-2-nitrobenzoat (110 mg, 0.50 mmol) und 4-Chlorphenyltriflat (262 mg, 1.00 mmol) dargestellt. Nach dem Vereinigen und Aufreinigung zweier identischer 0.5 millimolarer Ansätze wurde ein gelbes Öl erhalten (208 mg, 84%). Die analytischen Daten (NMR, GC-MS, CHN-Analyse) stimmen mit den literaturbekannten Daten von 4'-Chlor-6-methyl-2-nitrobiphenyl überein [CAS: 370070-36-3].

Synthese von 4'-Chlor-5-methyl-2-nitrobiphenyl (3.3-15ha)

4'-Chlor-5-methyl-2-nitrobiphenyl wurde nach Methode B aus Kalium-5-methyl-2-nitrobenzoat (110 mg, 0.50 mmol) und 4-Chlorphenyltriflat (262 mg, 1.00 mmol) dargestellt. Nach dem Vereinigen und Aufreinigung zweier identischer 0.5 millimolarer Ansätze wurde ein gelbes Öl erhalten (198 mg, 80%). Die analytischen Daten (NMR, GC-MS, CHN-Analyse) stimmen mit den literaturbekannten Daten von 4'-Chlor-5-methyl-2-nitrobiphenyl überein [CAS: 70690-00-5].

Synthese von 2-(4'-Chlorphenyl)-3-methylthiophen (3.3-15ia)

2-(4'-Chlorphenyl)-3-methylthiophen wurde nach Methode B aus Kalium-3-methylthiophen-2-carboxylat (90.0 mg, 0.50 mmol) und 4-Chlorphenyltriflat (262 mg, 1.00 mmol) dargestellt. Nach dem Vereinigen und Aufreinigung zweier identischer 0.5 millimolarer Ansätze wurde ein farbloses Öl erhalten (116 mg, 56%). Die analytischen Daten (NMR, GC-MS, CHN-Analyse) stimmen mit den literaturbekannten Daten von 2-(4'-Chlorphenyl)-3-methylthiophen überein [CAS: 76099-87-1].

Synthese von 5-(4'-Chlorphenyl)-1-methyl-*1H*-pyrazol (3.3-15ja)

5-(4'-Chlorphenyl)-1-methyl-*1H*-pyrazol wurde nach Methode A aus Kalium-1-methyl-*1H*-pyrazole-5-carboxylat (164 mg, 1.00 mmol) und 4-Chlorphenyltriflat (522 mg, 2.00 mmol) mit Silbercarbonat (13.8 mg, 0.05 mmol) in 4 mL NMP dargestellt und als ein gelbes Öl erhalten (116 mg, 60%). Die analytischen Daten (NMR, GC-MS, CHN-Analyse) stimmen mit den literaturbekannten Daten von 5-(4'-Chlorphenyl)-1-methyl-*1H*-pyrazol überein [CAS: 73387-54-9].

Synthese von 5-(4'-Chlorphenyl)-4-methyl-1,3-oxazol (3.3-15ka)

5-(4'-Chlorphenyl)-4-methyl-1,3-oxazol wurde nach Methode A aus Kalium-4-methyl-1,3-oxazol-5-carboxylat (165 mg, 1.00 mmol) und 4-Chlorphenyltriflat (522 mg, 2.00 mmol) mit Silbercarbonat (13.8 mg, 0.05 mmol) in 4 mL NMP dargestellt und als ein blass gelber Feststoff erhalten (168 mg, 87%, Smp.: 37-39 °C). Die analytischen Daten (NMR, GC-MS, CHN-Analyse) stimmen mit den literaturbekannten Daten von 5-(4'-Chlorphenyl)-4-methyl-1,3-oxazol überein [CAS: 65185-00-4].

Synthese von 5-(4'-Chlorphenyl)-2,4-dimethyl-1,3-thiazol (3.3-15la)

5-(4'-Chlorphenyl)-2,4-dimethyl-1,3-thiazol wurde nach Methode A aus Kalium-2,4-dimethyl-1,3-thiazol-5-carboxylat (195 mg, 1.00 mmol) und 4-Chlorphenyltriflat (522 mg, 2.00 mmol) mit Silbercarbonat (13.8 mg, 0.05 mmol) in 4 mL NMP dargestellt und als ein gelber Feststoff erhalten (179 mg, 80%, Smp.: 59-61 °C). Die analytischen Daten (NMR, GC-MS, CHN-Analyse) stimmen mit den literaturbekannten Daten von 5-(4'-Chlorphenyl)-2,4-dimethyl-1,3-thiazol überein [CAS: 1227469-87-5].

Synthese von 5-(4'-Tolyl)-4-methyl-1,3-oxazol (3.3-15kb)

5-(4'-Tolyl)-4-methyl-1,3-oxazol wurde nach Methode A aus Kalium-4-methyl-1,3-oxazol-5-carboxylat (165 mg, 1.00 mmol) und 4-Tolyltriflat (480 mg, 2.00 mmol) mit Silbercarbonat (13.8 mg, 0.05 mmol) in 4 mL NMP dargestellt und als ein farbloses Öl erhalten (154 mg, 89%). Die analytischen Daten (NMR, GC-MS, CHN-Analyse) stimmen mit den literaturbekannten Daten von 5-(4'-Tolyl)-4-methyl-1,3-oxazol überein [CAS: 1227469-88-6].

Synthese von 5-(4'-Tolyl)-2,4-dimethyl-1,3-thiazol (3.3-15lb)

5-(4'-Tolyl)-2,4-dimethyl-1,3-thiazol wurde nach Methode A aus Kalium-2,4-dimethyl-1,3-thiazol-5-carboxylat (195 mg, 1.00 mmol) und 4-Tolyltriflat (480 mg, 2.00 mmol) mit Silbercarbonat (13.8 mg, 0.05 mmol) in 4 mL NMP dargestellt und als ein farbloses Öl erhalten (152 mg, 75%). Die analytischen Daten (NMR, GC-MS, CHN-Analyse) stimmen mit den literaturbekannten Daten von 5-(4'-Tolyl)-2,4-dimethyl-1,3-thiazol überein [CAS: 1227469-89-7].

Synthese von 4'-Methyl-2-nitrobiphenyl (3.3-15ab)

4'-Methyl-2-nitrobiphenyl wurde nach Methode A aus Kalium-2-nitrobenzoat (205 mg, 1.00 mmol) und 4-Tolyltriflat (480 mg, 2.00 mmol) mit Silbercarbonat (13.8 mg, 0.05 mmol) in 4 mL NMP dargestellt und als ein gelbes Öl erhalten (156 mg, 73%). Die analytischen Daten (NMR, GC-MS, CHN-Analyse) stimmen mit den literaturbekannten Daten von 4'-Methyl-2-nitrobiphenyl überein [CAS: 70680-21-6].

Synthese von 4'-Fluor-2-nitrobiphenyl (3.3-15ac)

4'-Fluor-2-nitrobiphenyl wurde nach Methode A aus Kalium-2-nitrobenzoat (205 mg, 1.00 mmol) und 4-Fluorphenyltriflat (488 mg, 2.00 mmol) mit Silbercarbonat (13.8 mg, 0.05 mmol) in 4 mL NMP dargestellt und als ein gelbes Öl erhalten (178 mg, 82%). Die analytischen Daten (NMR, GC-MS, CHN-Analyse) stimmen mit den literaturbekannten Daten von 4'-Fluor-2-nitrobiphenyl überein [CAS: 390-38-5].

Synthese von 2-(2'-nitrophenyl)naphthalin (3.3-15ad)

2-(2'-nitrophenyl)naphthalin wurde nach Methode A aus Kalium-2-nitrobenzoat (205 mg, 1.00 mmol) und 2-Naphthyltriflat (552 mg, 2.00 mmol) mit Silbercarbonat (13.8 mg, 0.05 mmol) in 4 mL NMP dargestellt und als ein gelber Feststoff erhalten (179 mg, 72%, Smp.: 100-101 °C). Die analytischen Daten (NMR, GC-MS, CHN-Analyse) stimmen mit den literaturbekannten Daten von 2-(2'-nitrophenyl)naphthalin überein [CAS: 94064-83-2].

Synthese von 2-Nitrobiphenyl (3.3-15ae)

2-Nitrobiphenyl wurde nach Methode A aus Kalium-2-nitrobenzoat (205 mg, 1.00 mmol) und Phenyltriflat (481 mg, 2.00 mmol) mit Silbercarbonat (13.8 mg, 0.05 mmol) in 4 mL NMP dargestellt und als ein gelbes Öl erhalten (136 mg, 64%). Die analytischen Daten (NMR, GC-MS, CHN-Analyse) stimmen mit den literaturbekannten Daten von 2-Nitrobiphenyl überein [CAS: 86-00-0].

Synthese von 3'-Acetyl-2-nitrobiphenyl (3.3-15af)

3'-Acetyl-2-nitrobiphenyl wurde nach Methode A aus Kalium-2-nitrobenzoat (205 mg, 1.00 mmol) und 3-Acetylphenyltriflat (536 mg, 2.00 mmol) mit Silbercarbonat (13.8 mg, 0.05 mmol) in 4 mL NMP dargestellt und als ein gelber Feststoff erhalten (118 mg, 72%, Smp.: 95-96 °C). Die analytischen Daten (NMR, GC-MS, CHN-Analyse) stimmen mit den literaturbekannten Daten von 3'-Acetyl-2-nitrobiphenyl überein [CAS: 1195761-01-3].

Synthese von 3'-Chlor-2-nitrobiphenyl (3.3-15ag)

3'-Chlor-2-nitrobiphenyl wurde nach Methode A aus Kalium-2-nitrobenzoat (205 mg, 1.00 mmol) und 3-Chlorphenyltriflat (522 mg, 2.00 mmol) mit Silbercarbonat (13.8 mg, 0.05 mmol) in 4 mL NMP dargestellt und als ein gelbes Öl erhalten (168 mg, 72%). Die analytischen Daten (NMR, GC-MS, CHN-Analyse) stimmen mit den literaturbekannten Daten von 3'-Chlor-2-nitrobiphenyl überein [CAS: 951-22-4].

Synthese von Ethyl-2'-nitrobiphenyl-3-carboxylat (3.3-15ah)

Ethyl-2'-nitrobiphenyl-3-carboxylat wurde nach Methode A aus Kalium-2-nitrobenzoat (205 mg, 1.00 mmol) und Ethyl-3-(trifluormethylsulfonyloxy)benzoat (596 mg, 2.00 mmol) mit Silbercarbonat (13.8 mg, 0.05 mmol) in 4 mL NMP dargestellt und als ein gelbes Öl erhalten (220 mg, 81%). Die analytischen Daten (NMR, GC-MS, CHN-Analyse) stimmen mit den literaturbekannten Daten von Ethyl-2'-nitrobiphenyl-3-carboxylat überein [CAS: 236102-71-9].

Synthese von 2'-Chlor-2-nitrobiphenyl (3.3-15ai)
2'-Chlor-2-nitrobiphenyl wurde nach Methode A aus Kalium-2-nitrobenzoat (205 mg, 1.00 mmol) und 2-Chlorphenyltriflat (522 mg, 2.00 mmol) mit Silbercarbonat (13.8 mg, 0.05 mmol) in 4 mL NMP dargestellt und als ein gelber Feststoff erhalten (84.0 mg, 36%, Smp.: 71-72 °C). Die analytischen Daten (NMR, GC-MS, CHN-Analyse) stimmen mit den literaturbekannten Daten von 2'-Chlor-2-nitrobiphenyl überein [CAS: 950-94-7].

Synthese von 2'-Methyl-2-nitrobiphenyl (3.3-15aj)
2'-Methyl-2-nitrobiphenyl wurde nach Methode A aus Kalium-2-nitrobenzoat (205 mg, 1.00 mmol) und 2-Tolyltriflat (480 mg, 2.00 mmol) mit Silbercarbonat (13.8 mg, 0.05 mmol) in 4 mL NMP dargestellt und als ein gelber Feststoff erhalten (104 mg, 49%, Smp.: 66-67 °C). Die analytischen Daten (NMR, GC-MS, CHN-Analyse) stimmen mit den literaturbekannten Daten von 2'-Methyl-2-nitrobiphenyl überein [CAS: 67992-12-5].

Synthese von Ethyl-2'-nitrobiphenyl-2-carboxylat (3.3-15ak)
Ethyl-2'-nitrobiphenyl-2-carboxylat wurde nach Methode A aus Kalium-2-nitrobenzoat (205 mg, 1.00 mmol) und Ethyl-2'-(trifluormethylsulfonyloxy)benzoat (596 mg, 2.00 mmol) mit Silbercarbonat (13.8 mg, 0.05 mmol) in 4 mL NMP dargestellt und als ein gelbes Öl erhalten (206 mg, 76%). Die analytischen Daten (NMR, GC-MS, CHN-Analyse) stimmen mit den literaturbekannten Daten von Ethyl-2'-nitrobiphenyl-2-carboxylat überein [CAS: 72256-33-8].

Synthese von 8-(2'-Nitrophenyl)chinolin (3.3-15al)
8-(2'-Nitrophenyl)chinolin wurde nach Methode A aus Kalium-2-nitrobenzoat (205 mg, 1.00 mmol) und 8-Chinolinyltriflat (583 mg, 2.00 mmol) mit Silbercarbonat (13.8 mg, 0.05 mmol) in 4 mL NMP dargestellt und als ein gelber Feststoff erhalten (169 mg, 64%, Smp.: 129-131 °C). Die analytischen Daten (NMR, GC-MS, CHN-Analyse) stimmen mit den literaturbekannten Daten von 8-(2'-Nitrophenyl)chinolin überein [CAS: 123730-15-4].

Synthese von 8-(2'-Nitrophenyl)chinaldin (3.3-15am)

8-(2'-Nitrophenyl)chinaldin wurde nach Methode A aus Kalium-2-nitrobenzoat (205 mg, 1.00 mmol) und 2-Methyl-8-chinolinyltriflat (554 mg, 2.00 mmol) mit Silbercarbonat (13.8 mg, 0.05 mmol) in 4 mL NMP dargestellt und als ein gelber Feststoff erhalten (62.5 mg, 25%, Smp.: 155-157 °C). Die analytischen Daten (NMR, GC-MS, CHN-Analyse) stimmen mit den literaturbekannten Daten von 8-(2'-Nitrophenyl)chinaldin überein [CAS: 1195761-02-4].

Allgemeine Versuchsvorschrift für die präparative Darstellung von Biarylen aus Kaliumcarboxylaten und Aryltriflaten mit einem Ag/Pd-Katalysatorsystem

Ein trockenes 60 mL Einweggefäß wurde mit Kaliumcarboxylat (10.0 mmol), Silbercarbonat (138 mg, 0.50 mmol), Palladium(II)chlorid (53.7 mg, 0.50 mmol) und PPh_3 (236 mg, 0.90 mmol) bestückt. Durch dreimaliges Evakuieren und Rückbefüllen mit Stickstoff wurde eine Inertgasatmosphäre hergestellt. Eine Stammlösung von Aryltriflat (20.0 mmol) und 2,6-Lutidin (214 mg, 2.00 mmol) in NMP (40 mL) wurde mit einer Spritze hinzugegeben und die Reaktionslösung bei 130 °C für 16h gerührt. Nach Abkühlen auf Raumtemperatur wurde die Reaktionslösung in einen Scheidetrichter überführt, mit 1 N Salzsäure (100 mL) versetzt und mit Ethylacetat (3 x 100 mL) extrahiert. Die vereinigten organischen Phasen wurden mit wässriger Natriumhydrogencarbonatlösung (100 mL) und gesättigter Kochsalzlösung (100 mL) gewaschen, mit Magnesiumsulfat getrocknet, filtriert und die flüchtigen Bestandteile unter vermindertem Druck abgedampft. Der Rückstand wurde säulenchromatographisch (Si_2O, Ethylacetat/Hexan 1:20) aufgereinigt und das Biaryl erhalten. Auf diese Weise konnte 4'-Chlor-2-nitrobiphenyl **3.3-15aa** [CAS 6271-80-3] in einer Ausbeute von 87% (2.02 g) dargestellt werden.

7.10 Synthese von Biarylen im Durchflussreaktor

Um ein einfach anwendbares Verfahren der decarboxylierenden Kreuzkupplung für die industrielle Anwendung zu entwickeln, wurden alle Chemikalien direkt ohne spezielle Aufreinigungsmaßnahmen eingesetzt. Als Lösungsmittel wurde wasserfreies NMP (100 mL oder 1 L, Aldrich) aus einer kommerziell erhältlichen Flasche mit Septum genutzt.

Allgemeine Versuchsvorschrift für die Biarylsynthese im Durchflussreaktor

$$\text{Ar-CO}_2\text{H/NEt}_4 + \text{TfO-Ar'} \xrightarrow[\text{170 °C, 1 h, 0.167 mL/min, NMP}]{\text{5 mol% Cu-Kat.}\atop\text{2 mol% Pd-Kat.}} \text{Ar-Ar'}$$

3.4-1/3.4-4   3.4-2   3.4-3

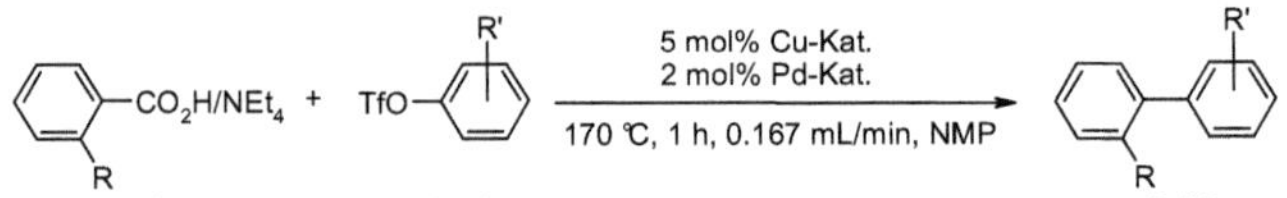

Schema 75: Cu/Pd-katalysierte Biarylsynthese im Durchflussreaktor.

Ein 12 mL Einweggefäß wurde mit Carbonsäure **3.4-1** (0.48 mmol) und Kalium-*tert*-butoxid (56.1 mg, 0.48 mmol) oder Tetraethylammoniumcarboxylat **3.4-4** (0.48 mmol), $CuNO_3(phen)(PPh_3)_2$ (18.7 mg, 0.02 mmol) und Palladium(II)acetat (1.80 mg, 0.008 mmol) direkt vor Durchführung des Experimentes bestückt (*in Gegenwart von Kalium-tert-butoxid tritt eine Verfärbung des Feststoffgemisches nach kurzer Zeit auf*). Eine Stammlösung von Aryltriflat **3.4-2** (0.40 mmol) in wasserfreiem NMP (2 mL) wurde mit einer Spritze hinzugegeben und die resultierende Suspension im Ultraschallbad bis zur vollständigen Auflösung aller Kompenenten behandelt. Die Reaktionskomponentenlösung wird in eine der Probenschleifen (2 mL) überführt, wobei vorangehend eine Luftblase (1 cm) in der Leitung erzeugt wird, um anschließende Dispersion der Lösung zu vermeiden. Ein einzelner Flusskanal wurde genutzt um das Reaktionslösungsmittel oder die Reaktionskomponentenlösung durch die vorgeheizte Reaktorspule (170 °C) zu pumpen. Die Probenschleife wurde mit einer Flussrate von 0.167 mL/min (60 min Verweildauer) mit frischem wasserfreien NMP (Aldrich) aus dem Lösungsmittelreservoir in die Reaktorspule entleert (*NMP ist sehr hygroskopisch; NMP, das für längere Zeit an der Luft stand führt zu Protodecarboxylierung und verminderten Ausbeuten*). Nach 60 min wird mit der Sammlung des Reaktorausflusses begonnen und die Reaktionslösung für ca. 30 min in einem 12 mL Einweggefäß gesammelt (5 mL dunkelbraune Lösung).

Die Reaktionslösung wurde in ein Becherglas mit 2 N Salzsäure (50 mL) und Dichlormethan (50 mL) gesammelt. Während der Sammlung wurde das Zweiphasengemisch stark gerührt und nach beendeter Reaktion für weitere 30 min gerührt. Nach der Phasentrennung wird die untere organische Phase mittels einer dritten Pumpe mit einer Flussrate von 2 mL/min durch eine Omnifit-Kartusche (1 g Arbocel, 10 g Si_2O) gepumpt. Nachdem die gesamte Lösung aspiriert wurde, wurde mit reinem Dichlormethan solange gewaschen bis kein Produkt mehr mittles DC detektiert werden konnte. Diese Lösung wurde in einen Scheidetrichter überführt und mit wässriger Natriumhydrogencarbonatlösung (25 mL) und gesättigter Kochsalzlösung (25 mL) gewaschen, mit Magnesiumsulfat getrocknet, filtriert und die flüchtigen Bestandteile unter vermindertem Druck abgedampft. Der Rückstand wurde säulenchromatographisch (Si_2O, Ethylacetat/Hexan 4:1) aufgereinigt und die Biaryle **3.4-3** erhalten.

Synthese von 4'-Methyl-2-nitrobiphenyl (3.4-3aa)

4'-Methyl-2-nitrobiphenyl wurde nach der allgemeinen Versuchsvorschrift aus 2-Nitrobenzoesäure (84.4 mg, 0.48 mmol), Kalium-*tert*-butoxid (56.1 mg, 0.48 mmol) oder Tetraethylammonium-2-nitrobenzoat (151 mg, 0.48 mmol) und 4-Tolyltriflat (99.1 mg, 0.40 mmol) dargestellt und als ein gelbes Öl erhalten (60.5 mg, 71%). Die analytischen Daten (NMR, GC-MS, CHN-Analyse) stimmen mit den literaturbekannten Daten von 4'-Methyl-2-nitrobiphenyl überein [CAS: 70680-21-6].

Synthese von 4'-Methyl-5-fluor-2-nitrobiphenyl (3.4-3ba)

4'-Methyl-5-fluor-2-nitrobiphenyl wurde nach der allgemeinen Versuchsvorschrift aus 5-Fluor-2-nitrobenzoesäure (88.9 mg, 0.48 mmol), Kalium-*tert*-butoxid (56.1 mg, 0.48 mmol) und 4-Tolyltriflat (99.1 mg, 0.40 mmol) dargestellt und als ein gelber Feststoff erhalten (43.2 mg, 46%, Smp.: 59-61 °C). 4'-Methyl-5-fluor-2-nitrobiphenyl ist unbekannt. Die erhaltenen analytischen Daten sind im Appendix explizit aufgeführt.

Synthese von 2-(4'-Tolyl)benzothiophen (3.4-3ca)

2-(4'-Tolyl)benzothiophen wurde nach der allgemeinen Versuchsvorschrift aus Tetraethylammoniumbenzothiophen-2-carboxylat (148 mg, 0.48 mmol) und 4-Tolyltriflat (99.1 mg, 0.40 mmol) dargestellt und als ein weißer Feststoff erhalten (62.8 mg, 70%, Smp.: 169-170 °C). Die analytischen Daten (NMR, GC-MS, CHN-Analyse) stimmen mit den literaturbekannten Daten von 2-(4'-Tolyl)benzothiophen überein [CAS: 25664-47-5].

Synthese von 4'-Methyl-4,5-dimethoxy-2-nitrobiphenyl (3.4-3da)

4'-Methyl-4,5-dimethoxy-2-nitrobiphenyl wurde nach der allgemeinen Versuchsvorschrift aus Tetraethylammonium-4,5-dimethoxy-2-nitrobenzoat (171 mg, 0.48 mmol) und 4-Tolyltriflat (99.1 mg, 0.40 mmol) dargestellt und als ein gelber Feststoff erhalten (71.1 mg,

65% Smp.: 107-109 °C). 4'-Methyl-4,5-dimethoxy-2-nitrobiphenyl ist unbekannt. Die erhaltenen analytischen Daten sind im Appendix explizit aufgeführt.

Synthese von 4',5-Dimethyl-2-nitrobiphenyl (3.4-3ea)

4',5-Dimethyl-2-nitrobiphenyl wurde nach der allgemeinen Versuchsvorschrift aus 5-Methyl-2-nitrobenzoesäure (87.0 mg, 0.48 mmol), Kalium-*tert*-butoxid (56.1 mg, 0.48 mmol) und 4-Tolyltriflat (99.1 mg, 0.40 mmol) dargestellt und als ein gelber Feststoff erhalten (65.5 mg, 72% Smp.: 60-62 °C). Die analytischen Daten (NMR, GC-MS, CHN-Analyse) stimmen mit den literaturbekannten Daten von 4',5-Dimethyl-2-nitrobiphenyl überein [CAS: 70689-98-4].

Synthese von 4'-Methyl-2-methylsulfonylbiphenyl (3.4-3fa)

4'-Methyl-2-methylsulfonylbiphenyl wurde nach der allgemeinen Versuchsvorschrift aus 2-Methylsulfonylbenzoesäure (96.1 mg, 0.48 mmol), Kalium-*tert*-butoxid (56.1 mg, 0.48 mmol) oder Tetraethylammonium-2-methylsulfonylbenzoat (158 mg, 0.48 mmol) und 4-Tolyltriflat (99.1 mg, 0.40 mmol) dargestellt und als ein weißer Feststoff erhalten (36.5 mg, 37% oder 39.4 mg, 40%, Smp.: 128-130 °C). Die analytischen Daten (NMR, GC-MS, CHN-Analyse) stimmen mit den literaturbekannten Daten von 4'-Methyl-2-methylsulfonylbiphenyl überein [CAS: 632339-04-9].

Synthese von 4'-Methyl-2,3,4,5,6-pentafluorbiphenyl (3.4-3ga)

4'-Methyl-2,3,4,5,6-pentafluorbiphenyl wurde nach der allgemeinen Versuchsvorschrift aus 2,3,4,5,6-Pentafluorbenzoesäure (102 mg, 0.48 mmol), Kalium-*tert*-butoxid (56.1 mg, 0.48 mmol) und 4-Tolyltriflat (99.1 mg, 0.40 mmol) dargestellt und als ein weißer Feststoff erhalten (43.4 mg, 42% Smp.: 117-118 °C). Die analytischen Daten (NMR, GC-MS, CHN-Analyse) stimmen mit den literaturbekannten Daten von 4'-Methyl-2,3,4,5,6-pentafluorbiphenyl überein [CAS: 14621-04-6].

Synthese von 2-(4'-Tolyl)benzofuran (3.3-3ha)

2-(4'-Tolyl)benzofuran wurde nach der allgemeinen Versuchsvorschrift aus Tetraethylammoniumbenzofuran-2-carboxylat (140 mg, 0.48 mmol) und 4-Tolyltriflat (99.1 mg, 0.40 mmol) dargestellt und als ein weißer Feststoff erhalten (50.0 mg, 60%, Smp.: 125-126 °C). Die analytischen Daten (NMR, GC-MS, CHN-Analyse) stimmen mit den literaturbekannten Daten von 2-(4'-Tolyl)benzofuran überein [CAS: 25664-48-6].

Synthese von 5-(4'-Tolyl)-2,4-dimethyl-1,3-thiazol (3.4-3ia)

5-(4'-Tolyl)-2,4-dimethyl-1,3-thiazol wurde nach der allgemeinen Versuchsvorschrift aus 2,4-Dimethyl-1,3-thiazol-5-carbonsäure (75.5 mg, 0.48 mmol), Kalium-*tert*-butoxid (56.1 mg, 0.48 mmol) oder Tetraethylammonium-2,4-dimethyl-1,3-thiazol-5-carboxylat (138 mg, 0.48 mmol) und 4-Tolyltriflat (99.1 mg, 0.40 mmol) dargestellt und als ein farbloses Öl erhalten (43.1 mg, 53% oder 48.8 mg, 60%). Die analytischen Daten (NMR, GC-MS, CHN-Analyse) stimmen mit den literaturbekannten Daten von 5-(4'-Tolyl)-2,4-dimethyl-1,3-thiazol überein [CAS: 1227469-89-7].

Synthese von 4'-Methyl-5-methoxy-2-nitrobiphenyl (3.4-3ja)

4'-Methyl-5-methoxy-2-nitrobiphenyl wurde nach der allgemeinen Versuchsvorschrift aus 5-Methoxy-2-nitrobenzoesäure (94.6 mg, 0.48 mmol), Kalium-*tert*-butoxid (56.1 mg, 0.48 mmol) oder Tetraethylammonium-5-methoxy-2-nitrobenzoat (157 mg, 0.48 mmol) und 4-Tolyltriflat (99.1 mg, 0.40 mmol) dargestellt und als ein gelbes Öl erhalten (69.0 mg, 71% oder 70.1 mg, 72%). Die analytischen Daten (NMR, GC-MS, CHN-Analyse) stimmen mit den literaturbekannten Daten von 4'-Methyl-5-methoxy-2-nitrobiphenyl überein [CAS: 1071850-24-2].

Synthese von 2-(4'-Tolyl)-3-methylbenzofuran (3.4-3ka)

2-(4'-Tolyl)-3-methylbenzofuran wurde nach der allgemeinen Versuchsvorschrift aus 3-Methylbenzofuran-2-carbonsäure (84.6 mg, 0.48 mmol), Kalium-*tert*-butoxid (56.1 mg, 0.48 mmol) und 4-Tolyltriflat (99.1 mg, 0.40 mmol) dargestellt und als ein weißer Feststoff erhalten (59.6 mg, 67%, Smp.: 60-62 °C). Die analytischen Daten (NMR, GC-MS, CHN-Analyse) stimmen mit den literaturbekannten Daten von 2-(4'-Tolyl)-3-methylbenzofuran überein [CAS: 204908-14-5].

Synthese von 2-(4'-Tolyl)-3-methylbenzothiophen (3.4-3la)

2-(4'-Tolyl)-3-methylbenzothiophen wurde nach der allgemeinen Versuchsvorschrift aus 3-Methylbenzothiophen-2-carbonsäure (92.3 mg, 0.48 mmol), Kalium-*tert*-butoxid (56.1 mg, 0.48 mmol) und 4-Tolyltriflat (99.1 mg, 0.40 mmol) dargestellt und als ein weißer Feststoff erhalten (78.2 mg, 82%, Smp.: 81-82 °C). 2-(4'-Tolyl)-3-methylbenzothiophen ist unbekannt. Die erhaltenen analytischen Daten sind im Appendix explizit aufgeführt.

Synthese von 2-Nitrobiphenyl (3.4-3ab)

2-Nitrobiphenyl wurde nach der allgemeinen Versuchsvorschrift aus 2-Nitrobenzoesäure (84.4 mg, 0.48 mmol), Kalium-*tert*-butoxid (56.1 mg, 0.48 mmol) und Phenyltriflat (90.5 mg, 0.40 mmol) dargestellt und als ein gelbes Öl erhalten (49.4 mg, 62%). Die analytischen Daten (NMR, GC-MS, CHN-Analyse) stimmen mit den literaturbekannten Daten von 2-Nitrobiphenyl überein [CAS: 86-00-0].

Synthese von 4'-Acetyl-2-nitrobiphenyl (3.4-3ac)

4'-Acetyl-2-nitrobiphenyl wurde nach der allgemeinen Versuchsvorschrift aus 2-Nitrobenzoesäure (84.4 mg, 0.48 mmol), Kalium-*tert*-butoxid (56.1 mg, 0.48 mmol) und 4-Acetylphenyltriflat (107 mg, 0.40 mmol) dargestellt und als ein gelber Feststoff erhalten (52.1 mg, 54%, Smp.: 100-102 °C). Die analytischen Daten (NMR, GC-MS, CHN-Analyse) stimmen mit den literaturbekannten Daten von 4'-Acetyl-2-nitrobiphenyl überein [CAS: 5730-96-1].

Synthese von 2-(2'-Nitrophenyl)naphthalin (3.4-3ad)

2-(2'-Nitrophenyl)naphthalin wurde nach der allgemeinen Versuchsvorschrift aus 2-Nitrobenzoesäure (84.4 mg, 0.48 mmol), Kalium-*tert*-butoxid (56.1 mg, 0.48 mmol) und 2-Naphthyltriflat (111 mg, 0.40 mmol) dargestellt und als ein gelber Feststoff erhalten (72.8 mg, 73%, Smp.: 98-100 °C). Die analytischen Daten (NMR, GC-MS, CHN-Analyse) stimmen mit den literaturbekannten Daten von 2-(2'-Nitrophenyl)naphthalin überein [CAS: 94064-83-2].

Synthese von 4,4'-Dimethylbenzophenon (3.4-6aa)

4,4'-Dimethylbenzophenon wurde nach der allgemeinen Versuchsvorschrift aus Tetraethylammonium-4-methylbenzoylformiat (141 mg, 0.48 mmol) und 4-Tolyltriflat (99.1 mg, 0.40 mmol) dargestellt und als ein blass gelber Feststoff erhalten (12.6 mg, 15%, Smp.: 67-68 °C). Die analytischen Daten (NMR, GC-MS, CHN-Analyse) stimmen mit den literaturbekannten Daten von 4,4'-Dimethylbenzophenon überein [CAS: 611-97-2].

Allgemeine Versuchsvorschrift für die Biarylsynthese im kontinuierlichen Durchfluss

Eine Lösung von Tetraethylammoniumcarboxylat **3.4-4** (12.0 mmol), Aryltriflat **3.4-2** (10.0 mmol), $CuNO_3(phen)(PPh_3)_2$ (468 mg, 0.50 mmol) und Palladium(II)acetat (45.0 mg, 0.20 mmol) in wasserfreiem NMP wurde durch einen einzelnen Flusskanal aspiriert und durch die Reaktorspule bei einer Temperatur von 170 °C für 6 h mit einer Flussrate von 0.167 mL/min (Verweildauer: 60 min) gepumpt. Die gesammelte Reaktionslösung wurde in einen Scheidetrichter überführt, mit Ethylacetat (250 mL) versetzt und mit 2 N Salzsäure (2 x 250 mL), wässriger Natriumhydrogencarbonatlösung (250 mL) und gesättigter Kochsalzlösung (250 mL) gewaschen. Die organische Phase wurde mit Magnesiumsulfat getrocknet, filtriert und die flüchtigen Bestandteile unter vermindertem Druck abgedampft. Der Rückstand wurde säulenchromatographisch (Si_2O, Ethylacetat/Heptan 1:4) aufgereinigt und das Biaryl erhalten. Auf diese Weise konnte 4'-Methyl-2-nitrobiphenyl **3.4-3aa** [CAS 70680-21-6] in einer Ausbeute von 56% (1.20 g) dargestellt werden.

8 Appendix: analytische Daten

Kaliumcarboxylate

Kalium-2-nitrobenzoat

Summenformel:	$C_7H_4KNO_4$
CAS-Nummer:	15163-59-4
Molare Masse:	205.22 g/mol
Stoffeigenschaften:	weißer Feststoff

^{1}H-NMR: (400 MHz, MeOD) δ = 7.80 (dd, J=8.2, 0.9 Hz, 1H), 7.54 (td, J=7.5, 1.2 Hz, 1H), 7.47-7.51 (m, 1H), 7.38 (ddd, J=8.4, 6.9, 1.6 Hz, 1H) ppm.

^{13}C{^{1}H}-NMR: (101 MHz, MeOD) δ = 173.8, 148.0, 138.4, 134.2, 129.6, 129.5, 124.4 ppm.

CHN-Analyse: ber. für $C_7H_4KNO_4$: C = 40.97 % H = 1.96 % N = 6.83 %

gef.: C = 40.90 % H = 1.88 % N = 6.76 %

Kalium-2-fluorbenzoat

Summenformel:	$C_7H_4FKO_2$
CAS-Nummer:	16463-37-9
Molare Masse:	178.21 g/mol
Stoffeigenschaften:	weißer Feststoff

^{1}H-NMR: (600 MHz, MeOD) δ ppm 7.53 (td, J=7.4, 1.8 Hz, 1 H) 7.20 - 7.24 (m, 1 H) 7.00 (td, J=7.6, 1.0 Hz, 1 H) 6.93 (ddd, J=10.4, 8.4, 0.9 Hz, 1 H).

^{13}C{^{1}H}-NMR: (151 MHz, MeOD) δ ppm 173.1, 161.7 (d, J_{CF}=248.3 Hz), 131.7 (d, J_{CF}=8.3 Hz), 131.5 (d, J_{CF}=2.8 Hz), 129.1 (d, J_{CF}=15.3 Hz), 124.6 (d, J_{CF}=2.8 Hz), 116.8 (d, J_{CF}=23.6 Hz).

CHN-Analyse: ber. für $C_7H_4FKO_2$: C = 47.18 % H = 2.26 % N = 0 %

gef.: C = 47.02 % H = 2.20 % N = 0 %

Kalium-5-methyl-2-nitrobenzoat

Summenformel:	$C_8H_6KNO_4$
CAS-Nummer:	59639-92-8
Molare Masse:	219.24 g/mol
Stoffeigenschaften:	weißer Feststoff
^{1}H-NMR:	(600 MHz, MeOD) δ ppm 7.73 (d, J=8.4 Hz, 1 H) 7.25 (s, 1 H) 7.17 (d, J=8.2 Hz, 1 H) 2.31 (s, 3 H).
^{13}C{^{1}H}-NMR:	(151 MHz, MeOD) δ ppm 174.2, 146.0, 145.2, 138.5, 129.9, 129.7, 124.7, 21.4.
CHN-Analyse:	ber. für $C_8H_6KNO_4$: C = 43.83 % H = 2.76 % N = 6.39 %
	gef.: C = 43.68 % H = 2.83 % N = 6.37 %

Kalium-3-methyl-2-nitrobenzoat

Summenformel:	$C_8H_6KNO_4$
CAS-Nummer:	80841-44-7
Molare Masse:	219.24 g/mol
Stoffeigenschaften:	weißer Feststoff
^{1}H-NMR:	(600 MHz, MeOD) ppm 7.57 (d, J=7.4 Hz, 1 H) 7.30 (t, J=7.7 Hz, 1 H) 7.24 - 7.26 (m, 1 H) 2.19 (s, 3 H).
^{13}C{^{1}H}-NMR:	(151 MHz, MeOD) δ ppm 171.6, 151.7, 134.3, 133.0, 130.8, 130.3, 128.7, 17.1.
CHN-Analyse:	ber. für $C_8H_6KNO_4$: C = 43.83 % H = 2.76 % N = 6.39 %
	gef.: C = 43.87 % H = 2.83 % N = 6.37 %

8 Appendix: Analytische Daten

Kalium-2-isopropyloxy-carbonylbenzoat

Summenformel:	$C_{11}H_{11}KO_4$
CAS-Nummer:	1071850-03-7
Molare Masse:	174.24 g/mol
Stoffeigenschaften:	weißer Feststoff
IR:	(KBr) ν = 2981 (m), 1715 (s) (C=O), 1563 (s), 1392 (s), 1274 (s), 1077 (s), 756 (m) cm^{-1}.
^{1}H-NMR:	(600 MHz, D$_2$O) δ ppm 7.72 (dd, J=8.3, 1.2 Hz, 1H), 7.52-7.55 (m, 1H), 7.40-7.43 (m, 2H), 5.09-5.15 (m, 1H), 1.30 (d, J=6.5 Hz, 6H).
^{13}C{^{1}H}-NMR:	(151 MHz, D$_2$O) δ ppm 177.0, 169.5, 140.6, 132.3, 128.8, 128.5, 127.3, 126.7, 70.8, 20.8.
CHN-Analyse:	ber. für $C_{11}H_{11}KO_4$: C = 53.6 % H = 4.5 % N = 0 %
	gef.: C = 53.8 % H = 4.6 % N = 0 %

Kalium-5-methoxy-2-nitrobenzoat

Summenformel:	$C_8H_6KNO_5$
CAS-Nummer:	1071850-00-4
Molare Masse:	235.24 g/mol
Stoffeigenschaften:	weißer Feststoff
^{1}H-NMR:	(600 MHz, MeOD) δ ppm 7.85 - 7.88 (m, 1 H) 6.79 - 6.83 (m, J=4.9, 2.8, 2.5, 2.5 Hz, 2 H) 3.74 (s, 3 H).
^{13}C{^{1}H}-NMR:	(151 MHz, MeOD) δ ppm 174.4, 165.3, 141.6, 139.6, 127.4, 114.1, 113.6, 56.6.
CHN-Analyse:	ber. für $C_8H_6KNO_5$: C = 40.85 % H = 2.57 % N = 5.95 %
	gef.: C = 39.10 % H = 2.71 % N = 5.75 %

Kalium-2-formylbenzoat

Summenformel:	$C_8H_5KO_3$
CAS-Nummer:	97051-59-7
Molare Masse:	188.23 g/mol
Stoffeigenschaften:	weißer Feststoff
^{1}H-NMR:	(600 MHz, MeOD) δ ppm 10.18 (s, 1 H) 7.77 (d, *J*=7.6 Hz, 1 H) 7.61 (td, *J*=7.5, 0.9 Hz, 1 H) 7.51 - 7.56 (m, 1 H) 7.48 (t, *J*=7.5 Hz, 1 H).
^{13}C{^{1}H}-NMR:	(151 MHz, MeOD) δ ppm 195.1, 175.4, 145.1, 135.6, 134.4, 129.8, 129.5, 128.1.
CHN-Analyse:	ber. für $C_8H_5KO_3$: C = 51.05 % H = 2.68 % N = 0 %
	gef.: C = 50.85 % H = 2.70 % N = 0 %

Kalium-2-cyanobenzoat

Summenformel:	$C_8H_4KNO_2$
CAS-Nummer:	1071849-95-0
Molare Masse:	185.23 g/mol
Stoffeigenschaften:	weißer Feststoff
^{1}H-NMR:	(600 MHz, MeOD) δ ppm 7.86 (d, *J*=7.9 Hz, 1 H) 7.62 (d, *J*=7.7 Hz, 1 H) 7.53 (t, *J*=7.7 Hz, 1 H) 7.42 (t, *J*=7.6 Hz, 1 H).
^{13}C{^{1}H}-NMR:	(151 MHz, MeOD) δ ppm 172.1, 143.9, 134.8, 133.4, 130.9, 130.8, 120.4, 112.6.
CHN-Analyse:	ber. für $C_8H_4KNO_2$: C = 51.88 % H = 2.18 % N = 7.56 %
	gef.: C = 51.62 % H = 2.40 % N = 7.66 %

Kalium-2-methoxybenzoat

Summenformel:	$C_8H_7KO_3$
CAS-Nummer:	16463-34-6
Molare Masse:	190.24 g/mol
Stoffeigenschaften:	weißer Feststoff
¹H-NMR:	(400 MHz, D_2O) δ ppm 7.31 - 7.37 (m, 2 H) 7.01 (d, J=8.5 Hz, 1 H) 6.95 (t, J=7.5 Hz, 1 H) 3.77 (s, 3 H).
$^{13}C\{^1H\}$-NMR:	(101 MHz, D_2O) δ ppm 176.3, 155.8, 130.5, 128.5, 128.3, 120.7, 112.1, 55.7.
CHN-Analyse:	ber. für $C_8H_7KO_3$: C = 50.51 % H = 3.71 % N = 0 %
	gef.: C = 50.03 % H = 3.68 % N = 0 %

Kaliumthiophen-2-carboxylat

Summenformel:	$C_5H_3KO_2S$
CAS-Nummer:	33311-43-2
Molare Masse:	166.24 g/mol
Stoffeigenschaften:	weißer Feststoff
¹H-NMR:	(400 MHz, MeOD) δ ppm 7.42 (dd, J=3.6, 1.2 Hz, 1 H) 7.31 (dd, J=5.1, 1.0 Hz, 1 H) 6.89 (dd, J=5.1, 3.7 Hz, 1 H).
$^{13}C\{^1H\}$-NMR:	(151 MHz, D_2O) δ ppm 172.6, 143.7, 133.5, 133.2, 130.4.
CHN-Analyse:	ber. für $C_5H_3KO_2S$: C = 36.12 % H = 1.82 % N = 0 %
	gef.: C = 36.29 % H = 1.82 % N = 0 %

Kaliumfuran-2-carboxylat

Summenformel:	$C_5H_3KO_3$
CAS-Nummer:	20842-02-8
Molare Masse:	150.18 g/mol
Stoffeigenschaften:	weißer Feststoff
^{1}H-NMR:	(600 MHz, MeOD) δ ppm 7.38 (dd, J=1.8, 0.8 Hz, 1 H) 6.78 (dd, J=3.3, 0.8 Hz, 1 H) 6.31 (dd, J=3.3, 1.8 Hz, 1 H).
^{13}C{^{1}H}-NMR:	(151 MHz, MeOD) δ ppm 166.9, 152.3, 144.8, 114.4, 112.1.
CHN-Analyse:	ber. für $C_5H_3KO_3$: C = 39.99 % H = 2.01 % N = 0 %
	gef.: C = 39.96 % H = 1.88 % N = 0 %

Kalium-3-nitrobenzoat

Summenformel:	$C_7H_4KNO_4$
CAS-Nummer:	18312-48-6
Molare Masse:	205.22 g/mol
Stoffeigenschaften:	weißer Feststoff
^{1}H-NMR:	(600 MHz, MeOD) δ ppm 8.65 - 8.67 (m, 1 H), 8.20 (dt, J=7.7, 1.3 Hz, 1 H), 8.16 (ddd, J=8.2, 2.4, 1.2 Hz, 1 H), 7.50 (t, J=7.9 Hz, 1 H)
^{13}C{^{1}H}-NMR:	(151 MHz, MeOD) δ ppm 172.2, 149.4, 141.2, 136.2, 130.1, 125.7, 124.9.
CHN-Analyse:	ber. für $C_7H_4KNO_4$: C = 40.97 % H = 1.96 % N = 6.83 %
	gef.: C = 40.97 % H = 1.96 % N = 6.80 %

Kalium-3-cyanobenzoat

Summenformel:	$C_8H_4KNO_2$
CAS-Nummer:	1086406-19-0
Molare Masse:	185.23 g/mol
Stoffeigenschaften:	weißer Feststoff
^{1}H-NMR:	(600 MHz, MeOD) δ ppm 8.14 (t, J=1.4 Hz, 1 H) 8.11 (ddd, J=7.8, 1.4, 1.3 Hz, 1 H) 7.65 (dt, J=7.7, 1.4 Hz, 1 H) 7.44 (t, J=7.7 Hz, 1 H).
^{13}C{^{1}H}-NMR:	(151 MHz, MeOD) δ ppm 172.4, 140.7, 134.7, 134.5, 133.9, 130.0, 119.8, 112.8.
CHN-Analyse:	ber. für $C_8H_4KNO_2$: C = 51.88 % H = 2.18 % N = 7.56 %
	gef.: C = 51.75 % H = 2.12 % N = 7.59 %

Kalium-3-chlorbenzoat

Summenformel:	$C_7H_5ClKO_2$
CAS-Nummer:	16518-11-9
Molare Masse:	195.67 g/mol
Stoffeigenschaften:	weißer Feststoff
^{1}H-NMR:	(600 MHz, MeOD) δ ppm 7.81 (s, 1 H) 7.73 (d, J=7.7 Hz, 1 H) 7.27 (ddd, J=7.0, 0.9, 0.8 Hz, 1 H) 7.21 (t, J=7.8 Hz, 1 H).
^{13}C{^{1}H}-NMR:	(151 MHz, MeOD) δ ppm 173.7, 141.5, 134.9, 131.2, 130.4, 128.6.
CHN-Analyse:	ber. für $C_7H_5ClKO_2$: C = 42.97 % H = 2.58 % N = 0 %
	gef.: C = 43.09 % H = 1.93 % N = 0 %

Kalium-3-methoxybenzoat

Summenformel:	$C_8H_7KO_3$
CAS-Nummer:	74525-40-9
Molare Masse:	190.24 g/mol
Stoffeigenschaften:	weißer Feststoff
^{1}H-NMR:	(600 MHz, MeOD) δ ppm 7.32 - 7.38 (m, 2 H) 7.06 (t, J=7.6 Hz, 1 H) 6.76 (d, J=7.4 Hz, 1 H) 3.60 (s, 3 H).
^{13}C{^{1}H}-NMR:	(151 MHz, MeOD) δ ppm 174.9, 160.7, 140.3, 129.7, 122.6, 117.3, 115.2, 55.7.
CHN-Analyse:	ber. für $C_8H_7KO_3$: C = 50.51 % H = 3.71 % N = 0 %
	gef.: C = 50.91 % H = 3.70 % N = 0 %

Kaliumnicotinat

Summenformel:	$C_6H_4KNO_2$
CAS-Nummer:	16518-17-5
Molare Masse:	171.20 g/mol
Stoffeigenschaften:	weißer Feststoff
^{1}H-NMR:	(600 MHz, MeOD) δ ppm 8.93 (dd, J=2.0, 0.8 Hz, 1 H) 8.40 (dd, J=4.9, 1.8 Hz, 1 H) 8.18 (ddd, J=7.8, 1.9, 1.8 Hz, 1 H) 7.30 (ddd, J=7.9, 4.9, 0.8 Hz, 1 H)
^{13}C{^{1}H}-NMR:	(151 MHz, MeOD) δ ppm 172.5, 151.1, 151.0, 138.7, 135.2, 124.6.
CHN-Analyse:	ber. für $C_6H_4KNO_2$: C = 44.70 % H = 2.50 % N = 8.69 %
	gef.: C = 44.84 % H = 2.39 % N = 8.64 %

Kaliumthiophen-3-carboxylat

Summenformel:	$C_5H_3KO_2S$
CAS-Nummer:	1195761-04-6
Molare Masse:	166.24 g/mol
Stoffeigenschaften:	weißer Feststoff
^{1}H-NMR:	(600 MHz, MeOD) δ ppm 7.75 (dd, *J*=3.1, 1.3 Hz, 1 H) 7.32 (dd, *J*=5.0, 1.2 Hz, 1 H) 7.15 (dd, *J*=5.1, 3.1 Hz, 1 H).
^{13}C{^{1}H}-NMR:	(151 MHz, MeOD) δ ppm 171.6, 143.1, 130.0, 129.8, 125.5.
CHN-Analyse:	ber. für $C_5H_3KO_2S$: C = 36.1 % H = 1.8 % N = 0 %
	gef.: C = 36.1 % H = 1.7 % N = 0 %

Kalium-4-nitrobenzoat

Summenformel:	$C_7H_4KNO_4$
CAS-Nummer:	15922-01-7
Molare Masse:	205.22 g/mol
Stoffeigenschaften:	weißer Feststoff
^{1}H-NMR:	(400 MHz, D_2O) δ ppm 8.10 (dt, *J*=9.1, 2.2 Hz, 2 H) 7.86 (dt, *J*=9.1, 2.2 Hz, 2 H).
^{13}C{^{1}H}-NMR:	(101 MHz, D_2O) δ ppm 173.3, 148.7, 142.6, 129.6, 123.4.
CHN-Analyse:	ber. für $C_7H_4KNO_4$: C = 40.97 % H = 1.96 % N = 6.83 %
	gef.: C = 40.58 % H = 2.00 % N = 6.69 %

Kalium-4-cyanobenzoat

Summenformel:	$C_8H_4KNO_2$
CAS-Nummer:	120543-33-1
Molare Masse:	185.23 g/mol
Stoffeigenschaften:	weißer Feststoff
^{1}H-NMR:	(400 MHz, MeOD) δ ppm 7.96 (d, J=8.5 Hz, 2 H) 7.62 (d, J=8.2 Hz, 2 H).
^{13}C{^{1}H}-NMR:	(101 MHz, MeOD) δ ppm 172.7, 144.0, 132.7, 130.8, 119.8, 114.3.
CHN-Analyse:	ber. für $C_8H_4KNO_2$: C = 51.88 % H = 2.18 % N = 7.56 %
	gef.: C = 51.85 % H = 2.12 % N = 7.40 %

Kalium-4-trifluormethylbenzoat

Summenformel:	$C_8H_4F_3KO_2$
CAS-Nummer:	1195761-03-5
Molare Masse:	228.22 g/mol
Stoffeigenschaften:	weißer Feststoff
^{1}H-NMR:	(600 MHz, MeOD) δ ppm 7.94 (d, J=8.2 Hz, 2 H) 7.47 (d, J=8.2 Hz, 2 H).
^{13}C{^{1}H}-NMR:	(151 MHz, MeOD) δ ppm 172.3, 141.7, 131.4 (d, J_{CF}=31.9 Hz), 129.3, 124.3 (q, J_{CF}=271.8 Hz), 124.3 (d, J_{CF}=4.2 Hz).
CHN-Analyse:	ber. für $C_8H_4F_3KO_2$: C = 42.10 % H = 1.77 % N = 0 %
	gef.: C = 41.95 % H = 1.88 % N = 0 %

Kalium-1-naphthoat

Summenformel:	$C_{11}H_7KO_2$
CAS-Nummer:	16518-19-7
Molare Masse:	210.28 g/mol
Stoffeigenschaften:	weißer Feststoff
^{1}H-NMR:	(400 MHz, MeOH) δ ppm 8.37 (d, J=8.6 Hz, 1 H) 7.63 - 7.67 (m, 2 H) 7.54 - 7.59 (m, 1 H) 7.25 - 7.33 (m, 3 H).
^{13}C{^{1}H}-NMR:	(101 MHz, MeOH) δ ppm 177.5, 135.2, 131.8, 129.6, 129.0, 127.8, 126.9, 126.5, 126.1, 126.0.
CHN-Analyse:	ber. für $C_8H_4F_3KO_2$: C = 62.83 % H = 3.36 % N = 0 %
	gef.: C = 62.72 % H = 3.44 % N = 0 %

Kalium-3-methyl-4-nitrobenzoat

Summenformel:	$C_8H_6KNO_4$
CAS-Nummer:	1086406-21-4
Molare Masse:	219.24 g/mol
Stoffeigenschaften:	weißer Feststoff
^{1}H-NMR:	(600 MHz, MeOD) δ ppm 7.83 (s, 1 H) 7.79 - 7.81 (m, 1 H) 7.76 - 7.79 (m, 1 H) 2.45 (s, 3 H).
^{13}C{^{1}H}-NMR:	(151 MHz, MeOD) δ ppm 172.9, 151.4, 143.6, 134.4, 133.7, 128.6, 125.0, 20.2.
CHN-Analyse:	ber. für $C_8H_6KNO_4$: C = 43.8 % H = 2.7 % N = 6.4 %
	gef.: C = 43.8 % H = 2.6 % N = 6.3 %

Kalium-4-acetamidobenzoat

Summenformel:	$C_9H_8KNO_3$
CAS-Nummer:	1086406-22-5
Molare Masse:	217.27 g/mol
Stoffeigenschaften:	weißer Feststoff
^{1}H-NMR:	(600 MHz, MeOD) δ ppm 7.78 (d, *J*=8.7 Hz, 2 H) 7.43 (d, *J*=8.4 Hz, 2 H) 2.00 (s, 3 H).
^{13}C{^{1}H}-NMR:	(151 MHz, MeOD) δ ppm 174.8, 171.7, 141.9, 134.2, 131.1, 119.8, 23.9.
CHN-Analyse:	ber. für $C_9H_8KNO_3$: C = 49.75 % H = 3.71 % N = 6.45 %
	gef.: C = 48.0 % H = 4.0 % N = 6.2 %

Kalium-2,6-dimethoxybenzoat

Summenformel:	$C_9H_9KO_4$
CAS-Nummer:	16463-42-6
Molare Masse:	220.27 g/mol
Stoffeigenschaften:	weißer Feststoff
^{1}H-NMR:	(400 MHz, MeOD) δ ppm 7.04 (t, *J*=8.4 Hz, 1 H) 6.49 (d, *J*=8.3 Hz, 2 H) 3.68 (s, 6 H).
^{13}C{^{1}H}-NMR:	(101 MHz, MeOD) δ ppm 174.8, 157.2, 129.1, 122.5, 105.2, 56.2.
CHN-Analyse:	ber. für $C_9H_9KO_4$: C = 49.08 % H = 4.12 % N = 0 %
	gef.: C = 50.20 % H = 4.27 % N = 0 %

Kalium-2,6-dichlorbenzoat

Summenformel:	$C_7H_3Cl_2KO_2$
CAS-Nummer:	10056-98-1
Molare Masse:	231.12 g/mol
Stoffeigenschaften:	weißer Feststoff
^{1}H-NMR:	(400 MHz, MeOD) δ ppm 7.16 - 7.22 (m, 2 H) 7.04 - 7.11 (m, 1 H).
^{13}C{^{1}H}-NMR:	(101 MHz, MeOD) δ ppm 171.9, 142.6, 131.3, 129.2, 128.6.
CHN-Analyse:	ber. für $C_7H_3Cl_2KO_2$: C = 36.70 % H = 1.32 % N = 0 %
	gef.: C = 36.01 % H = 1.35 % N = 0 %

Kalium-5-fluor-2-nitrobenzoat

Summenformel:	$C_7H_3FNKO_4$
CAS-Nummer:	92449-40-6
Molare Masse:	233.20 g/mol
Stoffeigenschaften:	blass gelber Feststoff
^{1}H-NMR:	(400 MHz, MeOD) δ ppm 7.93 (dd, J=8.8, 4.6 Hz, 1 H) 7.08 - 7.16 (m, 2 H).
^{13}C{^{1}H}-NMR:	(101 MHz, MeOD) δ ppm 172.2, 166.3 (d, J_{CF}=255.2 Hz), 165.0, 142.0 (d, J_{CF}=7.4 Hz) 127.6 (d, J_{CF}=10.2 Hz) 121.4, 116.2, 115.9.
CHN-Analyse:	ber. für $C_7H_3FNKO_4$: C = 37.67 % H = 1.35 % N = 6.28 %
	gef.: C = 37.30 % H = 1.11 % N = 6.28 %

Kalium-6-methyl-2-nitrobenzoat

Summenformel:	$C_8H_6KNO_4$
CAS-Nummer:	1227469-81-9
Molare Masse:	219.24 g/mol
Stoffeigenschaften:	hellbrauner Feststoff
^{1}H-NMR:	(400 MHz, MeOD) δ ppm 7.79 (d, J=8.3 Hz, 1 H) 7.43 (d, J=7.6 Hz, 1 H) 7.23 (t, J=7.9 Hz, 1 H) 2.35 (s, 3 H).
^{13}C{^{1}H}-NMR:	(101 MHz, MeOD) δ ppm 174.1, 146.3, 139.2, 137.1, 136.7, 127.9, 122.1, 19.6.
CHN-Analyse:	ber. für $C_8H_6KNO_4$: C = 43.83 % H = 2.76 % N = 6.39 %
	gef.: C = 43.87 % H = 2.83 % N = 6.37 %

Kalium-3-methylthiophen-2-carboxylat

Summenformel:	$C_6H_5KO_2S$
CAS-Nummer:	1227469-82-0
Molare Masse:	180.27 g/mol
Stoffeigenschaften:	weißer Feststoff
^{1}H-NMR:	(400 MHz, MeOD) δ ppm 7.18 (d, J=4.9 Hz, 1 H) 6.79 (d, J=5.1 Hz, 1 H) 2.46 (s, 3 H).
^{13}C{^{1}H}-NMR:	(101 MHz, MeOD) δ ppm 171.4, 141.3, 137.8, 132.2, 126.9, 15.7.
CHN-Analyse:	ber. für $C_6H_5KO_2S$: C = 39.98 % H = 2.80 % S = 17.79 %
	gef.: C = 38.11 % H = 3.32 % S = 16.92 %

8 Appendix: Analytische Daten

Kalium-1-methyl-*1H*-pyrazol-5-carboxylat

Summenformel:	$C_5H_5KN_2O_2$
CAS-Nummer:	1227469-83-1
Molare Masse:	164.21 g/mol
Stoffeigenschaften:	weißer Feststoff
^{1}H-NMR:	(400 MHz, MeOD) δ ppm 7.29 (d, *J*=2.0 Hz, 1 H) 6.59 (d, *J*=2.0 Hz, 1 H) 4.08 (s, 3 H).
^{13}C{^{1}H}-NMR:	(101 MHz, MeOD) δ ppm 167.2, 141.9, 137.9, 109.8, 39.0.
CHN-Analyse:	ber. für $C_5H_5KN_2O_2$: C = 36.57 % H = 3.07 % N = 17.06 %
	gef.: C = 35.56 % H = 3.00 % N = 16.39 %

Kalium-4-methyl-1,3-oxazol-5-carboxylat

Summenformel:	$C_5H_4KNO_3$
CAS-Nummer:	1227469-84-2
Molare Masse:	167.19 g/mol
Stoffeigenschaften:	weißer Feststoff
^{1}H-NMR:	(400 MHz, MeOD) δ ppm 8.00 (s, 1 H) 2.39 (s, 3 H).
^{13}C{^{1}H}-NMR:	(101 MHz, MeOD) δ ppm 165.7, 151.7, 144.7, 139.8, 12.9.
CHN-Analyse:	ber. für $C_5H_4KNO_3$: C = 36.36 % H = 2.44 % N = 8.48 %
	gef.: C = 36.35 % H = 2.54 % N = 8.40 %

Kalium-4-methyl-1,3-oxazol-5-carboxylat

Summenformel:	$C_6H_6KNO_2S$
CAS-Nummer:	1227469-85-3
Molare Masse:	195.18 g/mol
Stoffeigenschaften:	weißer Feststoff
^{1}H-NMR:	(400 MHz, MeOD) δ ppm 2.59 (s, 3 H) 2.55 (s, 3 H).
^{13}C{^{1}H}-NMR:	(101 MHz, MeOD) δ ppm 169.3, 167.6, 154.2, 132.9, 18.7, 16.5.
CHN-Analyse:	ber. für $C_6H_6KNO_2S$: C = 36.90 % H = 3.10 % N = 7.17 % S = 16.42 %
	gef.: C = 34.99 % H = 3.45 % N = 6.72 % S = 13.27 %

Kalium-oxo-(4-tolyl)acetat

Summenformel:	$C_9H_7KO_3$
CAS-Nummer:	1033133-17-3
Molare Masse:	202.25 g/mol
Stoffeigenschaften:	weißer Feststoff
^{1}H-NMR:	(600 MHz, MeOD) δ ppm 7.79 (d, J=8.2 Hz, 2 H) 7.23 (d, J=7.7 Hz, 2 H) 2.32 (s, 3 H).
^{13}C{^{1}H}-NMR:	(151 MHz, MeOD) δ ppm 197.0, 174.0, 146.1, 132.4, 130.8, 130.3, 21.7.
CHN-Analyse:	ber. für $C_9H_7KO_3$: C = 53.45 % H = 3.49 % N = 0 %
	gef.: C = 53.37 % H = 3.42 % N = 0 %

Kalium-3,3,3-trimethylpyruvat

Summenformel:	$C_6H_9KO_3$
CAS-Nummer:	41394-66-5
Molare Masse:	178.24 g/mol
Stoffeigenschaften:	weißer Feststoff
^{1}H-NMR:	(400 MHz, MeOD) δ ppm 1.14 (s, 9 H).
^{13}C{^{1}H}-NMR:	(101 MHz, MeOD) δ ppm 213.7, 174.0, 41.9, 26.9.
CHN-Analyse:	ber. für $C_6H_9KO_3$: C = 42.84 % H = 5.39 % N = 0 %
	gef.: C = 42.37 % H = 5.65 % N = 0 %

Tetraethylammoniumcarboxylate

Tetraethylammonium-2-nitrobenzoat

Summenformel:	$C_{15}H_{24}N_2O_4$
CAS-Nummer:	111754-46-2
Molare Masse:	276.37 g/mol
Stoffeigenschaften:	weißer Feststoff
^{1}H-NMR:	(400 MHz, MeOD) δ ppm 1.25 (tt, *J*=7.18, 1.61 Hz, 12 H), 3.26 (q, *J*=7.29 Hz, 8 H), 7.43 - 7.51 (m, 1 H), 7.55 - 7.68 (m, 2 H), 7.86 (d, *J*=8.20 Hz, 1 H).
^{13}C{^{1}H}-NMR:	(101 MHz, MeOD) δ ppm 7.73, 53.34, 124.52, 129.67, 129.81, 134.28, 138.66, 148.32, 173.31.

Tetraethylammoniumbenzothiophen-2-carboxylat

Summenformel:	$C_{17}H_{26}NO_2S$
CAS-Nummer:	–
Molare Masse:	308.46 g/mol
Stoffeigenschaften:	weißer Feststoff
^{1}H-NMR:	(400 MHz, MeOD) δ ppm 1.18 (tt, *J*=7.27, 1.90 Hz, 12 H), 3.16 (q, *J*=7.22 Hz, 8 H), 7.32 - 7.39 (m, 2 H), 7.79 (s, 1 H), 7.83 (td, *J*=3.47, 2.44 Hz, 2 H).
^{13}C{^{1}H}-NMR:	(101 MHz, MeOD) δ ppm 7.65, 53.31, 123.64, 125.51, 125.84, 126.64, 127.23, 141.34, 142.90, 145.58, 169.75.

Tetraethylammonium-4,5-dimethoxy-2-nitrobenzoat

Summenformel:	$C_{17}H_{29}N_2O_6$
CAS-Nummer:	–
Molare Masse:	357.43 g/mol
Stoffeigenschaften:	gelber Feststoff
^{1}H-NMR:	(400 MHz, MeOD) δ 1.34 (tt, J=7.30, 1.78 Hz, 12 H), 3.30 - 3.39 (m, 8 H), 3.95 (s, 3 H), 3.99 (s, 3 H), 7.08 (s, 1 H), 7.59 (s, 1 H).
^{13}C{^{1}H}-NMR:	(101 MHz, MeOD) δ ppm 7.72, 53.41, 56.99, 57.01, 108.10, 111.29, 126.46, 129.37, 130.08, 133.76, 139.92, 149.53, 154.82, 173.98.

Tetraethylammonium-2-methylsulfonylbenzoat

Summenformel:	$C_{16}H_{29}NO_4S$
CAS-Nummer:	–
Molare Masse:	331.47 g/mol
Stoffeigenschaften:	weißer Feststoff
^{1}H-NMR:	(400 MHz, MeOD) δ ppm 1.32 (tt, J=7.27, 1.90 Hz, 12 H), 3.29 - 3.38 (m, 8 H), 3.43 (s, 3 H), 7.52 - 7.58 (m, 1 H), 7.62 (dd, J=7.61, 1.37 Hz, 1 H), 7.70 (td, J=7.47, 1.27 Hz, 1 H) 8.00 (dd, J=7.91, 0.88 Hz, 1 H).
^{13}C{^{1}H}-NMR:	(101 MHz, MeOD) δ ppm 7.73, 45.10, 53.40, 128.96, 129.57, 129.65, 134.78, 137.73, 144.48, 175.14.

Tetraethylammonium-2,4-dimethyl-1,3-thiazol-5-carboxylat

Summenformel:	$C_{14}H_{27}NO_2S$
CAS-Nummer:	–
Molare Masse:	287.44 g/mol
Stoffeigenschaften:	weißer Feststoff
^{1}H-NMR:	(400 MHz, MeOD) δ ppm 1.32 (tt, J=7.27, 1.90 Hz, 12 H), 2.62 (s, 3 H), 2.63 (s, 3 H), 3.20 - 3.42 (m, 8 H).
^{13}C{^{1}H}-NMR:	(101 MHz, MeOD) δ ppm 7.73, 16.65, 18.85, 53.41, 133.29, 154.25, 167.61, 169.13.

Tetraethylammoniumbenzofuran-2-carboxylat

Summenformel:	$C_{17}H_{26}NO_3$
CAS-Nummer:	–
Molare Masse:	292.40 g/mol
Stoffeigenschaften:	weißer Feststoff
^{1}H-NMR:	(400 MHz, MeOD) δ ppm 1.19 (tt, J=7.30, 1.88 Hz, 12 H), 3.17 (q, J=7.29 Hz, 8 H) 7.20 - 7.29 (m, 2 H), 7.32 - 7.39 (m, 1 H), 7.53 (dd, J=8.30, 0.68 Hz, 1 H), 7.64 (d, J=7.81 Hz, 1 H).
^{13}C{^{1}H}-NMR:	(101 MHz, MeOD) δ ppm 7.65, 53.31, 110.20, 112.78, 123.34, 124.29, 127.02, 129.60, 154.15, 156.30, 166.73.

Tetraethylammonium-5-methoxy-2-nitrobenzoat

Summenformel:	$C_{16}H_{27}N_2O_5$
CAS-Nummer:	–
Molare Masse:	325.40 g/mol
Stoffeigenschaften:	gelber Feststoff
^{1}H-NMR:	(400 MHz, MeOD) δ 1.31 (tt, *J*=7.27, 1.81 Hz, 12 H), 3.32 (q, *J*=7.35 Hz, 8 H), 3.93 (s, 3 H), 6.94 - 7.06 (m, 2 H), 8.02 (d, *J*=9.76 Hz, 1 H).
^{13}C{^{1}H}-NMR:	(101 MHz, MeOD) δ ppm 7.74, 53.40, 56.76, 113.97, 114.10, 127.36, 140.20, 142.17, 165.21, 173.70.

Tetraethylammonium-4-methylbenzoylformiat

Summenformel:	$C_{17}H_{28}NO_3$
CAS-Nummer:	–
Molare Masse:	294.41 g/mol
Stoffeigenschaften:	blass gelber Feststoff
^{1}H-NMR:	(400 MHz, MeOD) δ ppm 1.30 (tt, *J*=7.27, 1.90 Hz, 12 H), 2.46 (s, 3 H), 3.30 (q, *J*=7.35 Hz, 8 H), 7.34 - 7.42 (m, 2 H), 7.89 - 7.97 (m, 2 H).
^{13}C{^{1}H}-NMR:	(101 MHz, MeOD) δ ppm 7.72, 21.88, 53.36, 130.52, 130.82, 132.70, 146.09, 173.90, 197.01.

Aryltriflate

4-Tolyltriflat

Summenformel:	$C_8H_7F_3O_3S$
CAS-Nummer:	29540-83-8
Molare Masse:	240.20 g/mol
Stoffeigenschaften:	farbloses Öl
^{1}H-NMR:	(400 MHz, CDCl$_3$) δ ppm 7.21 - 7.25 (m, 2 H) 7.13 - 7.17 (m, 2 H) 2.37 (s, 3 H).
^{13}C{^{1}H}-NMR:	(101 MHz, CDCl$_3$) δ ppm 147.6, 138.5, 130.7, 121.0, 118.8 (q, J_{CF}=320.4 Hz), 20.8.
MS:	EI, 70 eV: m/z (%) = 240 (60) [M$^+$], 175 (8), 107 (100), 91 (12), 79 (38), 77 (23), 69 (7)
CHN-Analyse:	ber. für $C_8H_7F_3O_3S$: C = 40.00 % H = 2.94 % S = 13.35 %
	gef.: C = 39.32 % H = 2.82 % S = 13.75 %

2-Naphthyltriflat

Summenformel:	$C_{11}H_7F_3O_3S$
CAS-Nummer:	3857-83-8
Molare Masse:	276.24 g/mol
Stoffeigenschaften:	weißer Feststoff, Schmelzpunkt: 30-32 °C
^{1}H-NMR:	(600 MHz, CDCl$_3$) δ ppm 7.92 (d, J=9.2 Hz, 1 H) 7.86 - 7.90 (m, 2 H) 7.75 (d, J=2.6 Hz, 1 H) 7.55 - 7.60 (m, 2 H) 7.37 (dd, J=9.0, 2.6 Hz, 1 H).
^{13}C{^{1}H}-NMR:	(151 MHz, CDCl$_3$) δ ppm 147.1, 133.3, 132.3, 130.6, 128.0, 127.9, 127.6, 127.2, 119.5, 119.2, 118.8 (q, J_{CF}=320.6 Hz).
MS:	EI, 70 eV: m/z (%) = 276 (42) [M$^+$], 143 (42), 127 (4), 115 (100), 89 (10), 69 (16), 63 (7)
CHN-Analyse:	ber. für $C_{11}H_7F_3O_3S$: C = 47.83 % H = 2.55 % S = 11.61 %
	gef.: C = 47.85 % H = 2.37 % S = 11.92 %

4-Methoxy-phenyltriflat

Summenformel:	$C_8H_7F_3O_4S$
CAS-Nummer:	66107-29-7
Molare Masse:	256.20 g/mol
Stoffeigenschaften:	farbloses Öl
^{1}H-NMR:	(600 MHz, $CDCl_3$) δ ppm 7.17 - 7.21 (m, 2 H) 6.89 - 6.93 (m, 2 H) 3.78 (s, 3 H).
$^{13}C\{^1H\}$-NMR:	(151 MHz, $CDCl_3$) δ ppm 159.1, 143.0, 122.2, 118.8 (q, J_{CF}=320.4 Hz), 114.9, 55.5.
MS:	EI, 70 eV: m/z (%) = 256 (21) [M$^+$], 123 (100), 95 (33), 69 (9)
CHN-Analyse:	ber. für $C_8H_7F_3O_4S$: C = 37.51 % H = 2.75 % S = 12.52 %
	gef.: C = 37.11 % H = 2.68 % S = 13.72 %

2-Tolyltriflat

Summenformel:	$C_8H_7F_3O_3S$
CAS-Nummer:	66107-34-4
Molare Masse:	240.20 g/mol
Stoffeigenschaften:	farbloses Öl
^{1}H-NMR:	(400 MHz, $CDCl_3$) δ ppm 7.28 - 7.36 (m, 4 H) 2.43 (s, 3 H).
$^{13}C\{^1H\}$-NMR:	(101 MHz, $CDCl_3$) δ ppm 148.6, 132.2, 130.9, 128.2, 127.6, 121.2, 118.8 (q, J_{CF}=320.4 Hz), 16.1.
MS:	EI, 70 eV: m/z (%) = 240 (59) [M$^+$], 175 (6), 107 (100), 91 (30), 79 (35), 77 (37), 69 (15)
CHN-Analyse:	ber. für $C_8H_7F_3O_3S$: C = 40.00 % H = 2.94 % S = 13.35 %
	gef.: C = 40.50 % H = 2.12 % S = 13.67 %

4-Propionyl-phenyltriflat

Summenformel:	$C_{10}H_9F_3O_4S$
CAS-Nummer:	87241-55-2
Molare Masse:	282.24 g/mol
Stoffeigenschaften:	farbloses Öl

^{1}H-NMR: (600 MHz, CDCl$_3$) δ ppm 8.05 (ddd, J=9.3, 2.8, 2.4 Hz, 2 H) 7.36 (ddd, J=9.1, 2.8, 2.4 Hz, 2 H) 3.00 (q, J=7.2 Hz, 2 H) 1.22 (t, J=7.2 Hz, 3 H).

^{13}C{^{1}H}-NMR: (151 MHz, CDCl$_3$) δ ppm 198.8, 152.3, 136.7, 130.2, 121.6, 118.7 (q, J_{CF}=320.5 Hz), 32.0, 8.0.

MS: EI, 70 eV: m/z (%) = 283 (1) [M$^+$], 253 (100), 189 (5), 161 (7), 120 (11), 95 (9), 92 (15), 69 (8)

CHN-Analyse: ber. für $C_{10}H_9F_3O_4S$: C = 42.56 %   H = 3.21 %   S = 11.36 %
gef.: C = 41.88 %   H = 3.14 %   S = 11.63 %

4-Acetyl-phenyltriflat

Summenformel:	$C_9H_7F_3O_4S$
CAS-Nummer:	109613-00-5
Molare Masse:	268.21 g/mol
Stoffeigenschaften:	farbloses Öl

^{1}H-NMR: (600 MHz, CDCl$_3$) δ ppm 8.03 (ddd, J=9.1, 2.8, 2.4 Hz, 2 H) 7.34 - 7.37 (m, 2 H) 2.60 (s, 3 H).

^{13}C{^{1}H}-NMR: (151 MHz, CDCl$_3$) δ ppm 196.0, 152.4, 136.8, 130.5, 121.6, 118.6 (q, J_{CF}=320.4 Hz), 26.6.

MS: EI, 70 eV: m/z (%) = 269 (5) [M$^+$], 253 (100), 189 (8), 161 (6), 120 (10), 92 (14), 69 (8)

CHN-Analyse: ber. für $C_9H_7F_3O_4S$: C = 40.30 %   H = 2.63 %   S = 11.95 %
gef.: C = 39.39 %   H = 2.61 %   S = 11.80 %

Ethyl-2-(trifluormethyl-sulfonyloxy)benzoat

Summenformel:	$C_{10}H_9F_3O_5S$
CAS-Nummer:	179538-97-7
Molare Masse:	298.24 g/mol
Stoffeigenschaften:	farbloses Öl
^{1}H-NMR:	(400 MHz, CDCl$_3$) δ ppm 8.03 (dd, *J*=7.8, 1.8 Hz, 1 H) 7.56 (td, *J*=7.9, 1.9 Hz, 1 H) 7.41 (td, *J*=7.7, 1.1 Hz, 1 H) 7.23 (s, 1 H) 4.38 (q, *J*=7.2 Hz, 2 H) 1.35 (t, *J*=7.1 Hz, 3 H).
^{13}C{^{1}H}-NMR:	(101 MHz, CDCl$_3$) δ ppm 163.6, 148.2, 134.0, 132.6, 128.3, 124.9, 122.5, 118.7 (q, J_{CF}=320.6 Hz), 62.0, 13.9.
MS:	EI, 70 eV: m/z (%) = 298 (8) [M$^+$], 253 (69), 189 (31), 165 (14), 120 (100), 92 (42), 63 (18)
CHN-Analyse:	ber. für $C_{10}H_9F_3O_5S$: C = 40.27 % H = 3.04 % S = 10.75 %
	gef.: C = 40.05 % H = 3.12 % S = 11.97 %

4-Nitrophenyltriflat

Summenformel:	$C_7H_4F_3NO_5S$
CAS-Nummer:	17763-80-3
Molare Masse:	271.17 g/mol
Stoffeigenschaften:	gelber Feststoff, Schmelzpunkt: 54-55 °C
^{1}H-NMR:	(600 MHz, CDCl$_3$) δ ppm 8.34 - 8.37 (m, 2 H) 7.46 - 7.49 (m, 2 H)
^{13}C{^{1}H}-NMR:	(151 MHz, CDCl$_3$) δ ppm 153.1, 147.1, 126.0, 122.5, 118.6 (q, J_{CF}=320.9 Hz).
MS:	EI, 70 eV: m/z (%) = 271 (93) [M$^+$], 177 (100), 149 (49), 95 (38), 69 (77), 63 (66)
CHN-Analyse:	ber. für $C_7H_4F_3NO_5S$: C = 31.01 % H = 1.49 % N = 5.17 % S = 11.82 %
	gef.: C = 31.03 % H = 1.45 % N = 5.23 % S = 11.56 %

3,5-Dimethyl-phenyltriflat

Summenformel:	$C_9H_9F_3O_3S$
CAS-Nummer:	219667-41-1
Molare Masse:	254.23 g/mol
Stoffeigenschaften:	farbloses Öl
^{1}H-NMR:	(400 MHz, CDCl$_3$) δ ppm 7.02 (s, 1 H) 6.90 (s, 2 H) 2.35 (s, 6 H).
^{13}C{^{1}H}-NMR:	(101 MHz, CDCl$_3$) δ ppm 149.6, 140.4, 129.9, 118.7, 118.8 (q, J_{CF}=320.4 Hz) 21.0.
MS:	EI, 70 eV: m/z (%) = 254 (79) [M$^+$], 175 (35), 121 (100), 105 (19), 93 (34), 91 (71), 77 (25)
CHN-Analyse:	ber. für C$_9$H$_9$F$_3$O$_3$S: C = 42.52 % H = 3.57 % S = 12.61 %
	gef.: C = 42.37 % H = 3.67 % S = 12.64 %

Phenyltriflat

Summenformel:	$C_7H_5F_3O_3S$
CAS-Nummer:	17763-67-6
Molare Masse:	226.18 g/mol
Stoffeigenschaften:	farbloses Öl
^{1}H-NMR:	(600 MHz, CDCl$_3$) δ ppm 7.43 - 7.47 (m, 2 H) 7.37 - 7.41 (m, 1 H) 7.26 - 7.29 (m, 2 H).
^{13}C{^{1}H}-NMR:	(151 MHz, CDCl$_3$) δ ppm 149.6, 130.3, 128.4, 121.3, 118.7 (q, J_{CF}=320.4 Hz).
MS:	EI, 70 eV: m/z (%) = 226 (84) [M$^+$], 162 (29), 96 (27), 93 (52), 77 (21), 69 (34), 65 (100)
CHN-Analyse:	ber. für C$_7$H$_5$F$_3$O$_3$S: C = 37.17 % H = 2.23 % S = 14.18 %
	gef.: C = 37.47 % H = 2.18 % S = 14.27 %

4-Chlor-phenyltriflat

Summenformel:	$C_7H_4ClF_3O_3S$
CAS-Nummer:	29540-84-9
Molare Masse:	260.62 g/mol
Stoffeigenschaften:	farbloses Öl
^{1}H-NMR:	(600 MHz, CDCl$_3$) δ ppm 7.40 - 7.43 (m, 2 H) 7.22 (d, J=9.0 Hz, 2 H).
^{13}C{^{1}H}-NMR:	(151 MHz, CDCl$_3$) δ ppm 147.9, 134.3, 130.3, 122.7, 118.7 (q, J_{CF}=320.5 Hz).
MS:	EI, 70 eV: m/z (%) = 262 (16) [M$^+$], 260 (46), 129 (31), 127 (100), 101 (22), 99 (29), 63 (17).
CHN-Analyse:	ber. für $C_7H_4ClF_3O_3S$: C = 32.26 % H = 1.55 % S = 12.30 %
	gef.: C = 32.08 % H = 1.28 % S = 12.28 %

8-Chinolinyltriflat

Summenformel:	$C_{10}H_6F_3NO_3S$
CAS-Nummer:	108530-08-1
Molare Masse:	277.22 g/mol
Stoffeigenschaften:	weißer Feststoff, Schmelzpunkt: 64-66 °C
^{1}H-NMR:	(600 MHz, CDCl$_3$) δ ppm 8.99 (dd, J=4.2, 1.7 Hz, 1 H) 8.15 (dd, J=8.2, 1.5 Hz, 1 H) 7.79 (dd, J=8.2, 1.3 Hz, 1 H) 7.59 (dd, J=7.7, 1.0 Hz, 1 H) 7.51 (t, J=7.9 Hz, 1 H) 7.46 (dd, J=8.3, 4.2 Hz, 1 H).
^{13}C{^{1}H}-NMR:	(151 MHz, CDCl$_3$) δ ppm 151.5, 145.9, 140.8, 135.7, 129.6, 128.2, 125.8, 122.5, 120.8, 118.8 (q, J_{CF}=320.4 Hz).
MS:	EI, 70 eV: m/z (%) = 277 (67) [M$^+$], 185 (20), 144 (38), 116 (100), 89 (35), 69 (16), 63 (15)
CHN-Analyse:	ber. für $C_{10}H_6F_3NO_3S$: C = 43.33 % H = 2.18 % N = 5.05 % S = 11.57 %
	gef.: C = 43.22 % H = 2.11 % N = 5.13 % S = 11.22 %

Ethyl-3-(trifluormethyl-sulfonyloxy) benzoat

Summenformel:	$C_{10}H_9F_3O_5S$
CAS-Nummer:	1006714-38-0
Molare Masse:	298.24 g/mol
Stoffeigenschaften:	farbloses Öl
^{1}H-NMR:	(400 MHz, CDCl$_3$) δ ppm 8.07 (dt, J=7.8, 1.4 Hz, 1 H) 7.90 - 7.94 (m, 1 H) 7.54 (t, J=7.8 Hz, 1 H) 7.46 (ddd, J=8.3, 2.6, 1.0 Hz, 1 H) 4.40 (q, J=7.2 Hz, 2 H) 1.40 (t, J=7.2 Hz, 3 H).
^{13}C{^{1}H}-NMR:	(101 MHz, CDCl$_3$) δ ppm 164.6, 149.4, 133.2, 130.3, 129.4, 125.5, 122.5, 118.8 (q, J_{CF}=320.4 Hz), 61.7, 14.2.
MS:	EI, 70 eV: m/z (%) = 298 (1) [M$^+$], 270 (77), 253 (100), 189 (77), 165 (36), 120 (44), 92 (41), 69 (35)
CHN-Analyse:	ber. für $C_{10}H_9F_3O_5S$: C = 40.27 % H = 3.04 % S = 10.75 %
	gef.: C = 39.46 % H = 3.05 % S = 10.22 %

3-Acetyl-phenyltriflat

Summenformel:	$C_9H_7F_3O_4S$
CAS-Nummer:	138313-22-1
Molare Masse:	268.21 g/mol
Stoffeigenschaften:	farbloses Öl
^{1}H-NMR:	(600 MHz, CDCl$_3$) δ ppm 7.94 (dt, J=7.7, 1.2 Hz, 1 H) 7.79 - 7.82 (m, 1 H) 7.55 (t, J=8.1 Hz, 1 H) 7.43 - 7.46 (m, 1 H) 2.58 (s, 3 H).
^{13}C{^{1}H}-NMR:	(151 MHz, CDCl$_3$) δ ppm 195.7, 149.7, 139.2, 130.6, 128.1, 125.6, 120.8, 118.6 (q, J_{CF}=320.7 Hz) 26.5.
MS:	EI, 70 eV: m/z (%) = 268 (4) [M$^+$], 253 (100), 189 (4), 161 (4), 120 (27), 92 (16), 69 (15)
CHN-Analyse:	ber. für $C_9H_7F_3O_4S$: C = 40.30 % H = 2.63 % S = 11.95 %
	gef.: C = 40.75 % H = 2.31 % S = 11.43 %

4-Fluorphenyltriflat

Summenformel:	$C_7H_4F_4O_4S$
CAS-Nummer:	132993-23-8
Molare Masse:	244.17 g/mol
Stoffeigenschaften:	farbloses Öl
^{1}H-NMR:	(600 MHz, CDCl$_3$) δ ppm 7.24 - 7.27 (m, 2 H) 7.10 - 7.14 (m, 2 H).
^{13}C{^{1}H}-NMR:	(151 MHz, CDCl$_3$) δ ppm 161.6 (d, J_{CF}=249.7 Hz), 145.2 (d, J_{CF}=2.8 Hz), 123.1 (d, J_{CF}=8.4 Hz), 117.1 (d, J_{CF}=23.5 Hz), 118.7 (q, J_{CF}=320.8 Hz).
MS:	EI, 70 eV: m/z (%) = 244 (47) [M$^+$], 180 (7), 111 (100), 95 (7), 83 (94), 69 (32), 57 (31)
CHN-Analyse:	ber. für C$_7$H$_4$F$_4$O$_4$S: C = 34.43 % H = 1.65 % S = 13.13 %
	gef.: C = 36.80 % H = 1.09 % S = 13.54 %

3-Methoxy-phenyltriflat

Summenformel:	$C_8H_7F_3O_4S$
CAS-Nummer:	66107-33-3
Molare Masse:	256.20 g/mol
Stoffeigenschaften:	farbloses Öl
^{1}H-NMR:	(400 MHz, CDCl$_3$) δ ppm 7.33 (t, J=8.3 Hz, 1 H) 6.90 - 6.94 (m, 1 H) 6.86 (dd, J=8.3, 2.1 Hz, 1 H) 6.81 (t, J=2.3 Hz, 1 H) 3.80 (s, 3 H).
^{13}C{^{1}H}-NMR:	(101 MHz, CDCl$_3$) δ ppm 161.0, 150.3, 130.5, 114.1, 118.8 (q, J_{CF}=320.4 Hz) 113.1, 107.5, 55.5.
MS:	EI, 70 eV: m/z (%) = 256 (100) [M$^+$], 192 (5), 162 (8), 123 (16), 95 (80), 69 (16), 65 (19)
CHN-Analyse:	ber. für C$_8$H$_7$F$_3$O$_4$S: C = 37.51 % H = 2.75 % S = 12.52 %
	gef.: C = 37.81 % H = 2.21 % S = 12.23 %

3-Formyl-phenyltriflat

Summenformel:	$C_8H_5F_3O_4S$
CAS-Nummer:	17763-68-7
Molare Masse:	254.19 g/mol
Stoffeigenschaften:	farbloses Öl

¹H-NMR: (400 MHz, CDCl₃) δ ppm 10.02 (s, 1 H) 7.91 (dt, J=7.6, 1.2 Hz, 1 H) 7.77 (dd, J=2.4, 1.5 Hz, 1 H) 7.65 (t, J=7.9 Hz, 1 H) 7.53 (ddd, J=8.2, 2.5, 1.0 Hz, 1 H).

¹³C{¹H}-NMR: (101 MHz, CDCl₃) δ ppm 189.8, 150.1, 138.5, 131.1, 129.7, 127.0, 121.6, 118.6 (q, J_{CF}=320.4 Hz).

MS: EI, 70 eV: m/z (%) = 254 (58) [M⁺], 189 (100), 161 (35), 121 (12), 95 (32), 69 (82), 65 (83)

CHN-Analyse: ber. für $C_8H_5F_3O_4S$: C = 37.80 %   H = 1.98 %   S = 12.61 %
gef.: C = 37.24 %   H = 1.81 %   S = 12.08 %

2-Methyl-8-Chinolinyltriflat

Summenformel:	$C_{11}H_8F_3NO_3S$
CAS-Nummer:	256652-07-0
Molare Masse:	291.25 g/mol
Stoffeigenschaften:	weißer Feststoff, Schmelzpunkt: 60-62 °C

¹H-NMR: (400 MHz, CDCl₃) δ ppm 8.03 (d, J=8.4 Hz, 1 H) 7.75 (dd, J=8.2, 1.2 Hz, 1 H) 7.55 (dd, J=7.7, 1.1 Hz, 1 H) 7.44 (t, J=7.9 Hz, 1 H) 7.35 (d, J=8.6 Hz, 1 H) 2.76 (s, 3 H).

¹³C{¹H}-NMR: (101 MHz, CDCl₃) δ ppm 160.8, 145.6, 140.4, 135.6, 128.0, 127.7, 124.8, 123.5, 120.8, 119.0 (q, J_{CF}=320.4 Hz), 25.3.

MS: EI, 70 eV: m/z (%) = 291 (59) [M⁺], 222 (4), 158 (77), 130 (100), 103 (35), 77 (14), 69 (16)

CHN-Analyse: ber. für $C_{11}H_8F_3NO_3S$: C = 45.36 %   H = 2.77 %   N = 4.81 %   S = 11.01 %
gef.: C = 45.53 %   H = 2.55 %   N = 4.88 %   S = 11.83 %

3-Chlor-phenyltriflat

Summenformel:	$C_7H_4ClF_3O_3S$
CAS-Nummer:	86364-03-6
Molare Masse:	260.62 g/mol
Stoffeigenschaften:	farbloses Öl
^{1}H-NMR:	(600 MHz, CDCl$_3$) δ ppm 7.38 (ddd, J=5.8, 4.2, 1.8 Hz, 2 H) 7.29 - 7.31 (m, 1 H) 7.17 - 7.21 (m, 1 H).
^{13}C{^{1}H}-NMR:	(151 MHz, CDCl$_3$) δ ppm 149.5, 135.6, 130.9, 128.8, 122.0, 119.7, 118.7 (q, J_{CF}=321.1 Hz).
MS:	EI, 70 eV: m/z (%) = 260 (100) [M$^+$], 195 (44), 130 (28), 99 (57), 77 (12), 69 (48), 42 (12).
CHN-Analyse:	ber. für $C_7H_4ClF_3O_3S$: C = 32.26 % H = 1.55 % S = 12.30 %
	gef.: C = 32.34 % H = 1.41 % S = 12.11 %

2-Chlor-phenyltriflat

Summenformel:	$C_7H_4ClF_3O_3S$
CAS-Nummer:	66107-36-6
Molare Masse:	260.62 g/mol
Stoffeigenschaften:	farbloses Öl
^{1}H-NMR:	(200 MHz, CDCl$_3$) δ ppm 7.45 - 7.58 (m, 1 H) 7.25 - 7.40 (m, 3 H).
^{13}C{^{1}H}-NMR:	(101 MHz, CDCl$_3$) δ ppm 145.8, 131.3, 129.2, 128.3, 127.3, 123.0, 118.7 (q, J_{CF}=320.8 Hz).
MS:	EI, 70 eV: m/z (%) = 260 (51) [M$^+$], 205 (100), 198 (52), 170 (68), 152 (52), 139 (36), 115 (55), 75 (17).
CHN-Analyse:	ber. für $C_7H_4ClF_3O_3S$: C = 32.26 % H = 1.55 % S = 12.30 %
	gef.: C = 32.11 % H = 1.66 % S = 12.54 %

Aryltosylate

4-Tolyltosylat

Summenformel:	$C_{14}H_{14}O_3S$
CAS-Nummer:	3899-96-5
Molare Masse:	262.33 g/mol
Stoffeigenschaften:	weißer Feststoff, Schmelzpunkt: 68-69 °C
^{1}H-NMR:	(400 MHz, CDCl$_3$) δ ppm 7.68 (d, J=8.2 Hz, 2 H) 7.29 (d, J=8.2 Hz, 2 H) 7.05 (d, J=8.2 Hz, 2 H) 6.83 (d, J=8.5 Hz, 2 H) 2.43 (s, 3 H) 2.29 (s, 3 H).
^{13}C{^{1}H}-NMR:	(101 MHz, CDCl$_3$) δ ppm 147.6, 145.1, 136.8, 132.8, 130.0, 129.7, 128.5, 122.0, 21.6, 20.8.
MS:	EI, 70 eV: m/z (%) = 262 (58) [M$^+$], 155 (89), 107 (22), 91 (100), 77 (35), 65 (27), 51 (12).
CHN-Analyse:	ber. für $C_{14}H_{14}O_3S$: C = 64.10 % H = 5.38 % N = 0 %
	gef.: C = 64.21 % H = 5.32 % N = 0 %

Phenyltosylat

Summenformel:	$C_{13}H_{12}O_3S$
CAS-Nummer:	640-60-8
Molare Masse:	248.30 g/mol
Stoffeigenschaften:	weißer Feststoff, Schmelzpunkt: 96-98 °C
^{1}H-NMR:	(400 MHz, CDCl$_3$) δ ppm 7.71 (d, J=7.5 Hz, 2 H) 7.23 - 7.34 (m, 5 H) 6.99 (d, J=7.2 Hz, 2 H) 2.46 (s, 3 H).
^{13}C{^{1}H}-NMR:	(101 MHz, CDCl$_3$) δ ppm 149.8, 145.2, 132.7, 129.7, 129.6, 128.5, 127.0, 122.4, 21.6.
MS:	EI, 70 eV: m/z (%) = 248 (52) [M$^+$], 184 (10), 155 (100), 91 (89), 65 (40), 51 (4).
CHN-Analyse:	ber. für $C_{13}H_{12}O_3S$: C = 62.88 % H = 4.87 % S = 12.91 %
	gef.: C = 62.81 % H = 4.45 % S = 12.88 %

3,5-Dimethyltosylat

Summenformel:	$C_{15}H_{16}O_3S$
CAS-Nummer:	95127-25-6
Molare Masse:	276.36 g/mol
Stoffeigenschaften:	weißer Feststoff, Schmelzpunkt: 81-83 °C
^{1}H-NMR:	(600 MHz, CDCl$_3$) δ ppm 7.69 (d, *J*=8.4 Hz, 2 H) 7.28 (d, *J*=7.9 Hz, 2 H) 6.83 (s, 1 H) 6.59 (s, 2 H) 2.41 (s, 3 H) 2.20 (s, 6 H).
^{13}C{^{1}H}-NMR:	(151 MHz, CDCl$_3$) δ ppm 149.3, 145.1, 139.3, 132.4, 129.5, 128.5, 128.2, 119.5, 21.4, 20.9.
MS:	EI, 70 eV: m/z (%) = 276 (32) [M$^+$], 212 (11), 184 (55), 155 (63), 91 (100), 77 (17), 65 (25).
CHN-Analyse:	ber. für $C_{15}H_{16}O_3S$: C = 65.19 % H = 5.84 % N = 0 %
	gef.: C = 65.28 % H = 5.80 % N = 0 %

4-Methoxyphenyltosylat

Summenformel:	$C_{14}H_{14}O_4S$
CAS-Nummer:	3899-91-0
Molare Masse:	278.33 g/mol
Stoffeigenschaften:	weißer Feststoff, Schmelzpunkt: 70-72 °C
^{1}H-NMR:	(600 MHz, CDCl$_3$) δ ppm 7.66 (d, *J*=8.1 Hz, 2 H) 7.28 (d, *J*=8.1 Hz, 2 H) 6.84 - 6.87 (m, 2 H) 6.73 - 6.76 (m, 2 H) 3.74 (s, 3 H) 2.42 (s, 3 H).
^{13}C{^{1}H}-NMR:	(151 MHz, CDCl$_3$) δ ppm 158.1, 145.2, 143.0, 132.2, 129.6, 128.5, 123.3, 114.4, 55.5, 21.6.
MS:	EI, 70 eV: m/z (%) = 278 (18) [M$^+$], 155 (2), 123 (100), 95 (22), 91 (10), 65 (13), 52 (4), 41 (4).
CHN-Analyse:	ber. für $C_{14}H_{14}O_4S$: C = 60.42 % H = 5.07 % S = 11.52 %
	gef.: C = 60.39 % H = 4.78 % S = 11.51 %

3-Formylphenyltosylat

Summenformel:	$C_{14}H_{12}O_4S$
CAS-Nummer:	80459-46-7
Molare Masse:	276.31 g/mol
Stoffeigenschaften:	weißer Feststoff, Schmelzpunkt: 67-68 °C

^{1}H-NMR: (600 MHz, CDCl$_3$) δ ppm 9.87 (s, 1 H) 7.72 (d, J=7.6 Hz, 1 H) 7.65 (d, J=8.2 Hz, 2 H) 7.41 - 7.46 (m, 2 H) 7.27 (d, J=8.2 Hz, 2 H) 7.21 (dd, J=7.9, 1.5 Hz, 1 H) 2.38 (s, 3 H)

^{13}C{^{1}H}-NMR: (151 MHz, CDCl$_3$) δ ppm 190.5, 149.9, 145.8, 137.6, 131.7, 130.3, 129.8, 128.2, 128.2, 128.1, 122.7, 21.5.

MS: EI, 70 eV: m/z (%) = 276 (18) [M$^+$], 212 (6), 155 (83), 91 (100), 77 (3), 65 (35), 51 (4).

CHN-Analyse: ber. für $C_{14}H_{12}O_4S$: C = 60.68 % H = 4.38 % N = 0 %
 gef.: C = 60.82 % H = 4.35 % N = 0 %

Ethyl-3-(tolylsulfonyloxy)benzoat

Summenformel:	$C_{16}H_{16}O_5S$
CAS-Nummer:	443296-77-3
Molare Masse:	320.37 g/mol
Stoffeigenschaften:	weißer Feststoff, Schmelzpunkt: 44-45 °C

^{1}H-NMR: (600 MHz, CDCl$_3$) δ ppm 7.85 (d, J=7.7 Hz, 1 H) 7.63 (d, J=8.2 Hz, 2 H) 7.55 - 7.58 (m, 1 H) 7.29 (t, J=7.9 Hz, 1 H) 7.24 (s, 2 H) 7.10 (dd, J=8.1, 1.4 Hz, 1 H) 4.26 (q, J=7.2 Hz, 2 H) 2.35 (s, 3 H) 1.28 (t, J=7.2 Hz, 3 H).

^{13}C{^{1}H}-NMR: (151 MHz, CDCl$_3$) δ ppm 164.7, 149.2, 145.5, 132.0, 131.7, 129.6, 129.4, 128.1, 127.8, 126.4, 123.1, 61.0, 21.3, 13.9.

MS: EI, 70 eV: m/z (%) = 320 (30) [M$^+$], 275 (17), 256 (8), 155 (91), 120 (11), 91 (100), 77 (3), 65 (25).

CHN-Analyse: ber. für $C_{16}H_{16}O_5S$: C = 59.99 % H = 5.03 % N = 0 %
 gef.: C = 59.97 % H = 4.99 % N = 0 %

3-N,N-Dimethylaminophenyltosylat

Summenformel:	$C_{15}H_{17}NO_3S$
CAS-Nummer:	27640-10-4
Molare Masse:	291.37 g/mol
Stoffeigenschaften:	violetter Feststoff, Schmelzpunkt: 79-81 °C
^{1}H-NMR:	(600 MHz, CDCl$_3$) δ ppm 7.69 (d, J=8.4 Hz, 2 H) 7.24 (s, 2 H) 7.03 (t, J=8.2 Hz, 1 H) 6.49 (dd, J=8.4, 2.3 Hz, 1 H) 6.21 - 6.26 (m, 2 H) 2.78 (s, 6 H) 2.37 (s, 3 H).
^{13}C{^{1}H}-NMR:	(151 MHz, CDCl$_3$) δ ppm 151.1, 150.5, 144.9, 132.3, 129.4, 128.2, 110.4, 108.9, 105.6, 39.8, 21.3.
MS:	EI, 70 eV: m/z (%) = 291 (93) [M$^+$], 227 (32), 200 (77), 185 (20), 108 (100), 91 (30), 65 (38), 42 (7).
CHN-Analyse:	ber. für $C_{15}H_{17}NO_3S$: C = 61.83 % H = 5.88 % N = 4.81 % S = 11.01 %
	gef.: C = 61.62 % H = 5.89 % N = 4.80 % S = 11.26 %

3-Methoxyphenyltosylat

Summenformel:	$C_{14}H_{14}O_4S$
CAS-Nummer:	3899-92-1
Molare Masse:	278.33 g/mol
Stoffeigenschaften:	gelber Feststoff, Schmelzpunkt: 53-55 °C
^{1}H-NMR:	(600 MHz, CDCl$_3$) δ ppm 7.64 (d, J=8.2 Hz, 2 H) 7.22 (d, J=8.2 Hz, 2 H) 7.08 (t, J=8.6 Hz, 1 H) 6.69 - 6.73 (m, 1 H) 6.49 - 6.52 (m, 2 H) 3.60 (s, 3 H) 2.33 (s, 3 H).
^{13}C{^{1}H}-NMR:	(151 MHz, CDCl$_3$) δ ppm 160.1, 150.1, 145.2, 131.9, 129.6, 129.5, 128.1, 113.9, 112.5, 107.9, 55.0, 21.2.
MS:	EI, 70 eV: m/z (%) = 278 (29) [M$^+$], 214 (49), 199 (13), 186 (25), 171 (14), 155 (49), 91 (100), 65 (31).
CHN-Analyse:	ber. für $C_{14}H_{14}O_4S$: C = 60.42 % H = 5.07 % N = 0 %
	gef.: C = 60.26 % H = 5.04 % N = 0 %

3-Acetylphenyltosylat

Summenformel:	$C_{15}H_{14}O_4S$
CAS-Nummer:	58297-34-0
Molare Masse:	290.34 g/mol
Stoffeigenschaften:	weißer Feststoff, Schmelzpunkt: 48-49 °C
^{1}H-NMR:	(400 MHz, CDCl$_3$) δ ppm 7.81 (d, *J*=7.8 Hz, 1 H) 7.68 (d, *J*=8.4 Hz, 2 H) 7.48 (s, 1 H) 7.38 (t, *J*=7.9 Hz, 1 H) 7.30 (d, *J*=8.2 Hz, 2 H) 7.18 (dd, *J*=8.0, 1.6 Hz, 1 H) 2.49 (s, 3 H) 2.42 (s, 3 H).
^{13}C{^{1}H}-NMR:	(101 MHz, CDCl$_3$) δ ppm 196.2, 149.9, 145.6, 138.7, 132.4, 129.8, 128.4, 126.8, 126.7, 122.1, 26.4, 21.6.
MS:	EI, 70 eV: m/z (%) = 290 (30) [M$^+$], 275 (5), 207 (4), 155 (65), 91 (100), 77 (4), 65 (17).
CHN-Analyse:	ber. für $C_{15}H_{14}O_4S$: C = 62.05 % H = 4.86 % S = 11.04 %
	gef.: C = 62.23 % H = 4.72 % S = 11.09 %

4-Fluorphenyltosylat

Summenformel:	$C_{13}H_{11}FO_3S$
CAS-Nummer:	1582-01-2
Molare Masse:	266.29 g/mol
Stoffeigenschaften:	blass gelber Feststoff, Schmelzpunkt: 59-60 °C
^{1}H-NMR:	(600 MHz, CDCl$_3$) δ ppm 7.66 (d, *J*=8.2 Hz, 2 H) 7.29 (d, *J*=8.2 Hz, 2 H) 6.93 (d, *J*=3.3 Hz, 2 H) 6.92 (s, 2 H) 2.42 (s, 3 H).
^{13}C{^{1}H}-NMR:	(151 MHz, CDCl$_3$) δ ppm 160.9 (d, J_{CF}=246.9 Hz), 145.4 (d, J_{CF}=34.7 Hz), 131.8, 129.7, 128.4, 123.9, 123.9, 116.2 (d, J_{CF}=23.6 Hz), 21.6.
MS:	EI, 70 eV: m/z (%) = 266 (33) [M$^+$], 185 (3), 155 (71), 111 (8), 91 (100), 83 (21), 65 (25), 57 (13).
CHN-Analyse:	ber. für $C_{13}H_{11}FO_3S$: C = 58.64 % H = 4.16 % N = 0 %
	gef.: C = 58.62 % H = 4.12 % N = 0 %

2-Pyridyltosylat

Summenformel:	$C_{12}H_{11}NO_3S$
CAS-Nummer:	57785-86-1
Molare Masse:	249.29 g/mol
Stoffeigenschaften:	weißer Feststoff, Schmelzpunkt: 80-81 °C
^{1}H-NMR:	(400 MHz, CDCl$_3$) δ ppm 8.48 (s, 1 H) 8.14 (s, 1 H) 7.68 (d, J=8.2 Hz, 2 H) 7.44 (dd, J=8.4, 1.2 Hz, 1 H) 7.31 (d, J=8.2 Hz, 2 H) 7.22 - 7.29 (m, 1 H) 2.43 (s, 3 H)
^{13}C{^{1}H}-NMR:	(101 MHz, CDCl$_3$) δ ppm 148.1, 145.9, 144.0, 132.0, 130.0, 130.0, 128.5, 124.1, 21.6.
MS:	EI, 70 eV: m/z (%) = 249 (26) [M$^+$], 207 (1) ,155 (53), 91 (100), 65 (16).
CHN-Analyse:	ber. für $C_{12}H_{11}NO_3S$: C = 57.82 % H = 4.45 % N = 5.62 % S = 12.86 %
	gef.: C = 57.92 % H = 4.23 % N = 5.61 % S = 12.99 %

2-Naphthyltosylat

Summenformel:	$C_{17}H_{14}O_3S$
CAS-Nummer:	7385-85-5
Molare Masse:	298.36 g/mol
Stoffeigenschaften:	weißer Feststoff, Schmelzpunkt: 126-127 °C
^{1}H-NMR:	(400 MHz, CDCl$_3$) δ ppm 7.75 - 7.82 (m, 1 H) 7.67 - 7.75 (m, 4 H) 7.47 (s, 1 H) 7.46 (d, J=4.4 Hz, 2 H) 7.27 (s, 2 H) 7.05 - 7.12 (m, 1 H) 2.40 (s, 3 H).
^{13}C{^{1}H}-NMR:	(101 MHz, CDCl$_3$) δ ppm 147.3, 145.2, 133.5, 132.8, 131.9, 129.7, 129.6, 128.4, 127.8, 127.7, 126.8, 126.3, 121.1, 119.8, 21.5.
MS:	EI, 70 eV: m/z (%) = 298 (71) [M$^+$], 205 (31), 155 (42), 143 (39), 115 (100), 91 (61), 65 (26).
CHN-Analyse:	ber. für $C_{17}H_{14}O_3S$: C = 68.44 % H = 4.73 % N = 0 %
	gef.: C = 68.42 % H = 4.59 % N = 0 %

Arene
Nitrobenzol

Summenformel:	$C_6H_5NO_2$
CAS-Nummer:	98-95-3
Molare Masse:	123.11 g/mol
Stoffeigenschaften:	gelbe Flüssigkeit
^{1}H-NMR:	(400 MHz, CDCl$_3$) δ ppm 8.21 (ddd, J=8.8, 1.8, 1.6 Hz, 2H), 7.66-7.71 (m, 1H), 7.50-7.56 (m, 2H).
^{13}C{^{1}H}-NMR:	(101 MHz, CDCl$_3$) δ ppm 148.3, 134.5, 129.2, 123.4.
MS:	EI, 70 eV: m/z (%) = 123 (88) [M$^+$], 107 (100), 93 (59), 91 (15), 77 (27), 65 (44), 51 (12).

Anisol

Summenformel:	C_7H_8O
CAS-Nummer:	100-66-3
Molare Masse:	108.14 g/mol
Stoffeigenschaften:	farblose Flüssigkeit
^{1}H-NMR:	(400 MHz, CDCl$_3$) δ ppm 7.31-7.37 (m, 2H), 6.94-7.02 (m, 3H), 3.84 (s, 3H).
^{13}C{^{1}H}-NMR:	(101 MHz, CDCl$_3$) δ ppm 159.6, 129.4, 120.6, 113.9, 55.0.
MS:	EI, 70 eV: m/z (%) = 108 (100) [M$^+$], 78 (7), 65 (10), 63 (5).

4-Nitroanisol

Summenformel:	$C_6H_5NO_2$
CAS-Nummer:	100-17-4
Molare Masse:	153.14 g/mol
Stoffeigenschaften:	gelber Feststoff, Schmelzpunkt 51-53 °C
^{1}H-NMR:	(400 MHz, CDCl$_3$) δ ppm 8.13-8.18 (m, 2H), 6.89-6.95 (m, 2H), 3.88 (s, 3H).
^{13}C{^{1}H}-NMR:	(101 MHz, CDCl$_3$) δ ppm 164.5, 141.4, 125.8, 113.9, 55.9.
MS:	EI, 70 eV: m/z (%) = 153 (100) [M$^+$], 137 (56), 123 (77), 95 (26), 92 (26), 63 (24).

1,2,4-Trimethoxybenzol

Summenformel:	$C_9H_{12}O_3$
CAS-Nummer:	135-77-3
Molare Masse:	168.19 g/mol
Stoffeigenschaften:	farblose Flüssigkeit
^{1}H-NMR:	(400 MHz, CDCl$_3$) δ ppm 6.78 (d, J=8.9 Hz, 1H), 6.50 (d, J=3.1 Hz, 1H), 6.39 (dd, J=8.7, 2.9 Hz, 1H), 3.85 (s, 3H), 3.82 (s, 3H), 3.76 (s, 3H).
^{13}C{^{1}H}-NMR:	(101 MHz, CDCl$_3$) δ ppm 154.4, 150.0, 143.6, 112.2, 103.1, 100.5, 56.6, 55.9, 55.7.
MS:	EI, 70 eV: m/z (%) = 168 (100) [M$^+$], 153 (62), 125 (58), 110 (8).

1,3-Dimethoxybenzol

Summenformel:	$C_8H_{10}O_2$
CAS-Nummer:	151-10-0
Molare Masse:	138.17 g/mol
Stoffeigenschaften:	farblose Flüssigkeit
^{1}H-NMR:	(600 MHz, CDCl$_3$) δ ppm 7.19 (t, J=8.2 Hz, 1H), 6.52 (dd, J=8.2, 2.3 Hz, 2H), 6.48 (t, J=2.3 Hz, 1H), 3.79 (s, 6H).
^{13}C{^{1}H}-NMR:	(151 MHz, CDCl$_3$) δ ppm 160.8, 129.8, 106.1, 100.4, 55.2.
MS:	EI, 70 eV: m/z (%) = 138 (100) [M$^+$], 109 (21), 95 (9), 63 (7).

Brombenzol

Summenformel:	C_6H_5Br
CAS-Nummer:	108-86-1
Molare Masse:	157.01 g/mol
Stoffeigenschaften:	farblose Flüssigkeit
^{1}H-NMR:	(600 MHz, CDCl$_3$) δ ppm 7.54 (dd, J=8.4, 1.0 Hz, 2H), 7.31-7.34 (m, 1H), 7.27 (td, J=6.8, 1.5 Hz, 2H).
^{13}C{^{1}H}-NMR:	(151 MHz, CDCl$_3$) δ ppm 131.5, 130.0, 126.9, 122.5.
MS:	EI, 70 eV: m/z (%) = 158 (100) [M$^+$], 156 (100), 77 (79), 51 (33), 50 (24).

4-Bromveratrol

Summenformel:	$C_8H_9BrO_2$
CAS-Nummer:	2859-78-1
Molare Masse:	217.06 g/mol
Stoffeigenschaften:	farblose Flüssigkeit
^{1}H-NMR:	(400 MHz, CDCl$_3$) δ ppm 6.95-7.07 (m, 2H), 6.72 (d, J=8.4 Hz, 1H), 3.85 (s, 6H).
^{13}C{^{1}H}-NMR:	(101 MHz, CDCl$_3$) δ ppm 149.7, 148.3, 123.3, 114.8, 112.6, 112.6, 55.9, 55.9.
MS:	EI, 70 eV: m/z (%) = 218 (92) [M$^+$], 201 (54), 173 (17), 94 (100), 79 (33), 51 (26).

1,3-Dichlorbenzol

Summenformel:	$C_6H_4Cl_2$
CAS-Nummer:	541-73-1
Molare Masse:	147.00 g/mol
Stoffeigenschaften:	farblose Flüssigkeit
^{1}H-NMR:	(600 MHz, CDCl$_3$) δ ppm 7.39-7.40 (m, 1H), 7.25-7.27 (m, 3H).
^{13}C{^{1}H}-NMR:	(151 MHz, CDCl$_3$) δ ppm 135.0, 130.4, 128.7, 126.9.
MS:	EI, 70 eV: m/z (%) = 148 (69) [M$^+$], 146 (100), 111 (53), 75 (32), 50 (20).

8 APPENDIX: ANALYTISCHE DATEN

1-Chlor-4-nitrobenzol

Summenformel:	$C_6H_4ClNO_2$
CAS-Nummer:	100-00-5
Molare Masse:	157.56 g/mol
Stoffeigenschaften:	gelber Feststoff, Schmelzpunkt: 82-83 °C
^{1}H-NMR:	(600 MHz, CDCl$_3$) δ ppm 8.12-8.16 (m, 2H), 7.49 (ddd, J=9.3, 2.8, 2.4 Hz, 2H).
^{13}C{^{1}H}-NMR:	(151 MHz, CDCl$_3$) δ ppm 146.2, 141.1, 129.3, 124.7.
MS:	EI, 70 eV: m/z (%) = 159 (26) [M$^+$], 127 (87), 111 (86), 99 (53), 75 (100), 50 (46).

Methylsulfonylbenzol

Summenformel:	$C_7H_8O_2S$
CAS-Nummer:	3112-85-4
Molare Masse:	156.20 g/mol
Stoffeigenschaften:	weißer Feststoff, Schmelzpunkt: 87-88 °C
^{1}H-NMR:	(400 MHz, CDCl$_3$) δ ppm 7.87-7.92 (m, 2H), 7.58-7.64 (m, 1H), 7.50-7.56 (m, 2H), 3.01 (s, 3H).
^{13}C{^{1}H}-NMR:	(101 MHz, CDCl$_3$) δ ppm 140.5, 133.5, 129.2, 127.1, 44.3.
MS:	EI, 70 eV: m/z (%) = 156 (6) [M$^+$], 141 (33), 94 (72), 77 (100), 65 (14), 51 (43).

Isopropylbenzoat

Summenformel:	$C_{10}H_{12}O_2$
CAS-Nummer:	939-48-0
Molare Masse:	164.21 g/mol
Stoffeigenschaften:	farblose Flüssigkeit
^{1}H-NMR:	(400 MHz, CDCl$_3$) δ ppm 8.01-8.06 (m, 2H), 7.51 (tt, J=7.4, 1.3 Hz, 1H), 7.38-7.43 (m, 2H), 5.20-5.30 (m, 1H), 1.36 (d, J=6.3 Hz, 6H).
^{13}C{^{1}H}-NMR:	(101 MHz, CDCl$_3$) δ ppm 165.9, 132.5, 130.9, 129.4, 128.1, 68.2, 21.8.
MS:	EI, 70 eV: m/z (%) = 164 (17) [M$^+$], 123 (26), 105 (100), 77 (21), 51 (12).

Acetophenon

Summenformel:	C_8H_8O
CAS-Nummer:	98-86-2
Molare Masse:	120.15 g/mol
Stoffeigenschaften:	farblose Flüssigkeit
^{1}H-NMR:	(600 MHz, CDCl$_3$) δ ppm 7.93 (dd, J=8.1, 0.9 Hz, 2H), 7.54 (t, J=7.4 Hz, 1H), 7.44 (t, J=7.7 Hz, 2H), 2.58 (s, 3H).
^{13}C{^{1}H}-NMR:	(151 MHz, CDCl$_3$) δ ppm 198.2, 137.0, 133.1, 128.5, 128.2, 26.5.
MS:	EI, 70 eV: m/z (%) = 120 (7) [M$^+$], 105 (100), 77 (78), 51 (35).

Phenol

Summenformel:	C_6H_6O
CAS-Nummer:	108-95-2
Molare Masse:	94.11 g/mol
Stoffeigenschaften:	weißer Feststoff, Schmelzpunkt: 40-42 °C
^{1}H-NMR:	(600 MHz, CDCl$_3$) δ ppm 7.25 (t, J=7.8 Hz, 2H), 6.93 (t, J=7.4 Hz, 1H), 6.86 (d, J=7.9 Hz, 2H), 6.34 (s, 1H).
^{13}C{^{1}H}-NMR:	(151 MHz, CDCl$_3$) δ ppm 155.4, 129.6, 120.7, 115.3.
MS:	EI, 70 eV: m/z (%) = 94 (100) [M$^+$], 66 (56), 65 (40).

Biaryle und Ketone

4'-Methyl-3-nitrobiphenyl

Summenformel:	$C_{13}H_{11}NO_2$
CAS-Nummer:	53812-68-3
Molare Masse:	213.24 g/mol
Stoffeigenschaften:	blass gelber Feststoff, Schmelzpunkt: 65-67 °C
IR:	(KBr) ν = 1525 (s) (NO_2), 1356 (s) (NO_2) cm^{-1}
^{1}H-NMR:	(600 MHz, $CDCl_3$) δ ppm 8.42 (t, J=1.9 Hz, 1 H) 8.16 (dd, J=8.2, 1.3 Hz, 1 H) 7.89 (d, J=7.7 Hz, 1 H) 7.58 (t, J=7.9 Hz, 1 H) 7.52 (d, J=8.2 Hz, 2 H) 7.29 (d, J=7.9 Hz, 2 H) 2.42 (s, 3 H).
^{13}C{^{1}H}-NMR:	(151 MHz, $CDCl_3$) δ ppm 148.6, 142.7, 138.5, 135.7, 132.7, 129.8, 129.6, 126.9, 121.6, 121.6, 21.1.
MS:	EI, 70 eV: m/z (%) = 213 (100) [M+], 197 (5), 183 (47), 165 (18), 155 (23), 152 (24), 115 (8).
CHN-Analyse:	ber. für $C_{13}H_{11}NO_2$: C = 73.23 % H = 5.20 % N = 6.57 %
	gef.: C = 73.11 % H = 5.56 % N = 6.47 %

4'-Methyl-2-nitrobiphenyl

Summenformel:	$C_{13}H_{11}NO_2$
CAS-Nummer:	70680-21-6
Molare Masse:	213.24 g/mol
Stoffeigenschaften:	gelbes Öl
IR:	(Flüssigfilm) ν = 1529 (s) (NO_2), 1356 (s) (NO_2) cm^{-1}
^{1}H-NMR:	(600 MHz, $CDCl_3$) δ ppm 7.87 (d, J=7.9 Hz, 1 H) 7.63 (td, J=7.6, 1.3 Hz, 1 H) 7.47 - 7.51 (m, 2 H) 7.27 - 7.31 (m, 4 H) 2.45 (s, 3 H).
^{13}C{^{1}H}-NMR:	(151 MHz, $CDCl_3$) δ ppm 149.2, 138.0, 136.0, 134.3, 132.1, 131.8, 129.3, 127.8, 127.6, 123.8, 21.1.
MS:	EI, 70 eV: m/z (%) = 213 (16) [M$^+$], 196 (100), 185 (89), 168 (98), 156 (52), 152 (50), 115 (50).
CHN-Analyse:	ber. für $C_{13}H_{11}NO_2$: C = 73.23 % H = 5.20 % N = 6.57 %
	gef.: C = 73.35 % H = 5.26 % N = 6.61 %

2-(2-Nitrophenyl) naphthalin

Summenformel:	$C_{16}H_{11}NO_2$
CAS-Nummer:	94064-83-2
Molare Masse:	249.27 g/mol
Stoffeigenschaften:	gelber Feststoff, Schmelzpunkt: 98-100 °C
IR:	(KBr) ν = 1525 (s) (NO_2), 1355 (s) (NO_2) cm^{-1}
^{1}H-NMR:	(600 MHz, $CDCl_3$) δ ppm 7.92 (dd, J=8.2, 1.0 Hz, 1 H) 7.85 - 7.90 (m, 3 H) 7.82 (d, J=1.3 Hz, 1 H) 7.65 (td, J=7.6, 1.3 Hz, 1 H) 7.49 - 7.55 (m, 4 H) 7.41 (dd, J=8.4, 1.8 Hz, 1 H).
^{13}C{^{1}H}-NMR:	(151 MHz, $CDCl_3$) δ ppm 149.3, 136.4, 134.9, 133.2, 132.8, 132.4, 132.3, 128.3, 128.2, 128.1, 127.7, 126.9, 126.5, 126.5, 125.7, 124.2.
MS:	EI, 70 eV: m/z (%) = 249 (99) [M$^+$], 248 (100), 232 (55), 220 (57), 205 (84), 203 (57), 193 (36), 101 (27).
CHN-Analyse:	ber. für $C_{16}H_{11}NO_2$: C = 77.10 % H = 4.45 % N = 5.62 %
	gef.: C = 77.28 % H = 4.53 % N = 5.67 %

4'-Methoxy-2-nitrobiphenyl

Summenformel:	$C_{13}H_{11}NO_3$
CAS-Nummer:	20013-55-2
Molare Masse:	229.24 g/mol
Stoffeigenschaften:	gelber Feststoff, Schmelzpunkt 60-61 °C
IR:	(KBr) ν = 1611 (m), 1518 (s) (NO_2), 1358 (s) (NO_2), 1251 cm^{-1}
^{1}H-NMR:	(600 MHz, $CDCl_3$) δ ppm 7.79 (dd, J=7.8, 0.9 Hz, 1 H) 7.58 (td, J=7.6, 1.3 Hz, 1 H) 7.41 - 7.45 (m, 2 H) 7.24 - 7.26 (m, 2 H) 6.94 - 6.96 (m, 2 H) 3.84 (s, 3 H).
^{13}C{^{1}H}-NMR:	(151 MHz, $CDCl_3$) δ ppm 159.6, 149.4, 135.8, 132.1, 131.9, 129.4, 129.1, 127.7, 124.0, 114.2, 55.3.
MS:	EI, 70 eV: m/z (%) = 229 (100) [M^+], 212 (18), 184 (16), 168 (14), 146 (19), 139 (34), 130 (14).
CHN-Analyse:	ber. für $C_{13}H_{11}NO_3$: C = 68.11 % H = 4.84 % N = 6.11 %
	gef.: C = 68.48 % H = 4.81 % N = 6.14 %

2'-Methyl-2-nitrobiphenyl

Summenformel:	$C_{13}H_{11}NO_2$
CAS-Nummer:	67992-12-5
Molare Masse:	213.24 g/mol
Stoffeigenschaften:	gelber Feststoff, Schmelzpunkt: 66-67 °C
^{1}H-NMR:	(600 MHz, $CDCl_3$) δ ppm 7.99 (dd, J=8.1, 1.2 Hz, 1 H) 7.63 (td, J=7.4, 1.3 Hz, 1 H) 7.52 (td, J=7.8, 1.3 Hz, 1 H) 7.34 (dd, J=7.6, 1.4 Hz, 1 H) 7.31 (td, J=7.4, 1.3 Hz, 1 H) 7.26 - 7.28 (m, 1 H) 7.23 (td, J=7.4, 1.0 Hz, 1 H) 7.11 (dd, J=7.6, 0.9 Hz, 1 H) 2.11 (s, 3 H).
^{13}C{^{1}H}-NMR:	(151 MHz, $CDCl_3$) δ ppm 149.1, 137.4, 136.5, 135.6, 132.5, 132.1, 129.9, 128.2, 128.2, 128.1, 125.7, 124.1, 19.8.
MS:	EI, 70 eV: m/z (%) = 213 (11) [M^+], 196 (92), 183 (91), 166 (100), 154 (26), 139 (24), 115 (33)
CHN-Analyse:	ber. für $C_{13}H_{11}NO_2$: C = 73.23 % H = 5.20 % N = 6.57 %
	gef.: C = 72.97 % H = 5.10 % N = 6.67 %

4'-Propionyl-2-nitrobiphenyl

Summenformel:	$C_{15}H_{13}NO_3$
CAS-Nummer:	1086406-16-7
Molare Masse:	255.28 g/mol
Stoffeigenschaften:	gelber Feststoff, Schmelzpunkt 83-84 °C
^{1}H-NMR:	(600 MHz, CDCl$_3$) δ ppm 8.02 (d, *J*=8.4 Hz, 2 H) 7.92 (dd, *J*=8.1, 0.9 Hz, 1 H) 7.65 (td, *J*=7.6, 1.0 Hz, 1 H) 7.53 (td, *J*=7.8, 1.3 Hz, 1 H) 7.43 (dd, *J*=7.7, 1.0 Hz, 1 H) 7.40 (d, *J*=8.4 Hz, 2 H) 3.03 (q, *J*=7.2 Hz, 2 H) 1.24 (t, *J*=7.2 Hz, 3 H).
^{13}C{^{1}H}-NMR:	(151 MHz, CDCl$_3$) δ ppm 200.1, 148.9, 142.0, 136.4, 135.5, 132.6, 131.7, 128.8, 128.3, 128.2, 124.4, 31.9, 8.2.
MS:	EI, 70 eV: m/z (%) = 255 (3) [M$^+$], 227 (19), 226 (100), 180 (11), 152 (12).
CHN-Analyse:	ber. für $C_{15}H_{13}NO_3$: C = 70.58 % H = 5.13 % N = 5.49 %
	gef.: C = 70.71 % H = 5.32 % N = 5.49 %

4'-Acetyl-2-nitrobiphenyl

Summenformel:	$C_{14}H_{11}NO_3$
CAS-Nummer:	5730-96-1
Molare Masse:	241.25 g/mol
Stoffeigenschaften:	gelber Feststoff, Schmelzpunkt 100-102 °C
IR:	(KBr) ν = 1684 (s) (C=O), 1522 (s) (NO$_2$), 1358 (s) (NO$_2$) cm^{-1}
^{1}H-NMR:	(400 MHz, CDCl$_3$) δ ppm 8.00 (d, *J*=8.1 Hz, 2 H) 7.91 (d, *J*=7.3 Hz, 1 H) 7.64 (td, *J*=7.5, 1.1 Hz, 1 H) 7.52 (td, *J*=7.8, 1.2 Hz, 1 H) 7.37 - 7.44 (m, 3 H) 2.61 (s, 3 H).
^{13}C{^{1}H}-NMR:	(151 MHz, CDCl$_3$) δ ppm 197.6, 148.9, 142.4, 136.6, 135.5, 132.7, 131.8, 129.0, 128.7, 128.3, 124.5, 26.7.
MS:	EI, 70 eV: m/z (%) = 241 (7) [M$^+$], 226 (100), 213 (41), 180 (22), 170 (18), 152 (22), 115 (11).
CHN-Analyse:	ber. für $C_{14}H_{11}NO_3$: C = 69.70 % H = 4.60 % N = 5.81 %
	gef.: C = 69.95 % H = 4.62 % N = 5.60 %

Ethyl-2'-nitro-biphenyl-2-carboxylat

Summenformel:	$C_{15}H_{13}NO_4$
CAS-Nummer:	72256-33-8
Molare Masse:	271.28 g/mol
Stoffeigenschaften:	gelbes Öl
^{1}H-NMR:	(400 MHz, CDCl$_3$) δ ppm 8.09 (dd, J=8.2, 1.0 Hz, 2 H) 7.61 (td, J=7.7, 1.4 Hz, 1 H) 7.57 (td, J=7.5, 1.4 Hz, 1 H) 7.45 - 7.53 (m, 2 H) 7.27 (dd, J=7.7, 1.5 Hz, 1 H) 7.22 (dd, J=7.7, 0.9 Hz, 1 H) 4.04 - 4.12 (m, J=7.0, 7.0, 7.0, 3.7, 3.4, 3.4 Hz, 2 H) 1.05 (t, J=7.2 Hz, 3H)
^{13}C{^{1}H}-NMR:	(151 MHz, CDCl$_3$) δ ppm 166.2, 156.2, 148.3, 139.6, 137.5, 133.2, 132.4, 131.8, 131.7, 131.4, 130.5, 129.9, 129.2, 128.0, 127.9, 123.9, 123.1, 119.6, 60.9, 60.8, 14.0, 13.7.
MS:	EI, 70 eV: m/z (%) = 271 (2) [M$^+$], 226 (75), 225 (97), 198 (100), 197 (85), 181 (58), 153 (59), 139 (47), 115 (38).
CHN-Analyse:	ber. für $C_{15}H_{13}NO_4$: C = 66.41 % H = 4.83 % N = 5.16 %
	gef.: C = 66.53 % H = 4.55 % N = 5.23 %

4',2-Dinitrobiphenyl

Summenformel:	$C_{12}H_8N_2O_4$
CAS-Nummer:	606-81-5
Molare Masse:	244.21 g/mol
Stoffeigenschaften:	orangefarbener Feststoff, Schmelzpunkt 87-89 °C
IR:	(KBr) ν = 1521 (s) (NO$_2$), 1346 (s) (NO$_2$) cm^{-1}
^{1}H-NMR:	(400 MHz, CDCl$_3$) δ ppm 8.27 (ddd, J=9.0, 2.4, 2.2 Hz, 2 H) 7.99 (dd, J=8.1, 1.0 Hz, 1 H) 7.69 (td, J=7.6, 1.5 Hz, 1 H) 7.59 (td, J=7.8, 1.5 Hz, 1 H) 7.47 (dt, J=9.0, 2.2 Hz, 2 H) 7.42 (dd, J=7.6, 1.2 Hz, 1 H).
^{13}C{^{1}H}-NMR:	(101 MHz, CDCl$_3$) δ ppm 148.6, 147.7, 144.4, 134.5, 132.9, 131.6, 129.5, 129.0, 124.6, 123.7.
MS:	EI, 70 eV: m/z (%) = 244 (24) [M$^+$], 197 (23), 170 (64), 151 (89), 139 (100), 126 (29), 115 (85).
CHN-Analyse:	ber. für $C_{12}H_8N_2O_4$: C = 59.02 % H = 3.30 % N = 11.47 %
	gef.: C = 59.25 % H = 3.39 % N = 11.34 %

3',5'Dimethyl-2-nitrobiphenyl

Summenformel:	$C_{14}H_{13}NO_2$
CAS-Nummer:	51839-09-9
Molare Masse:	227.27 g/mol
Stoffeigenschaften:	gelbes Öl
^{1}H-NMR:	(400 MHz, CDCl$_3$) δ ppm 7.82 (dd, J=8.0, 1.2 Hz, 1 H) 7.58 (td, J=7.6, 1.3 Hz, 1 H) 7.41 - 7.47 (m, 2 H) 7.04 (s, 1 H) 6.94 (s, 2 H) 2.35 (s, 6 H).
^{13}C{^{1}H}-NMR:	(101 MHz, CDCl$_3$) δ ppm 149.5, 138.2, 137.3, 136.6, 132.0, 131.9, 129.9, 127.8, 125.7, 123.9, 21.2.
MS:	EI, 70 eV: m/z (%) = 227 (3) [M$^+$], 210 (28), 199 (100), 184 (47), 170 (39), 167 (33), 156 (33).
CHN-Analyse:	ber. für $C_{14}H_{13}NO_2$: C = 73.99 % H = 5.77 % N = 6.16 %
	gef.: C = 73.92 % H = 5.74 % N = 6.14 %

2-Nitrobiphenyl

Summenformel:	$C_{12}H_9NO_2$
CAS-Nummer:	86-00-0
Molare Masse:	199.21 g/mol
Stoffeigenschaften:	gelbes Öl
^{1}H-NMR:	(400 MHz, CDCl$_3$) δ ppm 7.85 (dd, J=8.1, 1.2 Hz, 1 H) 7.61 (td, J=7.5, 1.3 Hz, 1 H) 7.49 (dd, J=7.8, 1.7 Hz, 1 H) 7.40 - 7.46 (m, 4 H) 7.31 - 7.35 (m, 2 H).
^{13}C{^{1}H}-NMR:	(101 MHz, CDCl$_3$) δ ppm 149.3, 137.3, 136.2, 132.2, 131.9, 128.6, 128.1, 128.1, 127.8, 123.9.
MS:	EI, 70 eV: m/z (%) = 199 (2) [M$^+$], 182 (69), 171 (100), 152 (64), 143 (56), 115 (95).
CHN-Analyse:	ber. für $C_{14}H_{13}NO_2$: C = 72.35 % H = 4.55 % N = 7.03 %
	gef.: C = 71.69 % H = 4.25 % N = 6.98 %

4'-Chlor-2-nitrobiphenyl

Summenformel:	$C_{12}H_8ClNO_2$
CAS-Nummer:	6271-80-3
Molare Masse:	233.66 g/mol
Stoffeigenschaften:	gelber Feststoff, Schmelzpunkt: 60-62 °C
^{1}H-NMR:	(600 MHz, CDCl$_3$) δ ppm 7.91 (dd, J=8.2, 1.0 Hz, 1 H) 7.65 (td, J=7.6, 1.3 Hz, 1 H) 7.53 (td, J=7.8, 1.5 Hz, 1 H) 7.41 - 7.45 (m, 3 H) 7.28 (ddd, J=8.7, 2.6, 2.3 Hz, 2 H).
^{13}C{^{1}H}-NMR:	(151 MHz, CDCl$_3$) δ ppm 149.0, 135.9, 135.1, 134.4, 132.5, 131.8, 129.2, 128.8, 128.5, 124.2.
MS:	EI, 70 eV: m/z (%) = 233 (96) [M$^+$], 197 (97), 170 (85), 168 (60), 152 (100), 142 (81), 115 (71).
CHN-Analyse:	ber. für $C_{12}H_8ClNO_2$: C = 61.69 % H = 3.45 % N = 5.99 %
	gef.: C = 61.92 % H = 3.25 % N = 5.93 %

8-(2'-Nitrophenyl) chinolin

Summenformel:	$C_{15}H_{10}N_2O_2$
CAS-Nummer:	123730-15-4
Molare Masse:	250.26 g/mol
Stoffeigenschaften:	gelber Feststoff, Schmelzpunkt: 129-131 °C
^{1}H-NMR:	(600 MHz, CDCl$_3$) δ ppm 8.78 (dd, J=4.1, 1.8 Hz, 1 H) 8.15 (dd, J=8.2, 1.8 Hz, 1 H) 8.10 (dd, J=8.1, 1.2 Hz, 1 H) 7.86 (dd, J=8.2, 1.3 Hz, 1 H) 7.73 (dd, J=7.0, 1.4 Hz, 1 H) 7.69 (td, J=7.6, 1.3 Hz, 1 H) 7.63 (dd, J=8.1, 7.0 Hz, 1 H) 7.52 - 7.57 (m, 2 H) 7.35 (dd, J=8.3, 4.2 Hz, 1 H).
^{13}C{^{1}H}-NMR:	(151 MHz, CDCl$_3$) δ ppm 150.3, 150.2, 145.4, 137.7, 136.1, 134.4, 132.8, 132.8, 129.1, 128.4, 128.4, 127.9, 126.3, 124.0, 121.3.
MS:	EI, 70 eV: m/z (%) = 250 (1) [M$^+$], 234 (3), 204 (100), 192 (2), 176 (6), 151 (3).
CHN-Analyse:	ber. für $C_{15}H_{10}N_2O_2$: C = 71.99 % H = 4.03 % N = 11.19 %
	gef.: C = 72.13 % H = 4.32 % N = 11.45 %

Ethyl-2'-nitro-biphenyl-3-carboxylat

Summenformel:	$C_{15}H_{13}NO_4$
CAS-Nummer:	236102-71-9
Molare Masse:	271.28 g/mol
Stoffeigenschaften:	gelbes Öl

¹H-NMR: (600 MHz, CDCl₃) δ ppm 8.07 (ddd, J=6.2, 2.8, 1.8 Hz, 1 H) 8.00 (s, 1 H) 7.89 (dd, J=8.1, 1.2 Hz, 1 H) 7.61 (td, J=7.6, 1.3 Hz, 1 H) 7.45 - 7.51 (m, 3 H) 7.41 (dd, J=7.6, 1.4 Hz, 1 H) 4.36 (q, J=7.2 Hz, 2 H) 1.37 (t, J=7.0 Hz, 3 H).

¹³C{¹H}-NMR: (151 MHz, CDCl₃) δ ppm 166.0, 148.8, 137.8, 135.4, 132.5, 132.1, 131.9, 130.9, 129.1, 128.9, 128.6, 128.5, 124.2, 61.1, 14.2.

MS: EI, 70 eV: m/z (%) = 241 (15) [M⁺], 226 (100), 199 (12), 182 (16), 153 (15), 152 (13), 115 (12).

CHN-Analyse:

	ber. für $C_{15}H_{13}NO_4$:	C = 66.41 %	H = 4.83 %	N = 5.16 %
	gef.:	C = 66.45 %	H = 4.78 %	N = 5.36 %

3'-Acetyl-2-nitrobiphenyl

Summenformel:	$C_{14}H_{11}NO_3$
CAS-Nummer:	1195761-01-3
Molare Masse:	241.25 g/mol
Stoffeigenschaften:	gelber Feststoff, Schmelzpunkt 95-98 °C

¹H-NMR: (600 MHz, CDCl₃) δ ppm 7.95 (dt, J=7.1, 1.8 Hz, 1 H) 7.89 - 7.90 (m, 1 H) 7.88 (dd, J=8.1, 0.9 Hz, 1 H) 7.61 (td, J=7.6, 1.0 Hz, 1 H) 7.44 - 7.51 (m, 3 H) 7.41 (dd, J=7.7, 1.3 Hz, 1 H) 2.58 (s, 3 H).

¹³C{¹H}-NMR: (151 MHz, CDCl₃) δ ppm 197.5, 148.7, 138.0, 137.2, 135.3, 132.5, 132.4, 131.8, 128.8, 128.6, 128.0, 127.6, 124.2, 26.5.

MS: EI, 70 eV: m/z (%) = 241 (15) [M⁺], 226 (100), 199 (12), 182 (16), 153 (15), 152 (13), 115 (12).

CHN-Analyse:

	ber. für $C_{14}H_{11}NO_3$:	C = 69.70 %	H = 4.60 %	N = 5.81 %
	gef.:	C = 69.5 %	H = 4.5 %	N = 5.5 %

4'-Fluor-2-nitrobiphenyl

Summenformel:	$C_{12}H_8FNO_2$
CAS-Nummer:	390-38-5
Molare Masse:	217.20 g/mol
Stoffeigenschaften:	gelbes Öl

^{1}H-NMR: (600 MHz, CDCl$_3$) δ ppm 7.85 (d, J=7.9 Hz, 1 H) 7.61 (td, J=7.6, 0.8 Hz, 1 H) 7.48 (td, J=7.7, 1.2 Hz, 1 H) 7.41 (dd, J=7.7, 1.0 Hz, 1 H) 7.28 (ddd, J=11.6, 5.1, 2.8 Hz, 2 H) 7.08 - 7.12 (m, 2 H).

^{13}C{^{1}H}-NMR: (151 MHz, CDCl$_3$) δ ppm 162.6 (d, J_{CF}=248.3 Hz), 149.1, 135.2, 133.3 (d, J_{CF}=4.2 Hz), 132.3, 131.9, 129.6 (d, J_{CF}=8.3 Hz), 128.3, 124.1, 115.6 (d, J_{CF}=22.2 Hz).

MS: EI, 70 eV: m/z (%) = 217 (75) [M$^+$], 200 (100), 189 (29), 172 (30), 170 (85), 161 (29), 159 (34), 133 (58).

CHN-Analyse: ber. für $C_{12}H_8FNO_2$: C = 66.36 % H = 3.71 % N = 6.45 %
gef.: C = 66.77 % H = 3.59 % N = 6.45 %

3'-Methoxy-2-nitrobiphenyl

Summenformel:	$C_{13}H_{11}NO_3$
CAS-Nummer:	92017-95-3
Molare Masse:	229.24 g/mol
Stoffeigenschaften:	gelbes Öl

^{1}H-NMR: (600 MHz, CDCl$_3$) δ ppm 7.83 (dd, J=8.1, 1.2 Hz, 1 H) 7.60 (td, J=7.6, 1.2 Hz, 1 H) 7.47 (td, J=7.7, 1.4 Hz, 1 H) 7.44 (dd, J=7.7, 1.3 Hz, 1 H) 7.33 (t, J=7.9 Hz, 1 H) 6.94 (dd, J=8.3, 1.9 Hz, 1 H) 6.89 (d, J=7.7 Hz, 1 H) 6.85 - 6.87 (m, 1 H) 3.82 (s, 3 H).

^{13}C{^{1}H}-NMR: (151 MHz, CDCl$_3$) δ ppm 159.6, 149.3, 138.6, 136.1, 132.2, 131.8, 129.7, 128.2, 123.9, 120.2, 113.7, 113.6, 55.3.

MS: EI, 70 eV: m/z (%) = 229 (77) [M$^+$], 201 (100), 170 (47), 158 (53), 139 (67), 130 (46), 115 (36).

CHN-Analyse: ber. für $C_{13}H_{11}NO_3$: C = 68.11 % H = 4.84 % N = 6.11 %
gef.: C = 68.22 % H = 4.96 % N = 6.00 %

3'-Formyl-2-nitrobiphenyl

Summenformel:	$C_{13}H_9NO_3$
CAS-Nummer:	1181294-97-2
Molare Masse:	227.22 g/mol
Stoffeigenschaften:	farbloses Öl
^{1}H-NMR:	(400 MHz, CDCl$_3$) δ ppm 10.03 (s, 1 H) 7.94 (dd, J=8.2, 1.2 Hz, 1 H) 7.91 (dt, J=7.2, 1.6 Hz, 1 H) 7.83 (t, J=1.7 Hz, 1 H) 7.66 (td, J=7.6, 1.3 Hz, 1 H) 7.59 (t, J=7.4 Hz, 1 H) 7.52 - 7.57 (m, 2 H) 7.44 (dd, J=7.6, 1.4 Hz, 1 H).
$^{13}C\{^1H\}$-NMR:	(151 MHz, CDCl$_3$) δ ppm 191.7, 148.7, 138.6, 136.6, 135.0, 133.7, 132.7, 131.9, 129.4, 129.2, 128.9, 128.9, 124.4.
MS:	EI, 70 eV: m/z (%) = 226 (13) [M$^+$], 210 (55), 199 (85), 182 (100), 154 (100), 152 (90), 115 (100).
CHN-Analyse:	ber. für $C_{13}H_9NO_3$: C = 68.72 % H = 3.99 % N = 6.16 %
	gef.: C = 68.3 % H = 3.7 % N = 6.1 %

8-(2'-Nitrophenyl) chinaldin

Summenformel:	$C_{16}H_{12}N_2O_2$
CAS-Nummer:	1195761-02-4
Molare Masse:	264.29 g/mol
Stoffeigenschaften:	gelber Feststoff, Schmelzpunkt: 155-157 °C
^{1}H-NMR:	(600 MHz, CDCl$_3$) δ ppm 8.04 (dd, J=8.6, 1.2 Hz, 1 H) 8.02 (d, J=8.2 Hz, 1 H) 7.81 (dd, J=8.1, 1.4 Hz, 1 H) 7.74 (dd, J=7.0, 1.4 Hz, 1 H) 7.68 (td, J=7.6, 1.3 Hz, 1 H) 7.57 (dd, J=8.1, 7.3 Hz, 1 H) 7.52 - 7.55 (m, 2 H) 7.23 (d, J=8.4 Hz, 1 H) 2.56 (s, 3 H).
$^{13}C\{^1H\}$-NMR:	(151 MHz, CDCl$_3$) δ ppm 159.1, 150.8, 144.6, 137.0, 136.1, 134.4, 132.9, 132.6, 129.0, 128.2, 128.1, 126.1, 125.5, 123.7, 122.3, 25.1.
MS:	EI, 70 eV: m/z (%) = 264 (1) [M$^+$], 219 (18), 218 (100), 217 (8), 216 (4), 191 (3), 190 (2).
CHN-Analyse:	ber. für $C_{16}H_{12}N_2O_2$: C = 72.72 % H = 4.58 % N = 10.60 %
	gef.: C = 72.33 % H = 4.63 % N = 10.49 %

2-Fluor-4'-methylbiphenyl

Summenformel:	$C_{13}H_{11}F$
CAS-Nummer:	72093-41-5
Molare Masse:	186.23 g/mol
Stoffeigenschaften:	farbloses Öl
IR:	(Flüssigfilm): ν = 1485 cm^{-1}
^{1}H-NMR:	(600 MHz, CDCl$_3$) δ ppm 7.53 (dd, J=8.2, 1.5 Hz, 2 H) 7.49 (td, J=7.8, 1.8 Hz, 1 H) 7.35 (ddd, J=7.7, 5.5, 2.2 Hz, 1 H) 7.33 (d, J=8.2 Hz, 2 H) 7.25 (td, J=7.5, 1.2 Hz, 1 H) 7.20 (ddd, J=10.8, 8.2, 1.3 Hz, 1 H) 2.47 (s, 3 H).
^{13}C{^{1}H}-NMR:	(151 MHz, CDCl$_3$) δ ppm 159.7 (d, J_{CF}=248.3 Hz), 137.4, 132.8, 130.6 (d, J_{CF}=2.8 Hz), 129.1, 128.8 (d, J_{CF}=2.8 Hz), 128.6 (d, J_{CF}=8.3 Hz), 126.8, 124.2 (d, J_{CF}=4.2 Hz), 116.0 (d, J_{CF}=23.6 Hz), 21.2.
MS:	EI, 70 eV: m/z (%) = 186 (100) [M$^+$], 171 (7), 165 (25), 133 (5), 91 (3), 63 (3).
CHN-Analyse:	ber. für $C_{13}H_{11}F$: C = 83.84 % H = 5.95 % N = 0 %
	gef.: C = 83.97 % H = 5.94 % N = 0 %

4',5-Dimethyl-2-nitrobiphenyl

Summenformel:	$C_{14}H_{13}NO_2$
CAS-Nummer:	70689-98-4
Molare Masse:	227.22 g/mol
Stoffeigenschaften:	blass gelber Feststoff, Schmelzpunkt: 60-62 °C
^{1}H-NMR:	(600 MHz, CDCl$_3$) δ ppm 7.77 (d, J=8.2 Hz, 1 H) 7.18 - 7.24 (m, 6 H) 2.44 (s, 3 H) 2.39 (s, 3 H).
^{13}C{^{1}H}-NMR:	(151 MHz, CDCl$_3$) δ ppm 147.0, 143.2, 137.9, 136.4, 134.8, 132.5, 129.3, 128.4, 127.7, 124.3, 21.4, 21.2.
MS:	EI, 70 eV: m/z (%) = 227 (28) [M$^+$], 210 (100), 199 (71), 182 (60), 170 (61), 165 (60).
CHN-Analyse:	ber. für $C_{14}H_{13}NO_2$: C = 73.99 % H = 5.77 % N = 6.16 %
	gef.: C = 73.66 % H = 5.34 % N = 6.33 %

Isopropyl-4'-methylbiphenyl-2-carboxylat

Summenformel:	$C_{17}H_{18}O_2$
CAS-Nummer:	937166-54-6
Molare Masse:	254.33 g/mol
Stoffeigenschaften:	weißer Feststoff, Schmelzpunkt: 130-131 °C
IR:	(KBr): ν = 2980 (m), 1715 (s) (C=O) cm^{-1}
^{1}H-NMR:	(400 MHz, CDCl$_3$) δ ppm 7.87 (dd, J=7.7, 1.2 Hz, 1 H) 7.54 (td, J=7.5, 1.3 Hz, 1 H) 7.41 - 7.46 (m, 2 H) 7.26 - 7.32 (m, 4 H) 5.04 - 5.14 (m, J=6.2, 6.2, 6.2, 6.2, 6.2, 6.2 Hz, 1 H) 2.47 (s, 3 H) 1.15 (s, 3 H) 1.14 (s, 3 H)
^{13}C{^{1}H}-NMR:	(101 MHz, CDCl$_3$) δ ppm 168.2, 142.2, 138.6, 136.6, 132.0, 130.6, 130.4, 129.3, 128.5, 128.3, 126.7, 68.3, 21.3, 20.9.
MS:	EI, 70 eV: m/z (%) = 254 (91) [M$^+$], 212 (64), 211 (51), 195 (100), 165 (35), 152 (25), 115 (6).
CHN-Analyse:	ber. für $C_{17}H_{18}O_2$: C = 80.28 % H = 7.13 % N = 0 %
	gef.: C = 80.05 % H = 7.08 % N = 0 %

2-Formyl-4'-methylbiphenyl

Summenformel:	$C_{14}H_{12}O$
CAS-Nummer:	16191-28-9
Molare Masse:	196.25 g/mol
Stoffeigenschaften:	gelbes Öl
^{1}H-NMR:	(600 MHz, CDCl$_3$) δ ppm 10.00 (s, 1 H) 8.02 (d, J=7.9 Hz, 1 H) 7.60 - 7.64 (m, 1 H) 7.47 (t, J=7.5 Hz, 1 H) 7.44 (d, J=7.6 Hz, 1 H) 7.28 (s, 4 H) 2.43 (s, 3 H).
^{13}C{^{1}H}-NMR:	(151 MHz, CDCl$_3$) δ ppm 192.5, 145.9, 138.0, 134.7, 133.6, 133.5, 130.7, 130.0, 129.1, 127.5, 21.1.
MS:	EI, 70 eV: m/z (%) = 196 (46) [M$^+$], 181 (100), 167 (27), 165 (20), 152 (24).
CHN-Analyse:	ber. für $C_{14}H_{12}O$: C = 85.68 % H = 6.16 % N = 0 %
	gef.: C = 85.24 % H = 6.27 % N = 0 %

2-Cyano-4'-methylbiphenyl

Summenformel:	$C_{14}H_{11}N$
CAS-Nummer:	114772-53-1
Molare Masse:	193.25 g/mol
Stoffeigenschaften:	weißer Feststoff, Schmelzpunkt: 43-48 °C
IR:	(KBr): ν = 2225 (s) (CN), 1479 cm^{-1}
^{1}H-NMR:	(400 MHz, CDCl$_3$) δ ppm 7.72 - 7.76 (m, 1 H) 7.62 (td, J=7.7, 1.4 Hz, 1 H) 7.48 - 7.51 (m, 1 H) 7.44 - 7.47 (m, 2 H) 7.41 (td, J=7.6, 1.3 Hz, 1 H) 7.30 (d, J=7.9 Hz, 2 H) 2.42 (s, 3 H).
^{13}C{^{1}H}-NMR:	(151 MHz, CDCl$_3$) δ ppm 145.5, 138.6, 135.2, 133.7, 132.7, 129.9, 129.4, 128.6, 127.2, 118.8, 111.1, 21.2.
MS:	EI, 70 eV: m/z (%) = 193 (100) [M$^+$], 165 (27), 139 (3), 113 (3), 105 (3), 91 (3), 89 (3).
CHN-Analyse:	ber. für $C_{14}H_{11}N$: C = 87.01 % H = 5.74 % N = 7.25 %
	gef.: C = 87.46 % H = 5.89 % N = 7.17 %

2-Methoxy-4'-methylbiphenyl

Summenformel:	$C_{14}H_{14}O$
CAS-Nummer:	92495-53-9
Molare Masse:	198.27 g/mol
Stoffeigenschaften:	blass gelber Feststoff, Schmelzpunkt: 81-83 °C
^{1}H-NMR:	(600 MHz, CDCl$_3$) δ ppm 7.50 (d, J=8.2 Hz, 2 H) 7.37 - 7.39 (m, 1 H) 7.35 - 7.37 (m, 1 H) 7.29 (d, J=7.7 Hz, 2 H) 7.08 (td, J=7.4, 1.0 Hz, 1 H) 7.03 (d, J=8.2 Hz, 1 H) 3.86 (s, 3 H) 2.45 (s, 3 H).
^{13}C{^{1}H}-NMR:	(151 MHz, CDCl$_3$) δ ppm 156.4, 136.5, 135.5, 130.7, 130.6, 129.3, 128.7, 128.3, 120.7, 111.1, 55.4, 21.2.
MS:	EI, 70 eV: m/z (%) = 198 (100) [M$^+$], 183 (26), 181 (6), 168 (5), 166 (3), 155 (4), 153 (3), 139 (3), 115 (3).
CHN-Analyse:	ber. für $C_{14}H_{14}O$: C = 84.81 % H = 7.12 % N = 0 %
	gef.: C = 84.07 % H = 7.40 % N = 0 %

2-(4-Tolyl)thiophen

Summenformel:	$C_{11}H_{10}S$
CAS-Nummer:	16939-04-1
Molare Masse:	198.27 g/mol
Stoffeigenschaften:	weißer Feststoff, Schmelzpunkt: 60-62 °C
¹H-NMR:	(600 MHz, CDCl$_3$) δ ppm 7.57 (d, J=8.2 Hz, 2 H) 7.32 (dd, J=3.6, 1.3 Hz, 1 H) 7.28 (dd, J=5.1, 1.0 Hz, 1 H) 7.23 (d, J=7.9 Hz, 2 H) 7.11 (dd, J=5.1, 3.6 Hz, 1 H) 2.41 (s, 3 H).
¹³C{¹H}-NMR:	(151 MHz, CDCl$_3$) δ ppm 144.5, 137.2, 131.6, 129.5, 127.9, 125.8, 124.2, 122.5, 21.1.
MS:	EI, 70 eV: m/z (%) = 175 (100) [M$^+$], 129 (10), 115 (11), 89 (5), 77 (4), 63 (6).
CHN-Analyse:	ber. für $C_{11}H_{10}S$: C = 75.82 % H = 5.78 % S = 18.40 %
	gef.: C = 76.11 % H = 5.57 % S = 18.22 %

2-(4-Tolyl)furan

Summenformel:	$C_{11}H_{10}O$
CAS-Nummer:	17113-32-5
Molare Masse:	158.20 g/mol
Stoffeigenschaften:	gelbes Öl
¹H-NMR:	(600 MHz, CDCl$_3$) δ ppm 7.59 (d, J=8.2 Hz, 2 H) 7.46 (d, J=1.3 Hz, 1 H) 7.21 (d, J=7.9 Hz, 2 H) 6.61 (d, J=3.3 Hz, 1 H) 6.47 (dd, J=3.3, 1.8 Hz, 1 H) 2.38 (s, 3 H).
¹³C{¹H}-NMR:	(151 MHz, CDCl$_3$) δ ppm 154.2, 141.6, 137.1, 129.3, 128.2, 123.7, 111.5, 104.2, 21.2.
MS:	EI, 70 eV: m/z (%) = 158 (100) [M$^+$], 129 (54), 115 (26), 102 (10), 77 (8), 63 (9).
CHN-Analyse:	ber. für $C_{11}H_{10}O$: C = 83.52 % H = 6.37 % N = 0 %
	gef.: C = 83.33 % H = 6.75 % N = 0 %

4'-Methyl-4-nitrobiphenyl

Summenformel:	$C_{13}H_{11}NO_2$
CAS-Nummer:	2143-88-6
Molare Masse:	213.24 g/mol
Stoffeigenschaften:	weißer Feststoff, Schmelzpunkt: 116-117 °C
^{1}H-NMR:	(600 MHz, CDCl$_3$) δ ppm 8.22 - 8.26 (m, 2 H) 7.68 (d, J=8.7 Hz, 2 H) 7.51 (d, J=7.9 Hz, 2 H) 7.29 (d, J=7.9 Hz, 2 H) 2.42 (s, 3 H).
^{13}C{^{1}H}-NMR:	(151 MHz, CDCl$_3$) δ ppm 147.5, 146.8, 139.1, 135.8, 129.9, 127.4, 127.2, 124.1, 21.2.
MS:	EI, 70 eV: m/z (%) = 213 (100) [M$^+$], 197 (6), 183 (47), 165 (18), 155 (22), 152 (24), 115 (8).
CHN-Analyse:	ber. für $C_{13}H_{11}NO_2$: C = 73.23 % H = 5.20 % N = 6.57 %
	gef.: C = 73.61 % H = 5.55 % N = 6.83 %

3-Cyano-4'-methylbiphenyl

Summenformel:	$C_{14}H_{11}N$
CAS-Nummer:	133909-96-3
Molare Masse:	193.25 g/mol
Stoffeigenschaften:	blass gelber Feststoff, Schmelzpunkt: 50-51 °C
^{1}H-NMR:	(600 MHz, CDCl$_3$) δ ppm 7.83 (s, 1 H) 7.78 (d, J=7.7 Hz, 1 H) 7.59 (d, J=7.7 Hz, 1 H) 7.49 - 7.54 (m, 1 H) 7.45 (d, J=7.9 Hz, 2 H) 7.28 (d, J=7.7 Hz, 2 H) 2.41 (s, 3 H).
^{13}C{^{1}H}-NMR:	(151 MHz, CDCl$_3$) δ ppm 142.1, 138.2, 135.8, 131.1, 130.3, 130.2, 129.7, 129.4, 126.7, 118.8, 112.7, 21.0.
MS:	EI, 70 eV: m/z (%) = 193 (100) [M$^+$], 190 (10), 178 (10), 165 (18), 152 (3), 140 (4), 91 (6).
CHN-Analyse:	ber. für $C_{14}H_{11}N$: C = 87.01 % H = 5.74 % N = 7.25 %
	gef.: C = 87.32 % H = 5.67 % N = 7.08 %

4-Cyano-4'-methylbiphenyl

Summenformel:	$C_{14}H_{11}N$
CAS-Nummer:	50670-50-3
Molare Masse:	193.25 g/mol
Stoffeigenschaften:	gelber Feststoff, Schmelzpunkt: 89-91 °C
^{1}H-NMR:	(600 MHz, CDCl$_3$) δ ppm 7.64 - 7.71 (m, 4 H) 7.49 (d, J=7.9 Hz, 2 H) 7.29 (d, J=7.9 Hz, 2 H) 2.42 (s, 3 H).
^{13}C{^{1}H}-NMR:	(151 MHz, CDCl$_3$) δ ppm 145.3, 138.5, 136.0, 132.3, 129.7, 127.2, 126.8, 118.9, 110.3, 21.0.
MS:	EI, 70 eV: m/z (%) = 193 (100) [M$^+$], 178 (9), 165 (17), 140 (4), 91 (5).
CHN-Analyse:	ber. für $C_{14}H_{11}N$: C = 87.01 % H = 5.74 % N = 7.25 %
	gef.: C = 87.11 % H = 5.77 % N = 7.20 %

4-Trifluormethyl-4'-methylbiphenyl

Summenformel:	$C_{14}H_{12}F_3$
CAS-Nummer:	97067-18-0
Molare Masse:	237.25 g/mol
Stoffeigenschaften:	weißer Feststoff, Schmelzpunkt: 122-124 °C
^{1}H-NMR:	(600 MHz, CDCl$_3$) δ ppm 7.68 (s, 4 H) 7.50 (d, J=8.3 Hz, 2 H) 7.29 (d, J=7.8 Hz, 2 H) 2.42 (s, 3 H).
^{13}C{^{1}H}-NMR:	(151 MHz, CDCl$_3$) δ ppm 144.6, 138.1, 136.8, 129.7, 129.0 (q, J_{CF}=31.9 Hz) 127.1, 127.1, 125.6 (q, J_{CF}=4.1 Hz) 124.3 (q, J_{CF}=271.9 Hz) 21.1.
MS:	EI, 70 eV: m/z (%) = 236 (100) [M$^+$], 217 (7), 215 (5), 167 (40), 165 (18), 152 (6).
CHN-Analyse:	ber. für $C_{14}H_{12}F_3$: C = 70.88 % H = 5.10 % N = 0 %
	gef.: C = 70.56 % H = 5.27 % N = 0 %

1-(4-Tolyl) naphthalin

Summenformel:	$C_{17}H_{14}$
CAS-Nummer:	24423-07-2
Molare Masse:	218.30 g/mol
Stoffeigenschaften:	farbloses Öl

^{1}H-NMR: (600 MHz, CDCl$_3$) δ ppm 7.95 (d, J=8.2 Hz, 1 H) 7.92 (d, J=8.2 Hz, 1 H) 7.87 (d, J=8.2 Hz, 1 H) 7.54 (dd, J=8.2, 7.2 Hz, 1 H) 7.51 (ddd, J=8.1, 6.8, 1.2 Hz, 1 H) 7.41 - 7.46 (m, 4 H) 7.33 (d, J=7.7 Hz, 2 H) 2.48 (s, 3 H).

^{13}C{^{1}H}-NMR: (151 MHz, CDCl$_3$) δ ppm 140.2, 137.8, 136.9, 133.8, 131.7, 129.9, 128.9, 128.2, 127.4, 126.8, 126.1, 125.9, 125.7, 125.4, 21.2.

MS: EI, 70 eV: m/z (%) = 218 (100) [M$^+$], 215 (9), 203 (40), 189 (4), 108 (4), 101 (5), 63 (4).

CHN-Analyse: ber. für $C_{17}H_{14}$: C = 93.54 % H = 6.46 % N = 0 %
 gef.: C = 93.33 % H = 6.17 % N = 0 %

3,4'-Dimethyl-4-nitrobiphenyl

Summenformel:	$C_{14}H_{13}NO_2$
CAS-Nummer:	1086406-08-7
Molare Masse:	227.27 g/mol
Stoffeigenschaften:	gelber Feststoff, Schmelzpunkt: 56-57 °C

^{1}H-NMR: (400 MHz, CDCl$_3$) δ ppm 8.04 - 8.08 (m, 1 H) 7.48 - 7.52 (m, 4 H) 7.28 (d, J=7.8 Hz, 2 H) 2.68 (s, 3 H) 2.41 (s, 3 H).

^{13}C{^{1}H}-NMR: (101 MHz, CDCl$_3$) δ ppm 147.9, 146.0, 138.7, 136.0, 134.2, 131.0, 129.8, 127.1, 125.4, 125.1, 21.1, 20.8.

MS: EI, 70 eV: m/z (%) = 227 (100) [M$^+$], 210 (92), 182 (35), 167 (38), 166 (22), 165 (49), 155 (25).

CHN-Analyse: ber. für $C_{14}H_{13}NO_2$: C = 73.99 % H = 5.77 % N = 6.16 %
 gef.: C = 73.8 % H = 5.8 % N = 6.00 %

4-Acetamido-4'-methylbiphenyl

Summenformel:	$C_{15}H_{13}NO$
CAS-Nummer:	1215-21-0
Molare Masse:	225.29 g/mol
Stoffeigenschaften:	weißer Feststoff, Schmelzpunkt: 165-168 °C
^{1}H-NMR:	(600 MHz, $CDCl_3$) δ ppm 8.21 (s, 1 H) 8.11 (d, J=8.4 Hz, 2 H) 7.64 (d, J=7.9 Hz, 2 H) 7.18 (d, J=7.7 Hz, 2 H) 7.06 (d, J=7.9 Hz, 2 H) 2.34 (s, 3 H) 2.15 (s, 3 H).
^{13}C{^{1}H}-NMR:	(151 MHz, $CDCl_3$) δ ppm 165.2, 148.6, 142.9, 135.5, 131.3, 130.0, 121.3, 118.9, 24.6, 20.8.
CHN-Analyse:	ber. für $C_{15}H_{13}NO$: C = 79.97 % H = 6.71 % N = 6.22 %
	gef.: C = 77.88 % H = 6.56 % N = 6.00 %

3-Chlor-4'-methylbiphenyl

Summenformel:	$C_{13}H_{11}Cl$
CAS-Nummer:	19482-19-0
Molare Masse:	202.69 g/mol
Stoffeigenschaften:	farbloses Öl
^{1}H-NMR:	(400 MHz, $CDCl_3$) δ ppm 7.58 (t, J=1.7 Hz, 1 H) 7.44 - 7.49 (m, 3 H) 7.36 (t, J=7.8 Hz, 1 H) 7.30 (ddd, J=8.0, 1.7, 1.5 Hz, 1 H) 7.27 (d, J=7.8 Hz, 2 H) 2.41 (s, 3 H).
^{13}C{^{1}H}-NMR:	(101 MHz, $CDCl_3$) δ ppm 143.1, 137.7, 137.0, 134.7, 129.9, 129.6, 127.1, 126.9, 126.9, 125.1, 21.1.
MS:	EI, 70 eV: m/z (%) = 204 (34) [M$^+$], 202 (100), 167 (48), 165 (28), 152 (12), 139 (5), 115 (4).
CHN-Analyse:	ber. für $C_{13}H_{11}Cl$: C = 77.04 % H = 5.47 % N = 0 %
	gef.: C = 77.78 % H = 5.02 % N = 0 %

3-Methoxy-4'-methylbiphenyl

Summenformel:	$C_{14}H_{14}O$
CAS-Nummer:	24423-07-2
Molare Masse:	198.27 g/mol
Stoffeigenschaften:	blass gelber Feststoff, Schmelzpunkt 74-76 °C

^{1}H-NMR: (400 MHz, CDCl$_3$) δ ppm 7.57 (d, J=7.8 Hz, 2 H) 7.38 - 7.47 (m, 2 H) 7.35 (d, J=7.8 Hz, 2 H) 7.14 (t, J=7.2 Hz, 1 H) 7.08 (d, J=8.2 Hz, 1 H) 3.90 (s, 3 H) 2.51 (s, 3 H).

^{13}C{^{1}H}-NMR: (101 MHz, CDCl$_3$) δ ppm 156.6, 136.4, 135.6, 130.8, 130.7, 129.4, 128.7, 128.3, 120.8, 111.3, 55.5, 21.1.

MS: EI, 70 eV: m/z (%) = 198 (100) [M$^+$], 183 (43), 181 (8), 168 (21), 165 (6), 155 (7), 152 (5), 139 (5), 115 (5).

CHN-Analyse: ber. für $C_{14}H_{14}O$:   C = 84.81 %   H = 7.12 %   N = 0 %
                 gef.:   C = 84.83 %   H = 7.18 %   N = 0 %

3-(4-Tolyl)pyridin

Summenformel:	$C_{12}H_{11}N$
CAS-Nummer:	4423-09-0
Molare Masse:	169.23 g/mol
Stoffeigenschaften:	farbloses Öl

^{1}H-NMR: (600 MHz, CDCl$_3$) δ ppm 8.83 (s, 1 H) 8.55 (d, J=4.1 Hz, 1 H) 7.83 (dt, J=7.9, 1.8 Hz, 1 H) 7.47 (d, J=8.2 Hz, 2 H) 7.32 (dd, J=7.7, 4.9 Hz, 1 H) 7.27 (d, J=7.9 Hz, 2 H) 2.39 (s, 3 H).

^{13}C{^{1}H}-NMR: (101 MHz, CDCl$_3$) δ ppm 147.8, 147.7, 137.8, 136.4, 134.6, 133.9, 129.6, 126.7, 123.3, 20.8.

MS: EI, 70 eV: m/z (%) = 169 (100) [M$^+$], 154 (8), 141 (14), 139 (8), 115 (23), 91 (10), 89 (9), 63 (10).

CHN-Analyse: ber. für $C_{12}H_{11}N$:   C = 85.17 %   H = 6.55 %   N = 8.28 %
                 gef.:   C = 84.98 %   H = 6.68 %   N = 8.01 %

3-(4-Tolyl)thiophen

Summenformel:	$C_{11}H_{10}S$
CAS-Nummer:	16939-05-2
Molare Masse:	174.27 g/mol
Stoffeigenschaften:	weißer Feststoff, Schmelzpunkt: 70-72 °C
^{1}H-NMR:	(400 MHz, CDCl$_3$) δ ppm 7.60 (d, J=8.3 Hz, 2 H) 7.35 (dd, J=3.5, 1.0 Hz, 1 H) 7.32 (dd, J=5.1, 1.1 Hz, 1 H) 7.27 (d, J=8.5 Hz, 2 H) 7.15 (dd, J=5.1, 3.6 Hz, 1 H) 2.45 (s, 3 H).
^{13}C{^{1}H}-NMR:	(101 MHz, CDCl$_3$) δ ppm 144.5, 137.3, 129.5, 127.9, 126.3, 125.8, 124.2, 122.5, 21.1.
MS:	EI, 70 eV: m/z (%) = 174 (100) [M$^+$], 141 (16), 129 (11), 128 (12), 115 (12), 89 (5), 77 (5), 63 (6).
CHN-Analyse:	ber. für $C_{11}H_{10}S$: C = 75.82 % H = 5.78 % S = 18.40 %
	gef.: C = 75.77 % H = 5.48 % S = 18.15 %

2-(3-Nitrophenyl) naphthalin

Summenformel:	$C_{16}H_{11}NO_2$
CAS-Nummer:	94064-82-1
Molare Masse:	249.27 g/mol
Stoffeigenschaften:	gelber Feststoff, Schmelzpunkt: 110-112 °C
^{1}H-NMR:	(400 MHz, CDCl$_3$) δ ppm 8.55 (t, J=1.9 Hz, 1 H) 8.20 (ddd, J=8.3, 2.3, 1.0 Hz, 1 H) 8.06 (d, J=1.4 Hz, 1 H) 7.99 - 8.02 (m, 1 H) 7.94 (d, J=8.5 Hz, 1 H) 7.87 - 7.92 (m, 2 H) 7.72 (dd, J=8.5, 1.7 Hz, 1 H) 7.61 (t, J=7.8 Hz, 1 H) 7.51 - 7.57 (m, 2 H).
^{13}C{^{1}H}-NMR:	(151 MHz, CDCl$_3$) δ ppm 148.7, 142.6, 135.7, 133.4, 133.1, 133.0, 129.7, 128.9, 128.3, 127.6, 126.7, 126.6, 126.2, 124.7, 122.0, 121.9.
MS:	EI, 70 eV: m/z (%) = 249 (100) [M$^+$], 203 (21), 191 (3), 176 (3), 150 (3), 101 (8), 88 (3).
CHN-Analyse:	ber. für $C_{16}H_{11}NO_2$: C = 77.10 % H = 4.45 % N = 5.62 %
	gef.: C = 76.63 % H = 4.76 % N = 5.46 %

3'-Acetyl-3-nitrobiphenyl

Summenformel:	$C_{14}H_{11}NO_3$
CAS-Nummer:	371157-19-6
Molare Masse:	241.25 g/mol
Stoffeigenschaften:	weißer Feststoff, Schmelzpunkt 85-86 °C

^{1}H-NMR: (400 MHz, CDCl$_3$) δ ppm 8.47 (t, J=2.0 Hz, 1 H) 8.23 (ddd, J=8.2, 2.3, 1.0 Hz, 1 H) 8.20 (t, J=1.8 Hz, 1 H) 8.00 (dt, J=7.8, 1.3 Hz, 1 H) 7.94 (ddd, J=7.8, 1.6, 1.0 Hz, 1 H) 7.82 (ddd, J=7.8, 1.9, 1.1 Hz, 1 H) 7.62 (ddd, J=16.2, 8.0, 7.8 Hz, 2 H) 2.67 (s, 3 H).

^{13}C{^{1}H}-NMR: (101 MHz, CDCl$_3$) δ ppm 197.5, 148.9, 141.9, 139.3, 138.1, 133.1, 131.6, 129.9, 129.5, 128.4, 126.8, 122.6, 122.0, 26.7.

MS: EI, 70 eV: m/z (%) = 241 (23) [M$^+$], 226 (100), 198 (6), 181 (5), 152 (18), 139 (3), 126 (3).

CHN-Analyse: ber. für $C_{14}H_{11}NO_3$: C = 69.70 %   H = 4.60 %   N = 5.81 %
gef.:   C = 69.54 %   H = 4.54 %   N = 5.54 %

2'-Methyl-3-nitrobiphenyl

Summenformel:	$C_{13}H_{11}NO_2$
CAS-Nummer:	51264-60-9
Molare Masse:	213.24 g/mol
Stoffeigenschaften:	orangefarbenes Öl

^{1}H-NMR: (600 MHz, CDCl$_3$) δ ppm 8.25 (ddd, J=3.9, 1.9, 1.7 Hz, 2 H) 7.72 (ddd, J=7.6, 1.3, 1.2 Hz, 1 H) 7.62 - 7.67 (m, 1 H) 7.35 - 7.39 (m, 2 H) 7.33 (td, J=6.9, 2.3 Hz, 1 H) 7.28 (d, J=7.4 Hz, 1 H) 2.33 (s, 3 H).

^{13}C{^{1}H}-NMR: (151 MHz, CDCl$_3$) δ ppm 148.0, 143.4, 139.2, 135.2, 135.0, 130.6, 129.5, 129.0, 128.2, 126.1, 123.9, 121.7, 20.2.

MS: EI, 70 eV: m/z (%) = 213 (100) [M$^+$], 196 (10), 167 (29), 165 (38), 152 (29), 115 (10).

CHN-Analyse: ber. für $C_{13}H_{11}NO_2$: C = 73.23 %   H = 5.20 %   N = 6.57 %
gef.:   C = 73.53 %   H = 5.55 %   N = 6.88 %

Ethyl-3'-nitro-biphenyl-2-carboxylat

Summenformel:	$C_{15}H_{13}NO_4$
CAS-Nummer:	1195761-05-7
Molare Masse:	271.28 g/mol
Stoffeigenschaften:	farbloses Öl

^{1}H-NMR: (400 MHz, CDCl$_3$) δ ppm 8.21 (ddd, J=8.0, 2.2, 1.0 Hz, 1 H) 8.18 (t, J=1.9 Hz, 1 H) 7.96 (dd, J=7.8, 1.4 Hz, 1 H) 7.62 (ddd, J=7.7, 1.4, 1.2 Hz, 1 H) 7.53 - 7.60 (m, 2 H) 7.49 (td, J=7.6, 1.2 Hz, 1 H) 7.34 (dd, J=7.5, 1.0 Hz, 1 H) 4.12 (q, J=7.2 Hz, 2 H) 1.07 (t, J=7.2 Hz, 3 H).

^{13}C{^{1}H}-NMR: (101 MHz, CDCl$_3$) δ ppm 167.4, 143.4, 140.4, 134.6, 131.7, 130.7, 130.5, 129.6, 128.7, 128.3, 123.5, 122.0, 121.4, 61.1, 13.8.

MS: EI, 70 eV: m/z (%) = 271 (45) [M$^+$], 226 (100), 225 (25), 210 (28), 196 (32), 180 (31), 151 (27).

CHN-Analyse: ber. für $C_{15}H_{13}NO_4$: C = 66.41 %   H = 4.83 %   N = 5.16 %
gef.:   C = 66.6 %   H = 4.7 %   N = 5.0 %

3',5'Dimethyl-3-nitrobiphenyl

Summenformel:	$C_{14}H_{13}NO_2$
CAS-Nummer:	337973-04-3
Molare Masse:	227.27 g/mol
Stoffeigenschaften:	gelber Feststoff, Schmelzpunkt: 65-66 °C

^{1}H-NMR: (600 MHz, CDCl$_3$) δ ppm 8.42 (t, J=2.0 Hz, 1 H) 8.16 (ddd, J=8.2, 2.2, 0.9 Hz, 1 H) 7.87 - 7.90 (m, 1 H) 7.57 (t, J=7.9 Hz, 1 H) 7.23 (s, 2 H) 7.07 (s, 1 H) 2.41 (s, 6 H).

^{13}C{^{1}H}-NMR: (151 MHz, CDCl$_3$) δ ppm 148.5, 143.0, 138.7, 138.5, 132.9, 130.1, 129.4, 124.9, 121.8, 121.7, 21.3.

MS: EI, 70 eV: m/z (%) = 227 (100) [M$^+$], 212 (6), 181 (15), 169 (5), 165 (25), 152 (4), 139 (3), 115 (3).

CHN-Analyse: ber. für $C_{14}H_{13}NO_2$: C = 73.99 %   H = 5.77 %   N = 6.16 %
gef.:   C = 73.72 %   H = 5.49 %   N = 6.22 %

8 APPENDIX: ANALYTISCHE DATEN

Ethyl-3'-nitro-biphenyl-2-carboxylat

Summenformel:	$C_{15}H_{13}NO_4$
CAS-Nummer:	942232-55-5
Molare Masse:	271.28 g/mol
Stoffeigenschaften:	gelbes Öl

^{1}H-NMR: (400 MHz, CDCl$_3$) δ ppm 8.41 (t, J=2.0 Hz, 1 H) 8.25 (t, J=1.7 Hz, 1 H) 8.17 (dt, J=8.3, 1.1 Hz, 1 H) 8.06 (ddd, J=7.7, 1.4, 1.2 Hz, 1 H) 7.90 (dd, J=6.5, 1.4 Hz, 1 H) 7.76 (ddd, J=7.9, 1.4, 1.2 Hz, 1 H) 7.59 (t, J=8.0 Hz, 1 H) 7.53 (t, J=7.7 Hz, 1 H) 4.40 (q, J=7.2 Hz, 2 H) 1.40 (t, J=7.2 Hz, 3 H).

^{13}C{^{1}H}-NMR: (101 MHz, CDCl$_3$) δ ppm 166.0, 148.8, 141.8, 138.8, 132.9, 131.5, 131.2, 129.8, 129.4, 129.1, 128.1, 122.3, 121.8, 61.2, 14.2.

MS: EI, 70 eV: m/z (%) = 271 (58) [M$^+$], 253 (17), 243 (45), 226 (100), 180 (8), 152 (30).

CHN-Analyse: ber. für $C_{15}H_{13}NO_4$: C = 66.41 %   H = 4.83 %   N = 5.16 %
gef.: C = 66.66 %   H = 4.76 %   N = 5.09 %

4'-Fluor-3-nitrobiphenyl

Summenformel:	$C_{12}H_8FNO_2$
CAS-Nummer:	10540-32-6
Molare Masse:	217.20 g/mol
Stoffeigenschaften:	gelber Feststoff, Schmelzpunkt 81-84 °C

^{1}H-NMR: (400 MHz, CDCl$_3$) δ ppm 8.39 (t, J=1.9 Hz, 1 H) 8.16 - 8.21 (m, 1 H) 7.83 - 7.88 (m, J=7.8, 1.0, 0.9, 0.9 Hz, 1 H) 7.56 - 7.61 (m, 3 H) 7.14 - 7.20 (m, 2 H).

^{13}C{^{1}H}-NMR: (101 MHz, CDCl$_3$) δ ppm 163.2 (d, J_{CF}=248.8 Hz) 141.9, 134.9, 132.8, 129.8, 128.9 (d, J_{CF}=8.3 Hz) 122.0, 121.8, 116.2, 116.0.

MS: EI, 70 eV: m/z (%) = 217 (100) [M$^+$], 170 (45), 159 (11), 151 (7), 144 (4), 133 (5), 125 (5).

CHN-Analyse: ber. für $C_{12}H_8FNO_2$: C = 66.36 %   H = 3.71 %   N = 6.45 %
gef.: C = 66.69 %   H = 3.84 %   N = 6.13 %

3'-Methoxy-3-nitrobiphenyl

Summenformel:	$C_{13}H_{11}NO_3$
CAS-Nummer:	128923-93-3
Molare Masse:	229.24 g/mol
Stoffeigenschaften:	gelbes Öl
^{1}H-NMR:	(600 MHz, CDCl$_3$) δ ppm 8.42 (t, J=2.0 Hz, 1 H) 8.18 (ddd, J=8.2, 2.3, 1.0 Hz, 1 H) 7.88 - 7.90 (m, J=7.7, 1.0, 0.8, 0.8 Hz, 1 H) 7.59 (t, J=7.9 Hz, 1 H) 7.40 (t, J=7.9 Hz, 1 H) 7.19 (dt, J=8.4, 0.8 Hz, 1 H) 7.11 - 7.13 (m, 1 H) 6.96 (dd, J=8.2, 1.8 Hz, 1 H) 3.88 (s, 3 H)
^{13}C{^{1}H}-NMR:	(151 MHz, CDCl$_3$) δ ppm 160.1, 148.6, 142.7, 140.0, 133.0, 130.2, 129.6, 122.1, 121.9, 119.5, 113.8, 112.9, 55.4.
MS:	EI, 70 eV: m/z (%) = 229 (100) [M$^+$], 183 (13), 168 (19), 152 (9), 139 (19).
CHN-Analyse:	ber. für $C_{13}H_{11}NO_3$: C = 68.11 % H = 4.84 % N = 6.11 %
	gef.: C = 68.53 % H = 4.55 % N = 5.88 %

3'-N,N-Dimethylamino-2-nitrobiphenyl

Summenformel:	$C_{14}H_{14}N_2O_2$
CAS-Nummer:	1218992-98-3
Molare Masse:	242.28 g/mol
Stoffeigenschaften:	braunes Öl
^{1}H-NMR:	(400 MHz, CDCl$_3$) δ ppm 7.76 - 7.81 (m, 1 H) 7.58 (td, J=7.6, 1.1 Hz, 1 H) 7.42 - 7.50 (m, 2 H) 7.26 - 7.31 (m, 1 H) 6.76 (dd, J=8.4, 2.3 Hz, 1 H) 6.66 (d, J=7.4 Hz, 1 H) 6.64 (d, J=2.2 Hz, 1 H) 2.97 (s, 6 H).
^{13}C{^{1}H}-NMR:	(101 MHz, CDCl$_3$) δ ppm 150.6, 149.7, 138.1, 137.1, 131.8, 129.3, 127.8, 123.6, 116.0, 112.3, 111.8, 40.4.
MS:	EI, 70 eV: m/z (%) = 242 (100) [M$^+$], 198 (8), 185 (7), 168 (8), 152 (11), 115 (6).
CHN-Analyse:	ber. für $C_{14}H_{14}N_2O_2$: C = 69.41 % H = 5.82 % N = 11.56 %
	gef.: C = 68.62 % H = 6.03 % N = 11.47 %

2-(2'-Nitrophenyl)pyridin

Summenformel:	$C_{11}H_8N_2O_2$
CAS-Nummer:	4253-81-0
Molare Masse:	200.20 g/mol
Stoffeigenschaften:	gelbes Öl
^{1}H-NMR:	(600 MHz, CDCl$_3$) δ ppm 8.67 (s, 1 H) 8.61 (s, 1 H) 7.96 (dd, J=8.2, 1.0 Hz, 1 H) 7.66 (td, J=7.6, 1.3 Hz, 1 H) 7.62 (d, J=7.9 Hz, 1 H) 7.55 (td, J=7.8, 1.3 Hz, 1 H) 7.41 (dd, J=7.7, 1.3 Hz, 1 H) 7.36 (s, 1 H).
^{13}C{^{1}H}-NMR:	(151 MHz, CDCl$_3$) δ ppm 149.2, 148.8, 148.4, 135.4, 133.8, 133.0, 132.8, 132.1, 129.1, 124.6, 123.3.
MS:	EI, 70 eV: m/z (%) = 200 (100) [M$^+$], 183 (21), 169 (23), 155 (39), 127 (84), 115 (54), 77 (44).
CHN-Analyse:	ber. für $C_{11}H_8N_2O_2$: C = 66.00 % H = 4.03 % N = 13.99 %
	gef.: C = 66.62 % H = 3.68 % N = 13.47 %

2-(3'-Methyl-2'-nitrophenyl) naphthalin

Summenformel:	$C_{17}H_{13}NO_2$
CAS-Nummer:	1218993-01-1
Molare Masse:	263.30 g/mol
Stoffeigenschaften:	gelber Feststoff, Schmelzpunkt: 90-91 °C
^{1}H-NMR:	(400 MHz, CDCl$_3$) δ ppm 7.86 - 7.94 (m, 4 H) 7.50 - 7.58 (m, 3 H) 7.34 - 7.45 (m, 2 H) 7.30 (d, J=7.2 Hz, 1 H) 2.44 (s, 3 H).
^{13}C{^{1}H}-NMR:	(101 MHz, CDCl$_3$) δ ppm 151.0, 134.2, 134.1, 133.2, 132.9, 130.2, 129.9, 129.6, 128.8, 128.4, 128.1, 127.6, 127.3, 126.5, 126.4, 125.7, 17.3.
MS:	EI, 70 eV: m/z (%) = 263 (100) [M$^+$], 247 (27), 235 (40), 219 (58), 203 (31), 190 (20), 105 (23), 63 (12), 50 (14).
CHN-Analyse:	ber. für $C_{17}H_{13}NO_2$: C = 77.55 % H = 4.98 % N = 5.32 %
	gef.: C = 77.55 % H = 5.16 % N = 5.15 %

2-(5'-Methyl-2'-nitrophenyl) naphthalin

Summenformel:	$C_{17}H_{13}NO_2$
CAS-Nummer:	1218992-99-4
Molare Masse:	263.30 g/mol
Stoffeigenschaften:	gelber Feststoff, Schmelzpunkt: 108-110 °C

^{1}H-NMR: (400 MHz, CDCl$_3$) δ ppm 7.84 - 7.90 (m, 4 H) 7.82 (s, 1 H) 7.53 (dd, J=6.2, 3.2 Hz, 2 H) 7.42 (dd, J=8.4, 1.6 Hz, 1 H) 7.31 (s, 1 H) 7.27 (s, 1 H) 2.45 (s, 3 H).

^{13}C{^{1}H}-NMR: (101 MHz, CDCl$_3$) δ ppm 146.9, 143.4, 136.5, 135.4, 133.2, 132.8, 132.7, 128.6, 128.0, 127.6, 126.8, 126.4, 126.3, 125.8, 124.3, 21.2.

MS: EI, 70 eV: m/z (%) = 263 (100) [M$^+$], 247 (70), 235 (39), 219 (68), 203 (30), 189 (19), 133 (28), 104 (13), 63 (13), 50 (14).

CHN-Analyse: ber. für $C_{17}H_{13}NO_2$: C = 77.55 % H = 4.98 % N = 5.32 %
gef.: C = 77.84 % H = 4.99 % N = 5.28 %

2-(5'-Methoxy-2'-nitrophenyl) naphthalin

Summenformel:	$C_{17}H_{13}NO_3$
CAS-Nummer:	1218993-02-2
Molare Masse:	279.30 g/mol
Stoffeigenschaften:	gelber Feststoff, Schmelzpunkt: 60-61 °C

^{1}H-NMR: (400 MHz, CDCl$_3$) δ ppm 8.00 - 8.07 (m, 1 H) 7.87 (t, J=7.2 Hz, 3 H) 7.80 (s, 1 H) 7.48 - 7.55 (m, J=6.4, 3.5, 3.3, 3.3 Hz, 2 H) 7.39 (dd, J=8.4, 1.6 Hz, 1 H) 6.92 - 6.97 (m, 2 H) 3.88 (s, 3 H).

^{13}C{^{1}H}-NMR: (101 MHz, CDCl$_3$) δ ppm 162.5, 142.1, 139.5, 135.8, 133.3, 132.8, 128.1, 128.0, 127.7, 127.0, 126.6, 126.4, 125.9, 117.3, 113.1, 55.9.

MS: EI, 70 eV: m/z (%) = 279 (100) [M$^+$], 263 (87), 251 (28), 235 (31), 220 (30), 209 (32), 190 (28), 115 (28).

CHN-Analyse: ber. für $C_{17}H_{13}NO_3$: C = 73.11 % H = 4.69 % N = 5.02 %
gef.: C = 72.40 % H = 4.85 % N = 5.00 %

2-(Naphth-2-yl)thiophen

Summenformel:	$C_{14}H_{10}S$
CAS-Nummer:	16939-09-6
Molare Masse:	210.30 g/mol
Stoffeigenschaften:	weißer Feststoff, Schmelzpunkt: 104-105 °C
^{1}H-NMR:	(400 MHz, CDCl$_3$) δ ppm 8.12 (s, 1 H) 7.85 - 7.92 (m, 3 H) 7.78 - 7.83 (m, 1 H) 7.50 - 7.56 (m, J=7.2, 7.2, 7.1, 1.4 Hz, 2 H) 7.47 - 7.50 (m, 1 H) 7.35 - 7.38 (m, 1 H) 7.17 (dd, J=5.1, 3.7 Hz, 1 H).
^{13}C{^{1}H}-NMR:	(101 MHz, CDCl$_3$) δ ppm 144.5, 133.7, 132.8, 131.8, 128.5, 128.1, 128.0, 127.7, 126.5, 125.9, 125.0, 124.4, 124.2, 123.5.
MS:	EI, 70 eV: m/z (%) = 210 (100) [M$^+$], 179 (2), 165 (3), 150 (2), 139 (2), 115 (2), 74 (2), 45 (4).
CHN-Analyse:	ber. für $C_{14}H_{10}S$: C = 79.96 % H = 4.79 % S = 15.25 %
	gef.: C = 80.40 % H = 4.85 % S = 15.66 %

2-(Naphth-2-yl)furan

Summenformel:	$C_{14}H_{10}O$
CAS-Nummer:	51792-33-7
Molare Masse:	194.24 g/mol
Stoffeigenschaften:	weißer Feststoff, Schmelzpunkt: 72-73 °C
^{1}H-NMR:	(400 MHz, CDCl$_3$) δ ppm 8.17 (s, 1 H) 7.78 - 7.89 (m, 4 H) 7.44 - 7.55 (m, 3 H) 6.79 (d, J=3.3 Hz, 1 H) 6.54 (dd, J=3.1, 1.8 Hz, 1 H).
^{13}C{^{1}H}-NMR:	(101 MHz, CDCl$_3$) δ ppm 154.1, 142.3, 133.6, 132.7, 128.3, 128.3, 128.2, 127.7, 126.4, 125.9, 122.4, 122.2, 111.8, 105.6.
MS:	EI, 70 eV: m/z (%) = 194 (100) [M$^+$], 165 (88), 139 (8), 115 (7), 97 (7), 82 (7), 63 (3).
CHN-Analyse:	ber. für $C_{14}H_{10}O$: C = 86.57 % H = 5.19 % N = 0 %
	gef.: C = 86.50 % H = 5.33 % N = 0 %

2-(2'-Fluorphenyl)naphthalin

Summenformel:	$C_{16}H_{11}F$
CAS-Nummer:	22082-95-7
Molare Masse:	222.26 g/mol
Stoffeigenschaften:	weißer Feststoff, Schmelzpunkt: 79-80 °C
^{1}H-NMR:	(400 MHz, CDCl$_3$) δ ppm 8.12 (s, 1 H) 7.94 - 8.02 (m, 3 H) 7.79 (d, J=8.6 Hz, 1 H) 7.64 (td, J=7.7, 1.6 Hz, 1 H) 7.60 (dd, J=6.2, 3.2 Hz, 2 H) 7.40 - 7.46 (m, J=7.6, 7.6, 5.4, 1.8 Hz, 1 H) 7.26 - 7.35 (m, 2 H).
^{13}C{^{1}H}-NMR:	(101 MHz, CDCl$_3$) δ ppm 160.0 (d, J_{CF}=247.8 Hz), 133.3 (d, J_{CF}=12.2 Hz), 132.7, 131.0 (d, J_{CF}=3.7 Hz), 129.0 (d, J_{CF}=8.3 Hz), 128.2, 128.1 (d, J_{CF}=2.8 Hz) 127.9, 127.6, 127.0 (d, J_{CF}=3.7 Hz), 126.2, 124.4 (d, J_{CF}=3.7 Hz), 116.1 (d, J_{CF}=22.2 Hz).
MS:	EI, 70 eV: m/z (%) = 222 (100) [M$^+$], 203 (5), 111 (4), 101 (4), 75 (4), 63 (4), 56 (6).
CHN-Analyse:	ber. für $C_{16}H_{11}F$: C = 86.46 % H = 4.99 % N = 0 %
	gef.: C = 86.30 % H = 5.15 % N = 0 %

3-(Naphth-2-yl)pyridin

Summenformel:	$C_{15}H_{11}N$
CAS-Nummer:	92497-48-8
Molare Masse:	205.26 g/mol
Stoffeigenschaften:	weißer Feststoff, Schmelzpunkt: 92-93 °C
^{1}H-NMR:	(400 MHz, CDCl$_3$) δ ppm 8.99 (s, 1 H) 8.63 (s, 1 H) 7.99 - 8.05 (m, 2 H) 7.86 - 7.97 (m, 3 H) 7.71 (dd, J=8.6, 1.8 Hz, 1 H) 7.47 - 7.56 (m, 2 H) 7.41 (dd, J=7.5, 5.0 Hz, 1 H).
^{13}C{^{1}H}-NMR:	(101 MHz, CDCl$_3$) δ ppm 148.4, 148.3, 136.7, 135.1, 134.7, 133.6, 132.9, 128.9, 128.2, 127.7, 126.6, 126.5, 126.2, 125.0, 123.7.
MS:	EI, 70 eV: m/z (%) = 205 (100) [M$^+$], 176 (12), 151 (7), 126 (3), 102 (6), 88 (6), 76 (9).
CHN-Analyse:	ber. für $C_{15}H_{11}N$: C = 87.77 % H = 5.40 % N = 6.82 %
	gef.: C = 87.66 % H = 5.65 % N = 6.77 %

2-(4'-Nitrophenyl)naphthalin

Summenformel:	$C_{16}H_{11}NO_2$
CAS-Nummer:	2765-24-4
Molare Masse:	249.27 g/mol
Stoffeigenschaften:	gelber Feststoff, Schmelzpunkt: 161-163 °C
^{1}H-NMR:	(600 MHz, CDCl$_3$) δ ppm 8.33 (ddd, J=9.1, 2.3, 2.2 Hz, 2 H) 8.09 (d, J=1.3 Hz, 1 H) 7.96 (d, J=8.7 Hz, 1 H) 7.88 - 7.94 (m, 2 H) 7.84 - 7.87 (m, 2 H) 7.73 (dd, J=8.4, 1.8 Hz, 1 H) 7.53 - 7.57 (m, 2 H).
^{13}C{^{1}H}-NMR:	(151 MHz, CDCl$_3$) δ ppm 147.5, 147.0, 136.0, 133.4, 133.2, 129.0, 128.4, 128.0, 127.7, 126.9, 126.8, 124.9, 124.1.
MS:	EI, 70 eV: m/z (%) = 249 (95) [M$^+$], 219 (17), 203 (100), 192 (32), 102 (13), 74 (12), 50 (18).
CHN-Analyse:	ber. für $C_{16}H_{11}F$: C = 77.10 % H = 4.45 % N = 5.62 %
	gef.: C = 76.90 % H = 4.23 % N = 5.22 %

2-(3'-Cyanophenyl)naphthalin

Summenformel:	$C_{17}H_{11}N$
CAS-Nummer:	1218993-00-0
Molare Masse:	229.28 g/mol
Stoffeigenschaften:	weißer Feststoff, Schmelzpunkt: 123-125 °C
^{1}H-NMR:	(400 MHz, CDCl$_3$) δ ppm 8.00 (s, 1 H) 7.97 (s, 1 H) 7.86 - 7.95 (m, 4 H) 7.62 - 7.68 (m, 2 H) 7.55 - 7.58 (m, 1 H) 7.51 - 7.55 (m, 2 H).
^{13}C{^{1}H}-NMR:	(101 MHz, CDCl$_3$) δ ppm 142.3, 136.1, 133.5, 133.0, 131.6, 130.8, 130.6, 129.6, 128.9, 128.3, 127.7, 126.7, 126.6, 126.2, 124.8, 118.8, 113.1.
MS:	EI, 70 eV: m/z (%) = 229 (100) [M$^+$], 201 (6), 176 (1), 150 (1), 114 (3), 101 (3), 75 (1).
CHN-Analyse:	ber. für $C_{17}H_{11}N$: C = 89.06 % H = 4.84 % N = 6.11 %
	gef.: C = 89.29 % H = 5.13 % N = 6.42 %

2-(4'-Cyanophenyl)naphthalin

Summenformel:	$C_{17}H_{11}N$
CAS-Nummer:	93328-79-1
Molare Masse:	229.28 g/mol
Stoffeigenschaften:	weißer Feststoff, Schmelzpunkt: 127-129 °C
^{1}H-NMR:	(600 MHz, CDCl$_3$) δ ppm 8.05 (s, 1 H) 7.95 (d, J=8.7 Hz, 1 H) 7.91 (dd, J=9.1, 4.2 Hz, 1 H) 7.88 (d, J=9.0 Hz, 1 H) 7.78 - 7.81 (m, 2 H) 7.74 - 7.76 (m, 2 H) 7.70 (dd, J=8.4, 1.8 Hz, 1 H) 7.52 - 7.56 (m, 2 H).
^{13}C{^{1}H}-NMR:	(151 MHz, CDCl$_3$) δ ppm 145.5, 136.3, 134.1, 133.4, 133.1, 132.6, 129.1, 128.9, 128.3, 127.9, 127.7, 126.7, 126.7, 126.5, 124.8, 118.9, 110.8.
MS:	EI, 70 eV: m/z (%) = 229 (100) [M$^+$], 201 (7), 176 (1), 114 (5), 101 (6), 88 (3), 75 (2).
CHN-Analyse:	ber. für $C_{17}H_{11}N$: C = 89.06 % H = 4.84 % N = 6.11 %
	gef.: C = 89.34 % H = 5.31 % N = 6.14 %

2-(4'-Trifluormethylphenyl)naphthalin

Summenformel:	$C_{17}H_{12}F_3$
CAS-Nummer:	460743-71-9
Molare Masse:	272.27 g/mol
Stoffeigenschaften:	weißer Feststoff, Schmelzpunkt: 131-132 °C
^{1}H-NMR:	(400 MHz, CDCl$_3$) δ ppm 8.06 (s, 1 H) 7.88 - 7.97 (m, 3 H) 7.78 - 7.84 (m, 2 H) 7.71 - 7.77 (m, 3 H) 7.51 - 7.59 (m, 2 H).
^{13}C{^{1}H}-NMR:	(101 MHz, CDCl$_3$) δ ppm 144.6, 137.0, 133.6, 133.0, 129.4 (d, J_{CF}=32.4 Hz), 128.7, 128.3, 127.7, 127.6, 126.6, 126.5, 126.3, 125.8 (d, J_{CF}=3.7 Hz), 125.2, 124.4 (d, J_{CF}=271.9 Hz).
MS:	EI, 70 eV: m/z (%) = 272 (100) [M$^+$], 251 (6), 220 (2), 202 (30), 176 (2), 136 (4), 101 (4).
CHN-Analyse:	ber. für $C_{17}H_{12}F_3$: C = 74.72 % H = 4.43 % N = 0 %
	gef.: C = 74.49 % H = 5.01 % N = 0 %

2-(3'-Methoxyphenyl)naphthalin

Summenformel:	$C_{17}H_{14}O$
CAS-Nummer:	33104-31-3
Molare Masse:	234.30 g/mol
Stoffeigenschaften:	farbloses Öl

^{1}H-NMR: (600 MHz, CDCl$_3$) δ ppm 7.99 (s, 1 H) 7.86 - 7.91 (m, 3 H) 7.72 (dd, J=8.6, 1.7 Hz, 1 H) 7.47 - 7.52 (m, 2 H) 7.45 (dd, J=7.4, 1.8 Hz, 1 H) 7.36 - 7.40 (m, 1 H) 7.08 - 7.12 (m, 1 H) 7.04 (d, J=8.2 Hz, 1 H) 3.85 (s, 3 H).

^{13}C{^{1}H}-NMR: (151 MHz, CDCl$_3$) δ ppm 156.6, 136.2, 133.4, 132.4, 131.1, 130.7, 128.7, 128.1, 128.1, 127.6, 127.1, 125.9, 125.7, 120.9, 111.3, 55.6.

CHN-Analyse: ber. für $C_{17}H_{14}O$: C = 87.15 % H = 6.02 % N = 0 %
 gef.: C = 87.29 % H = 6.13 % N = 0 %

4'-Chlor-2,6-dimethoxybiphenyl

Summenformel:	$C_{14}H_{13}ClO_2$
CAS-Nummer:	938764-37-5
Molare Masse:	248.71 g/mol
Stoffeigenschaften:	weißer Feststoff, Schmelzpunkt: 125-126 °C

^{1}H-NMR: (600 MHz, CDCl$_3$) δ ppm 7.34 (s, 2 H) 7.27 (s, 3 H) 6.63 (s, 2 H) 3.70 (s, 6 H).

^{13}C{^{1}H}-NMR: (151 MHz, CDCl$_3$) δ ppm 157.4, 132.5, 132.4, 132.3, 128.9, 127.8, 104.0, 55.8.

MS: EI, 70 eV: m/z (%) = 249 (100) [M$^+$], 233 (4), 199 (5), 184 (8), 162 (3), 139 (4), 127 (5).

CHN-Analyse: ber. für $C_{14}H_{13}ClO_2$: C = 67.61 % H = 5.27 % N = 0 %
 gef.: C = 67.44 % H = 5.13 % N = 0 %

4'-Chlor-5-methoxy-2-nitrobiphenyl

Summenformel:	$C_{13}H_{10}ClNO_3$
CAS-Nummer:	911217-07-7
Molare Masse:	263.68 g/mol
Stoffeigenschaften:	blass gelber Feststoff, Schmelzpunkt: 95-97 °C
^{1}H-NMR:	(600 MHz, CDCl$_3$) δ ppm 7.99 (d, J=9.0 Hz, 1 H) 7.38 (d, J=8.2 Hz, 2 H) 7.22 (d, J=8.4 Hz, 2 H) 6.94 - 6.96 (m, 1 H) 6.80 (d, J=2.8 Hz, 1 H) 3.89 (s, 3 H).
^{13}C{^{1}H}-NMR:	(151 MHz, CDCl$_3$) δ ppm 162.5, 141.6, 138.3, 136.6, 134.2, 129.1, 128.7, 127.2, 117.0, 113.2, 56.0.
MS:	EI, 70 eV: m/z (%) = 263 (100) [M$^+$], 229 (92), 201 (51), 184 (45), 173 (74), 140 (77), 63 (24).
CHN-Analyse:	ber. für $C_{13}H_{10}ClNO_3$: C = 59.22 % H = 3.82 % N = 5.31 %
	gef.: C = 59.66 % H = 3.45 % N = 5.02 %

2,4',6-Trichlorbiphenyl

Summenformel:	$C_{12}H_9Cl_3$
CAS-Nummer:	38444-77-8
Molare Masse:	257.55 g/mol
Stoffeigenschaften:	farbloses Öl
^{1}H-NMR:	(400 MHz, CDCl$_3$) δ ppm 7.45 (d, J=8.5 Hz, 2 H) 7.41 (d, J=8.2 Hz, 2 H) 7.23 - 7.27 (m, 1 H) 7.20 - 7.23 (m, 2 H).
^{13}C{^{1}H}-NMR:	(101 MHz, CDCl$_3$) δ ppm 138.4, 135.3, 134.9, 134.2, 131.0, 129.3, 128.5, 128.1.
MS:	EI, 70 eV: m/z (%) = 257 (79) [M$^+$], 223 (100), 187 (32), 153 (41), 94 (8), 75 (13), 50 (11).
CHN-Analyse:	ber. für $C_{12}H_9Cl_3$: C = 55.53 % H = 3.49 % N = 0 %
	gef.: C = 55.68 % H = 3.33 % N = 0 %

4'-Chlor-3-methyl-2-nitrobiphenyl

Summenformel:	$C_{13}H_{10}ClNO_2$
CAS-Nummer:	911217-06-6
Molare Masse:	247.68 g/mol
Stoffeigenschaften:	gelbes Öl
^{1}H-NMR:	(600 MHz, CDCl$_3$) δ ppm 7.41 (t, J=7.7 Hz, 1 H) 7.35 - 7.38 (m, 2 H) 7.30 (d, J=7.2 Hz, 1 H) 7.27 - 7.29 (m, 2 H) 7.22 (d, J=7.2 Hz, 1 H) 2.37 (s, 3 H).
^{13}C{^{1}H}-NMR:	(151 MHz, CDCl$_3$) δ ppm 150.6, 135.0, 134.5, 132.9, 130.5, 130.0, 129.7, 129.3, 128.8, 128.4, 17.3.
MS:	EI, 70 eV: m/z (%) = 247 (100) [M$^+$], 230 (50), 203 (34), 185 (53), 166 (75), 156 (60), 139 (24).
CHN-Analyse:	ber. für $C_{13}H_{10}ClNO_2$: C = 63.04 % H = 4.07 % N = 5.66 %
	gef.: C = 63.13 % H = 4.25 % N = 5.44 %

4'-Chlor-5-fluor-2-nitrobiphenyl

Summenformel:	$C_{12}H_7ClFNO_2$
CAS-Nummer:	1227469-86-4
Molare Masse:	251.65 g/mol
Stoffeigenschaften:	gelber Feststoff, Schmelzpunkt 87-88 °C
^{1}H-NMR:	(600 MHz, CDCl$_3$) δ ppm 7.96 (dd, J=9.0, 5.1 Hz, 1 H) 7.40 (ddd, J=8.7, 2.4, 2.2 Hz, 2 H) 7.23 (ddd, J=8.8, 2.6, 2.2 Hz, 2 H) 7.18 (ddd, J=9.1, 7.3, 2.8 Hz, 1 H) 7.09 (dd, J=8.7, 2.8 Hz, 1 H).
^{13}C{^{1}H}-NMR:	(151 MHz, CDCl$_3$) δ ppm 163.9 (d, J_{CF}=256.6 Hz), 144.9, 138.4 (d, J_{CF}=9.7 Hz), 134.9 (d, J_{CF}=11.1 Hz), 129.0 (d, J_{CF}=4.2 Hz), 127.6, 127.1 (d, J_{CF}=9.7 Hz), 118.8 (d, J_{CF}=23.6 Hz), 115.4 (d, J_{CF}=23.6 Hz).
MS:	EI, 70 eV: m/z (%) = 278 (81) [M$^+$], 223 (58), 216 (99), 189 (62), 171 (85), 161 (100), 133 (59).
CHN-Analyse:	ber. für $C_{12}H_7ClFNO_2$: C = 57.28 % H = 2.80 % N = 5.57 %
	gef.: C = 57.44 % H = 2.91 % N = 5.52 %

4'-Chlor-6-methyl-2-nitrobiphenyl

Summenformel:	$C_{13}H_{10}ClNO_2$
CAS-Nummer:	370070-36-3
Molare Masse:	247.68 g/mol
Stoffeigenschaften:	gelbes Öl
^{1}H-NMR:	(600 MHz, CDCl$_3$) δ ppm 7.68 (d, J=8.2 Hz, 1 H) 7.49 (d, J=7.4 Hz, 1 H) 7.38 - 7.41 (m, 3 H) 7.13 (d, J=8.4 Hz, 2 H) 2.13 (s, 3 H).
^{13}C{^{1}H}-NMR:	(151 MHz, CDCl$_3$) δ ppm 150.1, 139.0, 134.4, 133.9, 133.9, 129.7, 128.7, 128.3, 128.1, 121.1, 20.5.
MS:	EI, 70 eV: m/z (%) = 247 (100) [M$^+$], 231 (26), 213 (44), 185 (46), 166 (69), 157 (46), 129 (20).
CHN-Analyse:	ber. für $C_{13}H_{10}ClNO_2$: C = 63.04 % H = 4.07 % N = 5.66 %
	gef.: C = 62.67 % H = 4.13 % N = 6.01 %

4'-Chlor-5-methyl-2-nitrobiphenyl

Summenformel:	$C_{13}H_{10}ClNO_2$
CAS-Nummer:	70690-00-5
Molare Masse:	247.68 g/mol
Stoffeigenschaften:	gelbes Öl
^{1}H-NMR:	(600 MHz, CDCl$_3$) δ ppm 7.81 (d, J=8.2 Hz, 1 H) 7.37 (d, J=8.2 Hz, 2 H) 7.28 (d, J=8.2 Hz, 1 H) 7.22 (d, J=8.2 Hz, 2 H) 7.18 (s, 1 H) 2.45 (s, 3 H).
^{13}C{^{1}H}-NMR:	(151 MHz, CDCl$_3$) δ ppm 146.5, 143.6, 136.3, 135.2, 134.0, 132.4, 129.2, 128.9, 128.6, 124.4, 21.3.
MS:	EI, 70 eV: m/z (%) = 247 (84) [M$^+$], 213 (100), 185 (62), 166 (74), 157 (82), 129 (34), 63 (24).
CHN-Analyse:	ber. für $C_{13}H_{10}ClNO_2$: C = 63.04 % H = 4.07 % N = 5.66 %
	gef.: C = 63.22 % H = 3.98 % N = 5.22 %

2-(4'-Chlorphenyl)-3-methylthiophen

Summenformel:	$C_{11}H_9ClS$
CAS-Nummer:	76099-87-1
Molare Masse:	208.71 g/mol
Stoffeigenschaften:	farbloses Öl
^{1}H-NMR:	(600 MHz, CDCl$_3$) δ ppm 7.38 - 7.43 (m, 4 H) 7.23 (d, J=5.1 Hz, 1 H) 6.94 (d, J=5.1 Hz, 1 H) 2.33 (s, 3 H).
^{13}C{^{1}H}-NMR:	(151 MHz, CDCl$_3$) δ ppm 136.4, 133.5, 133.2, 133.0, 131.1, 130.1, 128.6, 123.6, 14.8.
MS:	EI, 70 eV: m/z (%) = 208 (100) [M$^+$], 173 (63), 129 (24), 115 (7), 97 (16), 75 (11), 45 (33).
CHN-Analyse:	ber. für $C_{11}H_9ClS$: C = 63.30 % H = 4.35 % S = 15.36 %
	gef.: C = 63.40 % H = 4.13 % S = 15.12 %

5-(4'-Chlorphenyl)-1-methyl-*1H*-pyrazol

Summenformel:	$C_{10}H_9ClN_2$
CAS-Nummer:	73387-54-9
Molare Masse:	192.65 g/mol
Stoffeigenschaften:	gelbes Öl
^{1}H-NMR:	(400 MHz, CDCl$_3$) δ ppm 7.49 (d, J=1.7 Hz, 1 H) 7.41 (d, J=8.6 Hz, 2 H) 7.31 - 7.36 (m, 2 H) 6.27 (d, J=1.7 Hz, 1 H) 3.85 (s, 3 H).
^{13}C{^{1}H}-NMR:	(101 MHz, CDCl$_3$) δ ppm 142.2, 138.5, 134.5, 131.3, 129.9, 128.8, 106.1, 37.4.
MS:	EI, 70 eV: m/z (%) = 193 (100) [M$^+$], 156 (32), 130 (34), 114 (27), 102 (21), 75 (29), 50 (22).
CHN-Analyse:	ber. für $C_{10}H_9ClN_2$: C = 62.35 % H = 4.71 % N = 14.54 %
	gef.: C = 62.11 % H = 4.88 % N = 14.66 %

5-(4'-Chlorphenyl)-4-methyl-1,3-oxazol

Summenformel:	$C_{10}H_8ClNO$
CAS-Nummer:	65185-00-4
Molare Masse:	193.63 g/mol
Stoffeigenschaften:	blass gelber Feststoff, Schmelzpunkt: 37-39 °C
^{1}H-NMR:	(400 MHz, CDCl$_3$) δ ppm 7.80 (s, 1 H) 7.50 (d, J=8.6 Hz, 2 H) 7.37 (d, J=8.6 Hz, 2 H) 2.40 (s, 3 H).
^{13}C{^{1}H}-NMR:	(101 MHz, CDCl$_3$) δ ppm 149.0, 133.5, 131.6, 128.9, 128.7, 127.3, 126.5, 13.2.
MS:	EI, 70 eV: m/z (%) = 193 (100) [M$^+$], 164 (56), 130 (32), 124 (31), 103 (33), 89 (55), 75 (35).
CHN-Analyse:	ber. für $C_{10}H_8ClNO$: C = 62.03 % H = 4.16 % N = 7.23 %
	gef.: C = 62.25 % H = 4.01 % N = 6.92 %

5-(4'-Chlorphenyl)-2,4-dimethyl-1,3-thiazol

Summenformel:	$C_{11}H_{10}ClNS$
CAS-Nummer:	1227469-87-5
Molare Masse:	223.73 g/mol
Stoffeigenschaften:	gelber Feststoff, Schmelzpunkt: 59-61 °C
^{1}H-NMR:	(400 MHz, CDCl$_3$) δ ppm 7.32 - 7.36 (m, 2 H) 7.28 - 7.31 (m, 2 H) 2.65 (s, 3 H) 2.40 (s, 3 H).
^{13}C{^{1}H}-NMR:	(101 MHz, CDCl$_3$) δ ppm 163.5, 147.3, 133.5, 130.7, 130.2, 130.0, 128.7, 19.0, 15.9.
MS:	EI, 70 eV: m/z (%) = 223 (100) [M$^+$], 182 (54), 147 (27), 138 (8), 115 (4), 103 (11), 69 (9), 42 (10).
CHN-Analyse:	ber. für $C_{11}H_{10}ClNS$: C = 59.06 % H = 4.51 % N = 6.26 %
	gef.: C = 58.90 % H = 4.43 % N = 6.19 %

5-(4'-Tolyl)-4-methyl-1,3-oxazol

Summenformel:	$C_{11}H_{11}NO$
CAS-Nummer:	1227469-88-6
Molare Masse:	173.22 g/mol
Stoffeigenschaften:	farbloses Öl
^{1}H-NMR:	(400 MHz, CDCl$_3$) δ ppm 7.76 (s, 1 H) 7.46 (d, J=8.1 Hz, 2 H) 7.20 (d, J=8.1 Hz, 2 H) 2.39 (s, 3 H) 2.34 (s, 3 H).
^{13}C{^{1}H}-NMR:	(101 MHz, CDCl$_3$) δ ppm 148.5, 145.6, 137.5, 130.4, 129.3, 128.6, 126.0, 125.2, 21.1, 13.0.
MS:	EI, 70 eV): m/z (%) = 173 (100) [M$^+$], 144 (63), 115 (14), 104 (25), 91 (21), 78 (22), 65 (13), 51 (8).
CHN-Analyse:	ber. für $C_{11}H_{11}NO$: C = 76.28 % H = 6.40 % N = 8.09 %
	gef.: C = 76.51 % H = 6.22 % N = 7.93 %

5-(4'-Tolyl)-2,4-dimethyl-1,3-thiazol

Summenformel:	$C_{11}H_{10}ClNS$
CAS-Nummer:	1227469-89-7
Molare Masse:	203.31 g/mol
Stoffeigenschaften:	farbloses Öl
^{1}H-NMR:	(400 MHz, CDCl$_3$) δ ppm 7.27 (s, 2 H) 7.14 - 7.21 (m, 2 H) 2.62 - 2.67 (m, 3 H) 2.40 - 2.46 (m, 3 H) 2.34 (s, 3 H).
^{13}C{^{1}H}-NMR:	(101 MHz, CDCl$_3$) δ ppm 162.6, 146.5, 137.2, 131.2, 129.1, 128.9, 128.8, 21.0, 18.9, 15.8.
MS:	EI, 70 eV: m/z (%) = 203 (100) [M$^+$], 162 (52), 147 (13), 129 (17), 117 (12), 103 (4), 91 (11), 69 (5), 42 (11).
CHN-Analyse:	ber. für $C_{11}H_{10}ClNS$: C = 70.89 % H = 6.45 % N = 6.89 %
	gef.: C = 70.04 % H = 6.21 % N = 7.72 %

3'-Chlor-2-nitrobiphenyl

Summenformel:	$C_{12}H_8ClNO_2$
CAS-Nummer:	951-22-4
Molare Masse:	233.66 g/mol
Stoffeigenschaften:	gelbes Öl

^{1}H-NMR: (400 MHz, CDCl$_3$) δ ppm 7.89 (dd, J=8.2, 1.4 Hz, 1 H) 7.63 (td, J=7.7, 1.4 Hz, 1 H) 7.51 (td, J=7.7, 1.5 Hz, 1 H) 7.41 (dd, J=7.7, 1.5 Hz, 1 H) 7.38 (dt, J=8.1, 1.7 Hz, 1 H) 7.35 (d, J=7.2 Hz, 1 H) 7.32 (t, J=1.7 Hz, 1 H) 7.17 (dt, J=7.2, 1.5 Hz, 1 H).

^{13}C{^{1}H}-NMR: (101 MHz, CDCl$_3$) δ ppm 149.1, 139.3, 135.1, 134.5, 132.4, 131.8, 129.8, 128.7, 128.4, 128.1, 126.2, 124.2.

MS: EI, 70 eV: m/z (%) =233 (2) [M$^+$], 205 (100), 198 (52), 170 (68), 152 (52), 139 (36), 115 (55), 75 (17).

CHN-Analyse: ber. für $C_{12}H_8ClNO_2$: C = 61.69 % H = 3.45 % N = 5.99 %
gef.: C = 61.92 % H = 3.25 % N = 5.93 %

2'-Chlor-2-nitrobiphenyl

Summenformel:	$C_{12}H_8ClNO_2$
CAS-Nummer:	950-94-7
Molare Masse:	233.66 g/mol
Stoffeigenschaften:	gelber Feststoff, Schmelzpunkt: 71-72 °C

^{1}H-NMR: (400 MHz, CDCl$_3$) δ ppm 8.05 (d, J=8.2 Hz, 1 H) 7.64 (t, J=7.5 Hz, 1 H) 7.52 (t, J=7.8 Hz, 1 H) 7.37 - 7.44 (m, 1 H) 7.28 - 7.34 (m, 3 H) 7.22 - 7.26 (m, 1 H).

^{13}C{^{1}H}-NMR: (101 MHz, CDCl$_3$) δ ppm 148.7, 137.1, 134.3, 132.8, 132.7, 132.3, 129.9, 129.3, 128.9, 126.8, 124.3.

MS: EI, 70 eV: m/z (%) = 198 (100) [M–Cl$^+$], 170 (10), 158 (23), 152 (11), 139 (13), 115 (16), 69 (9).

CHN-Analyse: ber. für $C_{12}H_8ClNO_2$: C = 61.69 % H = 3.45 % N = 5.99 %
gef.: C = 61.89 % H = 3.13 % N = 5.87 %

2-(4'-Tolyl)benzothiophen

Summenformel:	$C_{15}H_{12}S$
CAS-Nummer:	25664-47-5
Molare Masse:	224.33 g/mol
Stoffeigenschaften:	weißer Feststoff, Schmelzpunkt: 169-170 °C
^{1}H-NMR:	(400 MHz, CDCl$_3$) δ ppm 7.72 (d, *J*=7.8 Hz, 1 H) 7.66 (d, *J*=7.8 Hz, 1 H) 7.52 (d, *J*=8.2 Hz, 2 H) 7.39 - 7.43 (m, 1 H) 7.18 - 7.28 (m, 2 H) 7.14 (d, *J*=8.2 Hz, 2 H) 2.30 (s, 3 H).
^{13}C{^{1}H}-NMR:	(101 MHz, CDCl$_3$) δ ppm 144.4, 140.7, 139.3, 138.2, 131.5, 129.6, 126.3, 124.4, 124.1, 123.4, 122.2, 118.8, 21.2.
MS:	TOF, CI$^+$: m/z = 225.16 [M-H$^+$].
CHN-Analyse:	ber. für $C_{15}H_{12}S$: C = 80.31 % H = 5.39 % S = 14.29 %
	gef.: C = 80.01 % H = 5.89 % S = 13.89 %

4'-Methyl-5-fluor-2-nitrobiphenyl

Summenformel:	$C_{13}H_{10}FNO_2$
CAS-Nummer:	–
Molare Masse:	231.23 g/mol
Stoffeigenschaften:	gelber Feststoff, Schmelzpunkt: 59-61 °C
^{1}H-NMR:	(400 MHz, CDCl$_3$) δ ppm 7.94 (dd, *J*=8.9, 5.1 Hz, 1 H) 7.22 - 7.31 (m, 4 H) 7.14 - 7.21 (m, 2 H) 2.45 (s, 3 H).
^{13}C{^{1}H}-NMR:	(101 MHz, CDCl$_3$) δ ppm 163.8 (d, J_{CF}=255.2 Hz) 145.3, 139.5 (d, J_{CF}=9.3 Hz) 138.7, 133.5, 129.5, 127.5, 126.8 (d, J_{CF}=10.2 Hz) 118.7 (d, J_{CF}=24.0 Hz) 114.8 (d, J_{CF}=23.1 Hz) 21.2.
MS:	TOF, CI$^+$: m/z = 249 [M-NH$_4^+$].
CHN-Analyse:	ber. für $C_{13}H_{10}FNO_2$: C = 67.53 % H = 4.36 % N = 6.06 %
	gef.: C = 67.11 % H = 4.28 % N = 6.15 %

4'-Methyl-4,5-dimethoxy-2-nitrobiphenyl

Summenformel:	$C_{15}H_{15}NO_4$
CAS-Nummer:	–
Molare Masse:	273.29 g/mol
Stoffeigenschaften:	gelber Feststoff, Schmelzpunkt: 107-109 °C
^{1}H-NMR:	(400 MHz, CDCl$_3$) δ ppm 7.52 (s, 1 H) 7.16 - 7.24 (m, 4 H) 6.77 (s, 1 H) 3.97 (s, 3 H) 3.94 (s, 3 H) 2.40 (s, 3 H).
^{13}C{^{1}H}-NMR:	(101 MHz, CDCl$_3$) δ ppm 152.1, 147.8, 141.1, 137.7, 135.3, 131.3, 129.2, 127.8, 113.6, 107.7, 56.4, 56.4, 21.2.
MS:	TOF, CI$^+$: m/z = 291 [M-NH$_4^+$], 274 (M-H$^+$).
CHN-Analyse:	ber. für $C_{15}H_{15}NO_4$: C = 65.92 % H = 5.53 % N = 5.13 %
	gef.: C = 66.23 % H = 5.73 % N = 5.21 %

4'-Methyl-2,3,4,5,6-pentafluorbiphenyl

Summenformel:	$C_{13}H_7F_5$
CAS-Nummer:	14621-04-6
Molare Masse:	258.19 g/mol
Stoffeigenschaften:	weißer Feststoff, Schmelzpunkt: 117-118 °C
^{1}H-NMR:	(400 MHz, CDCl$_3$) δ ppm 7.30 (s, 4 H) 2.41 (s, 3 H).
^{13}C{^{1}H}-NMR:	(101 MHz, CDCl$_3$) δ ppm 139.4, 130.0, 129.4, 128.7, 123.3, 21.3.
MS:	TOF, CI$^+$: m/z = 258.04 [M$^+$]
CHN-Analyse:	ber. für $C_{13}H_7F_5$: C = 60.48 % H = 2.73 % N = 0 %
	gef.: C = 60.28 % H = 2.90 % N = 0 %

4'-Methyl-2-methylsulfonylbiphenyl

Summenformel:	$C_{14}H_{14}O_2S$
CAS-Nummer:	632339-04-9
Molare Masse:	246.33 g/mol
Stoffeigenschaften:	weißer Feststoff, Schmelzpunkt: 128-130 °C
^{1}H-NMR:	(400 MHz, CDCl$_3$) δ ppm 8.21 (dd, J=8.0, 1.4 Hz, 1 H) 7.62 (td, J=7.6, 1.4 Hz, 1 H) 7.50 - 7.55 (m, 1 H) 7.33 - 7.37 (m, 3 H) 7.23 (s, 2 H) 2.61 (s, 3 H) 2.41 (s, 3 H).
^{13}C{^{1}H}-NMR:	(101 MHz, CDCl$_3$) δ ppm 141.4, 139.2, 138.2, 135.3, 132.9, 132.6, 129.8, 128.5, 128.1, 127.6, 43.3, 21.3.
MS:	TOF, CI$^+$: m/z = 264.10 [M-NH$_4^+$], 247.08 [M-H$^+$].
CHN-Analyse:	ber. für $C_{14}H_{14}O_2S$: C = 68.26 % H = 5.73 % N = 0 %
	gef.: C = 68.47 % H = 5.61 % N = 0 %

2-(4'-Tolyl)benzofuran

Summenformel:	$C_{15}H_{12}O$
CAS-Nummer:	25664-48-6
Molare Masse:	208.26 g/mol
Stoffeigenschaften:	weißer Feststoff, Schmelzpunkt: 125-126 °C
^{1}H-NMR:	(400 MHz, CDCl$_3$) δ ppm 7.85 (d, J=7.8 Hz, 2 H) 7.63 (dd, J=19.6, 7.4 Hz, 2 H) 7.34 (td, J=12.9, 7.4 Hz, 4 H) 7.05 (s, 1 H) 2.49 (s, 3 H).
^{13}C{^{1}H}-NMR:	(101 MHz, CDCl$_3$) δ ppm 156.1, 154.7, 138.5, 129.4, 129.3, 127.7, 124.8, 124.0, 122.8, 120.7, 111.1, 100.5, 21.4.
MS:	TOF, CI$^+$: m/z = 209.16 [M$^+$].
CHN-Analyse:	ber. für $C_{15}H_{12}O$: C = 86.51 % H = 5.81 % N = 0 %
	gef.: C = 85.94 % H = 6.03 % N = 0 %

2-(4'-Tolyl)-3-methylbenzofuran

Summenformel:	$C_{16}H_{14}O$
CAS-Nummer:	204908-14-5
Molare Masse:	222.29 g/mol
Stoffeigenschaften:	weißer Feststoff, Schmelzpunkt: 60-72 °C
¹H-NMR:	(400 MHz, $CDCl_3$) δ ppm 7.63 (d, J=8.2 Hz, 2 H) 7.43 (dd, J=16.0, 7.0 Hz, 2 H) 7.15 - 7.25 (m, 4 H) 2.38 (s, 3 H) 2.33 (s, 3 H).
¹³C{¹H}-NMR:	(101 MHz, $CDCl_3$) δ ppm 153.7, 150.9, 137.8, 131.2, 129.3, 128.6, 126.6, 124.0, 122.2, 119.1, 110.8, 110.5, 21.3, 9.4.
MS:	TOF, Cl^+: m/z = 223.16 [M^+].
CHN-Analyse:	ber. für $C_{16}H_{14}O$: C = 86.45 % H = 6.35 % N = 0 %
	gef.: C = 86.71 % H = 6.20 % N = 0 %

4'-Methyl-5-methoxy-2-nitrobiphenyl

Summenformel:	$C_{14}H_{13}NO_3$
CAS-Nummer:	1071850-24-2
Molare Masse:	243.26 g/mol
Stoffeigenschaften:	gelbes Öl
¹H-NMR:	(400 MHz, $CDCl_3$) δ ppm 7.99 (d, J=9.2 Hz, 1 H) 7.23 - 7.30 (m, 4 H) 6.96 (dd, J=8.9, 2.9 Hz, 1 H) 6.88 (d, J=2.9 Hz, 1 H) 3.93 (s, 3 H) 2.45 (s, 3 H).
¹³C{¹H}-NMR:	(101 MHz, $CDCl_3$) δ ppm 162.4, 138.0, 135.2, 129.3, 127.7, 126.9, 117.0, 112.9, 55.9, 21.2.
MS:	TOF, Cl^+: m/z = 261.18 [$M-NH_4^+$], 243.17 [M^+]
CHN-Analyse:	ber. für $C_{14}H_{13}NO_3$: C = 69.12 % H = 5.39 % N = 5.76 %
	gef.: C = 69.06 % H = 5.39 % N = 5.60 %

2-(4'-Tolyl)-3-methylbenzothiophen

Summenformel:	$C_{16}H_{14}S$
CAS-Nummer:	–
Molare Masse:	238.35 g/mol
Stoffeigenschaften:	weißer Feststoff, Schmelzpunkt: 81-82 °C
^{1}H-NMR:	(400 MHz, CDCl$_3$) δ ppm 7.83 (d, J=7.8 Hz, 1 H) 7.72 (d, J=8.2 Hz, 1 H) 7.45 (t, J=7.4 Hz, 2 H) 7.40 (d, J=7.0 Hz, 1 H) 7.34 (t, J=7.0 Hz, 1 H) 7.28 (d, J=7.8 Hz, 2 H) 2.47 (s, 3 H) 2.43 (s, 3 H).
^{13}C{^{1}H}-NMR:	(101 MHz, CDCl$_3$) δ ppm 141.3, 138.8, 138.1, 137.7, 131.8, 129.5, 129.2, 127.0, 124.1, 124.1, 122.1, 122.0, 21.3, 12.6.
MS:	TOF, CI$^+$: m/z = 239 [M-H$^+$].
CHN-Analyse:	ber. für $C_{16}H_{14}S$: C = 80.63 % H = 5.92 % S = 13.45 %
	gef.: C = 80.93 % H = 5.79 % S = 13.24 %

4,4'-Dimethyl benzophenon

Summenformel:	$C_{15}H_{14}O$
CAS-Nummer:	611-97-2
Molare Masse:	210.28 g/mol
Stoffeigenschaften:	blass gelber Feststoff, Schmelzpunkt: 67-68 °C
^{1}H-NMR:	(400 MHz, CDCl$_3$) δ ppm 7.73 (d, J=8.0 Hz, 4 H) 7.30 (d, J=8.0 Hz, 4 H) 2.46 (s, 6 H).
^{13}C{^{1}H}-NMR:	(101 MHz, CDCl$_3$) δ ppm 196.1, 142.8, 135.3, 130.1, 128.9, 21.5.
MS:	EI, 70 eV: m/z (%) = 211 (73) [M$^+$], 210 (34), 195 (4), 154 (10), 119 (100), 91 (10), 89 (6), 65 (8)
CHN-Analyse:	ber. für $C_{15}H_{14}O$: C = 85.68 % H = 6.71 % N = 0 %
	gef.: C = 85.53 % H = 6.88 % N = 0 %

4',2,2-Trimethyl propiophenon

Summenformel:	$C_{12}H_{16}O$
CAS-Nummer:	30314-44-4
Molare Masse:	176.26 g/mol
Stoffeigenschaften:	farbloses Öl
^{1}H-NMR:	(600 MHz, CDCl$_3$) δ ppm 7.69 (d, *J*=8.2 Hz, 2 H) 7.22 (d, *J*=7.9 Hz, 2 H) 2.41 (s, 3 H) 1.38 (s, 9 H).
^{13}C{^{1}H}-NMR:	(151 MHz, CDCl$_3$) δ ppm 208.3, 141.5, 135.4, 128.7, 128.4, 44.1, 28.2, 21.5.
MS:	EI, 70 eV: m/z (%) = 177 (6) [M$^+$], 119 (100), 91 (9), 89 (4), 65 (6), 57 (5).
CHN-Analyse:	ber. für $C_{12}H_{16}O$: C = 81.77 % H = 9.15 % N = 0 %
	gef.: C = 82.01 % H = 8.87 % N = 0 %

9   Referenzen und Anmerkungen

[1] D. A. Winkler, F. R. Burden in *Methods and Protocols Band 201: Combinatorial Library*, Ed. Lisa Bellavance English, Humana Press: Totowa, 2002, 325-326.
[2] C. A. Lipinski, F. Lombardo, B. W. Dominy, P. J. Feeney, *Adv. Drug Delivery Rev.* **1997**, *23*, 3–25.
[3] A. K. Ghose, V. N. Viswanadhan, J. J. Wendoloski, *J. Comb. Chem.* **1999**, *1*, 55-68.
[4] B. E. Evans, K. E. Rittle, M. G. Bock, R. M. DiPardo, R. M. Freidinger, W. L. Whitter, G. F. Lundell, D. F. Veber, P. S. Anderson, R. S. L. Chang, V. J. Lotti, D. J. Cerino, T. B. Chen, P. J. Kling, K. A. Kunkel, J. P. Springer, J. Hirshfieldt, *J. Med. Chem.* **1988**, *31*, 2235-2246.
[5] D. A. Horton, G. T. Bourne, M. L. Smythe, *Chem. Rev.* **2003**, *103*, 893-930.
[6] G. B. McGaughey, M. Gagne, A. K. Rappe, *J. Biol. Chem.* **1998**, *273*, 15458-15463.
[7] D. van der Spoel, A. R. van Buuren, D. P. Tieleman, H. J. C. Berendsen, *J. Biomol. NMR* **1996**, *8*. 229-238.
[8] A.-M. Sapse, B. S. Schweitzer, A. P. Dicker, J. R. Bertino, V. Frecer, *Int. J. Pept. Protein Res.* **1992**, *39*, 18-23.
[9] S. Mecozzi, A. P. West Jr., D. A. Dougherty, *Proc. Natl. Acad. Sci. U.S.A.* **1996**, *93*, 10566-10571; N. S. Scrutton, A. R. C. Raine, *Biochem. J.* **1996**, *319*, 1-8.
[10] P. J. Hajduk, M. Bures, J. Praestgaard, S. W. Fesik, *J. Med. Chem.* **2000**, *43*, 3443-3447.
[11] D. J. C. Constable, P. J. Dunn, J. D. Hayler, G. R. Humphrey, J. L. Leazer, Jr., R. J. Linderman, K. Lorenz, J. Manley, B. A. Pearlman, A. Wells, A. Zaks, T. Y. Zhang, *Green Chem.* **2007**, *9*, 411-420.
[12] P. T. Anastas, J. C. Warner, *Green Chemistry: Theory and Practice*, Oxford University Press: New York, **1998**, 30 ff.; für eine ausführliche Zusammenfassung: P. Anastas, N. Eghbali, *Chem. Soc. Rev.* **2010**, *39*, 301-312.
[13] S. L. Y. Tang, R. L. Smith, M. Poliakoff, *Green Chem.* **2005**, *7*, 761–762.
[14] J. Hassan, M. Sévignon, C. Gozzi, E. Schulz, M. Lemaire, *Chem. Rev.* **2002**, *102*, 1359-1469.
[15] F. Ullmann, J. Bielecki, *Chem. Ber.* **1901**, *34*, 2174-2185.
[16] K. Tamao, K. Sumitani, M. Kumada, *J. Am. Chem. Soc.* **1972**, *94*, 4374-4375.
[17] R. J. P. Corriu, J. P. Masse, *Chem. Commun.* **1972**, 144a.
[18] A. King, N. Kukado, E. Negishi, *Chem. Commun.* **1977**, 683-684.
[19] R. D. Rieke, P. T. Li, T. P. Burns, S. T. Uhm, *J. Org. Chem.* **1981**, *46*, 4323-4324.
[20] M. Kosugi, K. Sasazawa, Y. Shimizu, T. Migita, *Chem. Lett.* **1977**, 301-302; M. Kosugi, Y. Shimizu, T. Migita, *Chem. Lett.* **1977**, 1423-1424.
[21] D. Milstein, J. K. Stille, *J. Am. Chem. Soc.* **1978**, *100*, 3636-3638.
[22] N. Miyaura, K. Yamada, A. Suzuki, *Tetrahedron Lett.* **1979**, *20*, 3437-3440.
[23] T. Ishiyama, M. Murata, N. Miyaura, *J. Org. Chem.* **1995**, *60*, 7508-7510.
[24] Negishi: A. Krasovskiy, C. Duplais, B. H. Lipshutz, *J. Am. Chem. Soc.* **2009**, *131*, 15592-15593; Suzuki: B. H. Lipshutz, T. B. Petersen, A. R. Abela, *Org. Lett.* **2008**, *10*, 1333-1336; J. Han, Y. Liu, R. Guo, *J. Am. Chem. Soc.* **2009**, *131*, 2060-2061.
[25] Kumada-Tamao-Corriu: N. Yoshikai, H. Mashima, E. Nakamura, *J. Am. Chem. Soc.* **2005**, *127*, 17978-17979; C. Wolf, H. Xu, *J. Org. Chem.* **2008**, *73*, 162-167; Negishi: U. Kiehne, J. Bunzen, H. Staats, A. Lützen, *Synthesis* **2007**, 1061-1069; S. Sase, M. Jaric, A. Metzger, V. Malakhov, P. Knochel, *J. Org. Chem.* **2008**, *73*, 7380-7382; Suzuki: S. Li, Y. Lin, J. Cao, S. Zhang, *J. Org. Chem.* **2007**, *72*, 4067-4072.
[26] Kumada-Tamao-Corriu: S. Y. W. Lau, G. Hughes, P. D. O'Shea, I. W. Davies, *Org. Lett.* **2007**, *9*, 2239-2242; N. Yoshikai, H. Matsuda, E. Nakamura, *J. Am. Chem. Soc.* **2009**, *131*, 9590-9599; Negishi: J. E. Milne, S. L. Buchwald, *J. Am. Chem. Soc.* **2004**, *126*, 13028-13032; L. Wang, Z.-X. Wang, *Org. Lett.* **2007**, *9*, 4335-4338; J. Liu, Y. Deng, H. Wang, H. Zhang, G. Yu, B. Wu, H. Zhang, Q. Li, T. B. Marder, Z. Yang, A. Lei, *Org. Lett.* **2008**, *10*, 2661-2664; Stille: H. Huang, H. Liu, H. Liu, *J. Org. Chem.* **2009**, *74*, 5599-5602; Suzuki: N. Marion, O. Navarro, J. Mei, E. D. Stevens, N. M. Scott, S. P. Nolan, *J. Am. Chem. Soc.* **2006**, *128*, 4101-4111; K. L. Billingsley, K. W. Anderson, S. L. Buchwald, *Angew. Chem. Int. Ed.* **2006**, *45*, 3484-3488; X. Cui, T. Qin, J.-R. Wang, L. Liu, Q.-X. Guo, *Synthesis* **2007**, 393-399; T. Hoshi, T. Nakazawa, I. Saitoh, Y. Mori, T. Suzuki, J.-i. Sakai, H. Hagiwara, S. Akai, *Org. Lett.* **2008**, *10*, 2063-2066; T. Fujihara, S. Yoshida, J. Terao, Y. Tsuji, *Org. Lett.* **2009**, *11*, 2121-2124.
[27] P. Knochel, W. Dohle, N. Gommermann, F. F. Kneisel, F. Kopp, T. Korn, I. Sapountzis, V. A. Vu, *Angew. Chem. Int. Ed.* **2003**, *42*, 4302-4320.
[28] S. Sase, M. Jaric, A. Metzger, V. Malakhov, P. Knochel, *J. Org. Chem.* **2008**, *73*, 7380-7382.
[29] D. Alberico, M. E. Scott, M. Lautens, *Chem. Rev.* **2007**, *107*, 174-238.
[30] R. J. Phipps, M. Gaunt, *Science* **2009**, *323*, 1593-1597.

9 Referenzen und Anmerkungen

[31] D. R. Stuart, K. Fagnou, *Science* **2007**, *316*, 1172-1175.
[32] S. M. Bonesi, M. Fagnoni, A. Albini, *Angew. Chem. Int. Ed.* **2008**, *47*, 10022-10025.
[33] J. A. Miller, *Tetrahedron Lett.* **2001**, *42*, 6991-6993; J. A. Miller, J. W. Dankwardt, J. A. Penny, *Synthesis* **2003**, *11*, 1643-1648.
[34] L. J. Gooßen, J. Paetzold, *Adv. Synth. Catal.* **2004**, *346*, 1665-1668.
[35] Q. Shuai, L. Yang, X. Guo, O. Baslé, C.-J. Li, *J. Am. Chem. Soc.* **2010**, *132*, 12212-12213.
[36] X. Zhao, Z. Yu, *J. Am. Chem. Soc.* **2008**, *130*, 8136-8137.
[37] W. Jin, Z. Yu, W. He, W. Ye, W.-J. Xiao, *Org. Lett.* **2009**, *11*, 1317-1320.
[38] W.-Y. Yu, W. N. Sit, Z. Zhou, A. S.-C. Chan, *Org. Lett.* **2009**, *11*, 3174-3177.
[39] Y. Terao, H. Wakui, T. Satoh, M. Miura, M. Nomura, *J. Am. Chem. Soc.* **2001**, *123*, 10407-10408; Y. Terao, H. Wakui, M. Nomoto, T. Satoh, M. Miura, M. Nomura, *J. Org. Chem.* **2003**, *68*, 5236-5243.
[40] A. Yokooji, T. Satoh, M. Miura, M. Nomura, *Tetrahedron* **2004**, *60*, 6757-6763; A. B. Bíró, A. Kotschy, *Eur. J. Org. Chem.* **2007**, 1364-1368; M. Nakano, T. Satoh, M. Miura, *J. Org. Chem.* **2006**, *71*, 8309-8311.
[41] P. Dyson, D. L. Hammick, *J. Chem. Soc.* **1937**, 1724-1725.
[42] A. F. Shepard,N . R. Winslow,J . R. Johnson, *J. Am. Chem. Soc.* **1930**, *52*, 2083-2090.
[43] M. Nilsson, *Acta Chem. Scand.* **1966**, *20*, 423- 426; M. Nilsson, C. Ullenius, *Acta Chem. Scand.* **1968**, *22*, 1998-2002.
[44] A. Cairncross, J. R. Roland, R. M. Henderson, W. F. Shepard, *J. Am. Chem. Soc.* **1970**, *92*, 3187-3190.
[45] T. Cohen, R. A. Schambach, *J. Am. Chem. Soc.* **1970**, *92*, 3189-3190.
[46] L. J. Gooßen,W. R. Thiel, N. Rodríguez, C. Linder, B. Melzer, *Adv. Synth. Catal.* **2007**, *349*, 2241-2246.
[47] T. Cohen, R. W. Berninger, J. T. Wood, *J. Org. Chem.* **1978**, *43*, 837-848.
[48] L. J. Gooßen, G. Deng, L. M. Levy, *Science* **2006**, *313*, 662-664.
[49] L. J. Gooßen, N. Rodríguez, B. Melzer, C. Linder, G. Deng, L. M. Levy, *J. Am. Chem. Soc.* **2007**, *129*, 4824-4833.
[50] L. J. Gooßen, B. Zimmermann, T. Knauber, *Angew. Chem. Int. Ed.* **2008**, *47*, 7103-7106.
[51] L. J. Gooßen, N. Rodríguez, C. Linder, B. Zimmermann, T. Knauber, *Org. Synth.* **2008**, *85*, 196-204.
[52] L. J. Gooßen, C. Linder, Saltigo GmbH, WO002008122555A1, 2008.
[53] L. J. Gooßen, B. Melzer, *J. Org. Chem.* **2007**, *72*, 7473-7476.
[54] L. J. Gooßen, T. Knauber, *J. Org. Chem.* **2008**, *73*, 8631-8634.
[55] U. J. Ries, G. Mihm, B. Narr, K. M. Hasselbach, H. Wittneben, M. Entzeroth, J. C. A. van Meel, W. Wienen, N. H. J. Hauel, *Med. Chem.* **1993**, *36*, 4040-4051.
[56] P. P. Lange, Diplomarbeit 2007, Technische Universität Kaiserslautern.
[57] L. J. Gooßen, N. Rodriguez, C. Linder, *J. Am. Chem. Soc.* **2008**, *130*, 15248-15249.
[58] P. Forgione, M.-C. Brochu, M. St-Onge, K. H. Thesen, M. D. Bailey, F. Bilodeau, *J. Am. Chem. Soc.* **2006**, *128*, 11350-11351; F. Bilodeau, M.-C. Brochu, N. Guimond, K. H. Thesen, P. Forgione, *J. Org. Chem.* **2010**, *75*, 1550-1560.
[59] C. Peschko,C. Winklhofer, W. Steglich, *Chem. Eur. J.* **2000**, *6*, 1147-1152.
[60] L. J. Gooßen, N. Rodríguez, K. Gooßen, *Angew. Chem. Int. Ed.* **2008**, *47*, 3100-3120.
[61] L. J. Gooßen, F. Manjolinho, B. A. Khan, N. Rodríguez, *J. Org. Chem.* **2009**, *74*, 2620-2623.
[62] L. J. Gooßen, B. Zimmermann, C. Linder, N. Rodríguez, P. P. Lange, J. Hartung, *Adv. Synth. Catal.* **2009**, *351*, 2667-2674.
[63] Die erste Gordon Research Conference über Vereinfachte Chemische Synthese (Facilitated Chemical Synthesis) fand 2004 statt.
[64] A. Kirschning, W. Solodenko, K. Mennecke, *Chem. Eur. J.* **2006**, *12*, 5972-5990.
[65] R. Gedye, F. Smith, K. Westaway, H. Ali, L. Balderisa, L. Laberge, J. Roasell, *Tetrahedron Lett.* **1986**, *27*, 279-282; R. J. Giguere, T. L. Bray, S. N. Duncan, G. Majetich, *Tetrahedron Lett.* **1986**, *27*, 4945-4948.
[66] A. K. Bose, B. K. Banik, N. Lavlinskaia, M. Jayaraman, M. S. Manhas, *Chemtech* **1997**, *27*, 18-24.
[67] C. O. Kappe, *Angew. Chem. Int. Ed.* **2004**, *43*, 6250-6284.
[68] F. Langa, P. De la Cruz, A De la Hoz, A. Díaz-Ortiz, E. Díez-Barra, *Contemp. Org. Synth.* **1997**, *4*, 373-386; L. Perreux, A. Loupy, *Tetrahedron* **2001**, *57*, 9199-9223; N. Kuhnert, *Angew. Chem. Int. Ed.* **2002**, *41*, 3741-3743; C. R. Strauss, *Angew. Chem. Int. Ed.* **2002**, *41*, 3589-3590.
[69] D. Obermayer, B. Gutmann, C. O. Kappe, *Angew. Chem. Int. Ed.* **2009**, *48*, 8321-8324.
[70] J.-S. Schanche, *Mol. Diversity* **2003**, *7*, 293-300.
[71] A. Jutand, A. Mosleh, *Organometallics*, **1995**, *14*, 1810-1817.
[72] *Microwave Assisted Organic Synthesis*, Ed. J. P. Tierney, P. Lidström, Blackwell Publishing Ltd., 1. Auflage, 2010.
[73] L. J. Gooßen, F. Rudolphi, C. Oppel, N. Rodríguez, *Angew. Chem. Int. Ed.* **2008**, *47*, 3043-3045.

9 Referenzen und Anmerkungen

[74] *Ionization Constants of Organic Acids in Solution*, Ed. E. P. Serjeant, B. Dempsey, Pergamon, Oxford, UK, 1979 (IUPAC Chemical Data Series No. 23).
[75] Übersichtsartikel und Referenzen darin: L. J. Gooßen, K. Gooßen, C. Stanciu, *Angew. Chem. Int. Ed.* **2009**, *48*, 3569-3571.
[76] A. H. Roy, J. F. Hartwig, *J. Am. Chem. Soc.* **2003**, *125*, 8704-8705; M. E. Limmert, A. H. Roy, J. F. Hartwig, *J. Org. Chem.* **2005**, *70*, 9364-9370; L. Ackermann, A. Althammer, *Org. Lett.* **2006**, *8*, 3457-3460.
[77] F. Nagatsugi, K. Uemura, S. Nakashima, M. Maeda, S. Sasaki, *Tetrahedron Lett.* **1995**, *36*, 421-424; M. K. Lakshman, P. F. Thomson, M. A. Nuqui, J. H. Hilmer, N. Sevova, B. Boggess, *Org. Lett.* **2002**, *4*, 1479-1482.
[78] R. Martin, S. L. Buchwald, *Acc. Chem. Res.* **2008**, *41*, 1461-1473; D. S. Surry, S. L. Buchwald, *Angew. Chem. Int. Ed.* **2008**, *47*, 6338-6361.
[79] J. F. Hartwig, *Acc. Chem. Res.* **2008**, *41*, 1534-1544.
[80] C. M. So, C. P. Lau, A. S. C. Chan, F. Y. Kwong, *J. Org. Chem.* **2008**, *73*, 7731-7734.
[81] H. N. Nguyen, X. Huang, S. L. Buchwald, *J. Am. Chem. Soc.* **2003**, *125*, 11818-11819.
[82] L. Ackermann, A. Althammer, S. Fenner, *Angew. Chem. Int. Ed.* **2009**, *48*, 201-204.
[83] X. Huang, K. W. Anderson, D. Zim, L. Jiang, A. Klapars, S. L. Buchwald, *J. Am. Chem. Soc.* **2003**, *125*, 6653-6655; D. Gelman, S. L. Buchwald *Angew. Chem. Int. Ed.* **2003**, *42*, 5993-5996.
[84] Direktarylierungen mit Biarylphosphinen: L.-C. Campeau, M. Parisien, M. Leblanc, K. Fagnou *J. Am. Chem. Soc.* **2004**, *126*, 9186-9187; O. René, K. Fagnou, *Adv. Synth. Catal.* **2010**, *352*, 2116-2120.
[85] H. Gilman, G. F. Wright, *J. Am. Chem. Soc.* 1933, 55, 3302-3314.
[86] J. S. Dickstein, C. A. Mulrooney, E. M. O'Brien, B. J. Morgan, M. C. Kozlowski, *Org. Lett.* **2007**, *9*, 2441-2444.
[87] J. Chodowski-Palicka, M. Nilsson, *Acta Chem. Scand.* **1970**, *24*, 3353-3361.
[88] L. Haitinger, A. Lieben, *Chem. Ber.* **1885**, *18*, 929-931; F. You, R. J. Tweig, *Tetrahedron Lett.* **1999**, 8759-8762.
[89] A. G. Myers, D. Tanaka, M. R. Mannion, *J. Am. Chem. Soc.* **2002**, *124*, 11250-11251.
[90] J.-M. Becht, C. Catala, L. D. Cedric, C. Le Drian, A. Wagner, *Org. Lett.* **2007**, *9*, 1781-1783.
[91] J.M. Anderson, J. K. Kochi, *J. Am. Chem. Soc.* **1970**, *92*, 1651-1659; F. Minisci, R. Bernardi, F. Bertini, R. Galli, M. Perchinunno, *Tetrahedron* **1971**, *27*, 3575-3579.
[92] Zur Zeit der Durchführung wurde ein vergleichbares Verfahren entwickelt: J. Cornella, C. Sanchez, D. Banawa, I. Larrosa, *Chem. Commun.* **2009**, 7176-7178.
[93] J.-M. Becht, C. Le Drian, *Org. Lett.* **2008**, *10*, 3161-3164.
[94] K. Eicken, J. Gebhardt, H. Rang, M. Rack, P. Schäfer, WO/1997/033846A1.
[95] J. Sedelmeier, S. V. Ley, I. R. Baxendale, M. Baumann, *Org. Lett.* **2010**, *12*, 3618-3621; M. D. Hopkin, I. R. Baxendale, S. V. Ley, *Chem. Commun.* **2010**, *46*, 2450-2452.
[96] S. L. Poe, M. A. Cummings, M. P. Haaf, D. T. McQuade, *Angew. Chem. Int. Ed.* **2006**, *45*, 1544-1548.
[97] A. R. Bogdan, N. W. Sach, *Adv. Synth. Catal.* **2009**, *351*, 849-854; S. Ceylan, T. Klande, C. Vogt, C. Friese, A. Kirschning, *Synlett* **2010**, *13*, 2009-2013; A. R. Bogdan, K. James, *Chem. Eur. J.* **2010**, *16*, 14506-14512.
[98] C. K. Y. Lee, A. B. Holmes, S. V. Ley, I. F. McConvey, B. Al-Duri, G. A. Leeke, R. C. D. Santos, J. P. K. Seville, *Chem. Commun.* **2005**, 2175-2177; G. A. Leeke, R. C. D. Santos, B. Al-Duri, J. P. K. Seville, C. J. Smith, C. K. Y. Lee, A. B. Holmes, I. F. McConvey, *Org. Process Res. Dev.* **2007**, *11*, 144-148.
[99] J.-i. Yoshida, K. Itami *Chem. Rev.* **2002**, *102*, 3693-3716; J. Siu, I. R. Baxendale, R. A. Lewthwaite, S. V. Ley, *Org. Biomol. Chem.* **2005**, *3*, 3140-3160; A. Palmieri, S. V. Ley, A. Polyzos, M. Ladlow, I. R. Baxendale, *Beilstein J. Org. Chem.* **2009**, *5*, doi:10.3762/bjoc.5.23.
[100] F. H. Jardinea, A. G. Vohraa, F. J. Young, *J. Inorg. Nucl. Chem.* **1971**, *33*, 2941-2945.
[101] Wiedergewinnungsdestillation für NMP: www.wastechcontrols.com oder www.megtec.com
[102] P. Lu, C. Sanchez, J. Cornella, I. Larrosa, *Org. Lett.* **2009**, *11*, 5710-5713.
[103] D. Tanaka, S. P. Romeril, A. G. Myers, *J. Am. Chem. Soc.* **2005**, *127*, 10323-10333.
[104] D. Tanaka, A. G. Myers, *Org. Lett.* **2004**, *6*, 433-436.
[105] Benzochinon: P. Hu, J. Kan, W. Su, M. Hong, *Org. Lett.* **2009**, *11*, 2341-2344; Sauerstoff: Z. Fu, S. Huang, W. Su, M. Hong, *Org. Lett.* **2010**, *12*, 4992-4995.
[106] L. J. Gooßen, B. Zimmermann, T. Knauber, *Beilstein J. Org. Chem.* **2010**, *6*, doi:10.3762/bjoc.6.43.
[107] Z.-M. Sun, P. Zhao, *Angew. Chem. Int. Ed.* **2009**, *48*, 6726-6730; Z.-M. Sun, J. Zhang, P. Zhao, *Org. Lett.* **2010**, *12*, 992-995.
[108] R. Shang, Y. Fu, Y. Wang, Q. Xu, H.-Z. Yu, L. Liu, *Angew. Chem. Int. Ed.* **2009**, *48*, 9350-9354.
[109] R. Shang, Q. Xu, Y.-Y. Jiang, Y. Wang, L. Liu, *Org. Lett.* **2010**, *12*, 1000-1003.
[110] L. J. Gooßen, P. Mamone, C. Oppel, *Adv. Synth. Catal.* **2010**, *353*, 57-63.
[111] R. Shang, Y. Fu, J.-B. Li, S.-L. Zhang, Q.-X. Guo, L. Liu, *J. Am. Chem. Soc.* **2009**, *131*, 5738-5739.
[112] Z. Duan, S. Ranjit, P. Zhang, X. Liu, *Chem. Eur. J.* **2009**, *15*, 3666-3669.

[113] S. Ranjit, Z. Duan, P. Zhang, X. Liu, *Org. Lett.* **2010**, *12*, 4134-4136.
[114] J. Moon, M. Jeong, H. Nam, J. Ju, J. H. Moon, H. M. Jung, S. Lee, *Org. Lett.* **2008**, *10*, 945-948.
[115] D. Zhao, C. Gao, X. Su, Y. He, J. You, Y. Xue, *Chem. Commun.* **2010**, *46*, 9049-9051.
[116] Decarboxylierende Sonogashira-Reaktion von Phenylpropiolsäuren und Aryliodiden: H. Kima, P. H. Lee, *Adv. Synth. Catal.* **2009**, *351*, 2827-2832; oxidative, decarboxylierende Sonogashira-Reaktion von Phenylpropiolsäuren und Arylboronsäuren: C. Feng, T.-P. Loh, *Chem. Commun.* **2010**, *46*, 4779-4781.
[117] C. Wang, I. Piel, F. Glorius, *J. Am. Chem. Soc.* **2009**, *131*, 4194-4195.
[118] C. Wang, S. Rakshit, F. Glorius, *J. Am. Chem. Soc.* **2010**, *132*, 14006-14008.
[119] J. Cornella, P. Lu, I. Larrosa, *Org. Lett.* **2009**, *11*, 5506-5509.
[120] J. Zhou, P. Hu, M. Zhang, S. Huang, M. Wang, W. Su, *Chem. Eur. J.* **2010**, *16*, 5876-5881.
[121] K. Xie, Z. Yang, X. Zhou, X. Li, S. Wang, Z. Tan, X. An, C.-C. Guo, *Org. Lett.* **2010**, *12*, 1564-1567.
[122] M. Li, H. Ge, *Org. Lett.* **2010**, *12*, 3464-3467.
[123] P. Fang, M. Li, H. Ge, *J. Am. Chem. Soc.* **2010**, *132*, 11898-11899.
[124] B M. Trost, D. L. Van Vranken, *Chem. Rev.* **1996**, *96*, 395-422; B. M. Trost, M. L. Crawley, *Chem. Rev.* **2003**, *103*, 2921-2943; J. A. Tunge, E. C. Burger, *Eur. J. Org. Chem.* **2005**, 1715-1726; S.-L. You, L.-X. Dai, *Angew. Chem. Int. Ed.* **2006**, *45*, 5246-5248; J. D. Weaver, A. Recio III, A. J. Grenning, J. A. Tunge, *Chem Rev.* **2011**, doi: 10.1021/cr1002744.
[125] Neueste Arbeiten auf dem Gebiet der decarboxylierenden, allylischen Alkylierung: D. C. Behenna, B. M. Stoltz, *J. Am. Chem. Soc.* **2004**, *126*, 15044-15045; B. M. Trost, J. Xu, *J. Am. Chem. Soc.* **2005**, *127*, 2846-2847; D. K. Rayabarapu, J. A. Tunge, *J. Am. Chem. Soc.* **2005**, *127*, 13510-13511; B. M. Trost, J. Xu, *J. Am. Chem. Soc.* **2005**, *127*, 17180-17181; J. T. Mohr, D. C. Behenna, A. M. Harned, B. M. Stoltz, *Angew. Chem. Int. Ed.* **2005**, *44*, 6924-6927; M. Nakamura, A. Hajra,K. Endo, E. Nakamura, *Angew. Chem. Int. Ed.* **2005**, *44*, 7248-7251; E. C. Burger, J. A. Tunge, *J. Am. Chem. Soc.* **2006**, *128*, 10002-10003; S. R. Waetzig, D. K. Rayabarapu, J. D. Weaver, J. A. Tunge, *Angew. Chem. Int. Ed.* **2006**, *45*, 4977-4980; S. R. Waetzig, Jon A. Tunge, *J. Am. Chem. Soc.* **2007**, *129*, 4138-4139; S. R. Waetzig, J. A. Tunge, *J. Am. Chem. Soc.* **2007**, *129*, 14860-14861; R. Jana, R. Trivedi, J. A. Tunge, *Org. Lett.* **2009**, *11*, 3434-3436; R. Trivedi, Jon A. Tunge; *Org. Lett.* **2009**, *11*, 5650-5652; J. D. Weaver, B. J. Ka, D. K. Morris, W. Thompson, Jon A. Tunge, *J. Am. Chem. Soc.* **2010**, *132*, 12179-12181.
[126] Ausgewählte Beispiele: D. A. Carcache, Y. S. Cho, Z. Hua, Y. Tian, Y.-M. Li, S. J. Danishefsky, *J. Am. Chem. Soc.* **2006**, *128*, 1016-1022; R. M. McFadden, B. M. Stoltz, *J. Am. Chem. Soc.* **2006**, *128*, 7738-7739; Z. Lu, S. Ma, *Angew. Chem. Int. Ed.* **2007**, *47*, 258-297; D. E. White, I. C. Stewart, R. H. Grubbs, B. M. Stoltz, *J. Am. Chem. Soc.* **2008**, *130*, 810-811; J. A. Enquist Jr., B. M. Stoltz, *Nature* **2008**, *453*, 1228-1231; J. T. Mohr, M. R. Krout, B. M. Stoltz *Nature* **2008**, *455*, 323-332.
[127] H.-P. Bi, L. Zhao, Y.-M. Liang, C.-J. Li, *Angew. Chem. Int. Ed.* **2009**, *48*, 792-795.
[128] H.-P. Bi, Q. Teng, M. Guan, W.-W. Chen, Y.-M. Liang, X. Yao, C.-J. Li, *J. Org. Chem.* **2010**, *75*, 783-788.
[129] H.-P. Bi, W.-W. Chen, Y.-M. Liang, C.-J. Li, *Org. Lett.* **2009**, *11*, 3246-3249.
[130] Biginelli-Pyrimidinsynthese: P. Biginelli, *Chem. Ber.* **1891**, *24*, 1317-1319; P. Biginelli, *Chem. Ber.* **1891**, *24*, 2962-2967; C. O. Kampe: *The Biginelli Reaction* in: *Multicomponent Reactions*, Eds. J. Zhu, H. Bienaymé, Wiley-VCH, Weinheim, 2005; Hanztsche Pyridinestersynthese: A. Hantzsch, *Chem. Ber.* **1881**, *14*, 1637-1638; E. Knoevenagel, A. Fries, *Chem. Ber.* **1898**, *31*, 761-767; J.-J. Xia, G.-W. Wang, *Synthesis* **2005**, 2379-2383.
[131] Zur Veranschaulichung der Geräte und Anwendungsbeschreibungen: www.isco.com
[132] Zur Veranschaulichung der Geräte und Anwendungsbeschreibungen: www.cem.com und www.biotage.com
[133] Zur Veranschaulichung der Geräte und Anwendungsbeschreibungen: www.vapourtec.co.uk

Die VDM Verlagsservicegesellschaft sucht für wissenschaftliche Verlage abgeschlossene und herausragende

Dissertationen, Habilitationen, Diplomarbeiten, Master Theses, Magisterarbeiten usw.

für die kostenlose Publikation als Fachbuch.

Sie verfügen über eine Arbeit, die hohen inhaltlichen und formalen Ansprüchen genügt, und haben Interesse an einer honorarvergüteten Publikation?

Dann senden Sie bitte erste Informationen über sich und Ihre Arbeit per Email an *info@vdm-vsg.de*.

Sie erhalten kurzfristig unser Feedback!

VDM Verlagsservicegesellschaft mbH
Dudweiler Landstr. 99   Telefon +49 681 3720 174
D - 66123 Saarbrücken   Fax   +49 681 3720 1749
www.vdm-vsg.de

Die VDM Verlagsservicegesellschaft mbH vertritt

MIX
Papier aus verantwortungsvollen Quellen
Paper from responsible sources
FSC® C105338

Printed by Books on Demand GmbH, Norderstedt / Germany